"十四五"职业教育国家规划教材

本教材第一版获得首届全国教材建设奖全国优秀教材二等奖

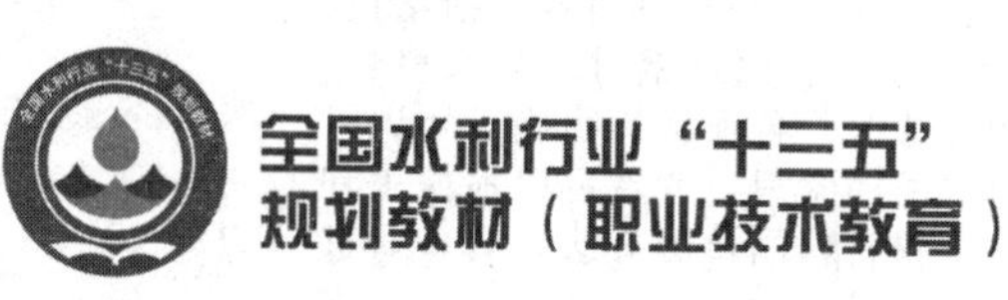

全国水利行业"十三五"规划教材（职业技术教育）

高等职业教育水利类新形态一体化教材

建筑材料与检测

（第二版）

主 编 汪文萍

参 编 黄 尧 张 丹 陈笑彭

中国水利水电出版社

www.waterpub.com.cn

·北京·

内 容 提 要

本书为“十四五”职业教育国家规划教材、全国水利行业“十三五”规划教材（职业技术教育）。第一版获首届全国教材建设奖全国优秀教材二等奖。全书内容包括绪论、建筑材料的基本性质、无机胶凝材料、水泥混凝土、建筑砂浆、建筑钢材、防水材料、其他材料、工程质量检测基础知识、结构实体常用检测方法等。各项目均明确了知识目标和能力目标，还附有多种题型的技能考核题。通过对本书的学习，读者可以根据工程实际正确选择、合理使用建筑工程材料，并能掌握建筑工程材料的检测方法，具备对进场材料进行取样、送检、质量验收等能力。

本书可作为高等职业院校水利类各专业的教材，也可作为相关专业工程技术人员的参考书。

图书在版编目（CIP）数据

建筑材料与检测 / 汪文萍主编. -- 2版. -- 北京 : 中国水利水电出版社, 2022.2(2024.8重印).
“十三五”职业教育国家规划教材 全国水利行业“十三五”规划教材. 职业技术教育 高等职业教育新形态一体化数字教材
ISBN 978-7-5226-0431-2

Ⅰ. ①建… Ⅱ. ①汪… Ⅲ. ①建筑材料－检测－高等职业教育－教材 Ⅳ. ①TU502

中国版本图书馆CIP数据核字(2022)第011867号

书　　名	“十四五”职业教育国家规划教材 全国水利行业“十三五”规划教材（职业技术教育） 高等职业教育新形态一体化数字教材 **建筑材料与检测（第二版）** JIANZHU CAILIAO YU JIANCE (DI－ER BAN)
作　　者	主编　汪文萍 参编　黄　尧　张　丹　陈笑彭
出版发行	中国水利水电出版社 （北京市海淀区玉渊潭南路1号D座　100038） 网址：www.waterpub.com.cn E－mail：sales@mwr.gov.cn 电话：(010) 68545888（营销中心）
经　　售	北京科水图书销售有限公司 电话：(010) 68545874、63202643 全国各地新华书店和相关出版物销售网点
排　　版	中国水利水电出版社微机排版中心
印　　刷	天津嘉恒印务有限公司
规　　格	184mm×260mm　16开本　16.75印张　408千字
版　　次	2019年9月第1版第1次印刷 2022年2月第2版　2024年8月第5次印刷
印　　数	19001—25000册
定　　价	**59.50**元

第二版前言

本书第一版于2019年出版，2020年被评为“十三五”职业教育国家规划教材，2021年被评为首届全国教材建设奖全国优秀教材二等奖。第二版于2023年入选首批“十四五”职业教育国家规划教材。

本书以各种建筑工程材料的性能标准、各种建筑工程材料的检测标准等为引领，融入“课程思政”理念，落实党的二十大精神进教材、进课堂、进头脑，结合职业资格证书内容，突出实用性和可操作性。学习重点为建筑材料的技术性能、检测方法和选用。

本次修订在保持原有特色的基础上，为更好地适应教学改革的需要，做了一些修订补充：

（1）根据科学技术进步的新进展和新出台的标准、规范，对原教材做了修订。

（2）完善了各项目主要知识点的教学资源（微课视频）。

（3）新增了水利工程实体检测内容，如堤防护坡坡度及平整度检测。

本书由湖南水利水电职业技术学院汪文萍担任主编，并负责全书统稿。绪论、项目1由河南水利与环境职业学院芈书贞编写，项目2湖南水利水电职业技术学院黄尧编写，项目3、项目4、项目6、项目7由湖南水利水电职业技术学院汪文萍编写，项目5由湖南水利水电职业技术学院张丹编写，项目8和项目9由湖南省水利水电勘测设计规划研究总院有限公司刘清波和陈笑彭编写，湖南水利水电职业技术学院张艺清也参与了编写工作。

由于时间仓促及编者学术水平和教学经验有限，书中难免存在不足和疏漏之处，敬请使用者提出宝贵意见。

本书编写过程中参考了大量文献资料，在此一并表示衷心感谢。

编者

2024年7月

第一版前言

本书为全国水利行业“十三五”规划教材（职业技术教育）。“建筑材料与检测”是高职高专水利类各专业的一门重要的专业基础课。

本书以建筑企业专业技术管理人员岗位资格考试大纲、各种建筑工程材料的性能标准、各种建筑工程材料的检测标准等为引领，将建筑材料检测的各项技能等相关内容有机地融入教材，突出了实用性和可操作性。

本书注重理论与实践相结合，文字表达力求浅显易懂，加大了实践环节，重视职业岗位能力的培养。本书在编写过程中注重行业的技术发展动态和趋势，引用了国家（部）、行业颁布的最新规范和标准，力求反映最新的、最先进的技术和知识。全书内容包括绪论、建筑材料的基本性质、无机胶凝材料、水泥混凝土、建筑砂浆、建筑钢材、防水材料、其他功能材料、质量检测工作基础知识、结构实体常用检测方法。各项目均明确了知识目标和能力目标，还附有单选题、多选题、填空题、简答题、案例分析题等多种题型的技能考核题。通过对本书的学习，读者可以根据工程实际正确选择、合理使用建筑工程材料，并能掌握建筑工程材料的检测方法，具备对进场材料进行取样、送检、质量验收等能力。

本书由湖南水利水电职业技术学院汪文萍担任主编并负责全书统稿。绪论、项目1由河南水利与环境职业学院芈书贞编写，项目2由湖南水利水电职业技术学院黄尧编写，项目3、项目4、项目6由湖南水利水电职业技术学院汪文萍编写，项目5由湖南水利水电职业技术学院张丹编写，项目7由江西水利职业学院欧正蜂编写，项目8、项目9由湖南省水利水电勘测设计研究总院刘清波编写。

由于编者的水平有限，本书难免存在不足和疏漏之处，敬请各位读者批评指正。

本书在编写过程中参考了大量文献资料，在此表示衷心感谢。

编者

2019年5月

“行水云课”数字教材使用说明

“行水云课”水利职业教育服务平台是中国水利水电出版社立足水电、整合行业优质资源全力打造的“内容”+“平台”的一体化数字教学产品。平台包含高等教育、职业教育、职工教育、专题培训、行水讲堂五大版块，旨在提供一套与传统教学紧密衔接、可扩展、智能化的学习教育解决方案。

本套教材是整合传统纸质教材内容和富媒体数字资源的新型教材，将大量图片、音频、视频、3D动画等教学素材与纸质教材内容相结合，用以辅助教学。读者可通过扫描纸质教材二维码查看与纸质内容相对应的知识点多媒体资源，完整数字教材及其配套数字资源可通过移动终端App“行水云课”微信公众号或中国水利水电出版社“行水云课”平台查看。

内页二维码具体标识如下：

- 为平面动画
- 为知识点视频
- 为课件

数 字 资 源 索 引

续表

续表

续表

续表

目录

绪　论

0.1　建筑材料的范畴和分类

0-1
建筑材料定义和学习内容

0.1.1　建筑材料的范畴

建筑材料可分为广义建筑材料和狭义建筑材料。广义建筑材料是指用于建筑工程中的所有材料，包括三个部分：一是构成建筑物、构筑物的材料，如石灰、水泥、混凝土、钢材、防水材料、墙体与屋面材料、装饰材料等；二是施工过程中所需要的辅助材料，如脚手架、模板等；三是各种建筑器材，如消防设备、给水排水设备、网络通信设备等。狭义建筑材料是指直接构成建筑物和构筑物实体的材料。本书所介绍的建筑材料是指狭义建筑材料。

0.1.2　建筑材料的分类

1. 按化学成分分类

建筑材料种类繁多，分类方法多样。最基本的分类方法是根据组成物质的化学成分分类，将建筑材料分为无机材料、有机材料和复合材料三大类。各大类又可细分为许多小类，具体分类见表0.1。

表0.1　　建筑材料按化学成分分类

无机材料	金属材料	黑色金属：铁、碳素钢、合金钢等 有色金属：铝、铜等及其合金等
	非金属材料	天然石材及砂：石板、碎石、砂等 烧结制品：陶瓷、砖、瓦等 玻璃及熔融制品：玻璃、玻璃棉、矿棉等 无机胶凝材料及制品：石灰、石膏、水泥混凝土等
有机材料	植物质材料	木材、竹材、植物纤维及其制品
	高分子材料	有机涂料、橡胶、胶黏剂、塑料
	沥青材料	石油沥青、煤沥青、沥青制品
复合材料	金属-有机材料	钢纤维混凝土、钢筋混凝土等
	无机非金属-有机材料	玻璃纤维增强塑料、聚合物混凝土、沥青混凝土等
	金属-非金属材料	金属夹芯板

2. 按使用功能分类

建筑材料按其使用功能通常分为承重结构材料、非承重结构材料及功能材料三大类：

(1) 承重结构材料。主要指梁、板、基础、墙体和其他受力构件所用的建筑材料。常用的有钢材、混凝土、砌墙砖、砌块等。

(2) 非承重结构材料。主要包括框架结构的填充墙、内隔墙和其他围护材料等。

(3) 功能材料。主要有防水材料、防火材料、装饰材料、绝热材料、吸声隔声材料等。

0.2 建筑材料的标准化

目前，我国绝大多数建筑材料都有相应的技术标准，建筑材料的技术标准是产品质量的技术依据。为了保证材料的质量、现代化生产和科学管理，必须对材料产品的技术要求制定统一的执行标准。其内容包括产品规格、分类、技术要求、检验方法、验收规则、标志和储存注意事项等。

材料检测的重要性和标准化

0.2.1 我国的技术标准

我国的技术标准划分为国家标准、行业标准、地方标准和企业标准四个级别。

1. 国家标准

国家标准分为国家强制性标准（代号 GB）、国家推荐性标准（代号 GB/T）。强制性标准是在全国范围内必须执行的技术指导文件，产品的技术指标都不得低于标准中规定的要求。推荐性标准在执行时也可采用其他相关标准的规定。如《通用硅酸盐水泥》（GB 175—2007）、《水泥水化热测定方法》（GB/T 12959—2008）。

2. 行业标准

行业标准也是全国性的指导文件，它是各行业为了规范本行业的产品质量而制定的技术标准，包括建筑工程行业标准（代号 JGJ）、建筑材料行业标准（代号 JC）、冶金工业行业标准（代号 YB）、交通行业标准（代号 JT）等，如《普通混凝土用砂、石质量及检验方法标准》（JGJ 52—2006）、《建筑生石灰》（JC/T 479—2013）。

3. 地方标准

地方标准分为地方强制性标准（代号 DB）和地方推荐性标准（代号 DB/T），适于在本地区使用。凡没有国家标准和行业标准时，可由相应地区根据生产厂家或企业的技术力量，确保产品质量，制定有关标准。

4. 企业标准

企业标准指适用于本企业，由企业制定的技术文件（代号 QB）。企业标准所定的技术要求应不低于类似（或相关）产品的国家标准和行业标准，如《轻质复合保温墙板》（QB 640000/3757—2010）。

我国建筑材料标准的表示方法由四部分组成，即标准名称、部门代号、标准编号和批准年份。示例如下：

《通用硅酸盐水泥》（GB 175—2007）。

《钢筋混凝土用钢　第 2 部分：热轧带肋钢筋》（GB 1499.2—2018）。

《水工混凝土试验规程》（SL/T 352—2020）。

《普通混凝土配合比设计规程》(JGJ 55—2011)。

要注意有的标准使用一段时间后会发出修改单，对标准的部分内容予以修改，需予以关注。

0.2.2　国际标准

世界范围内统一使用的是ISO国际标准。还有一些区域性标准，如美国的材料与试验协会标准（ASTM)、德国工业标准（DIN)、欧洲标准（EN）等。

0.3　建筑材料的发展方向

社会的发展进步，特别是环境保护和节能降耗的迫切需要，对建筑材料提出了更高的要求，也促进了建筑材料从以下几个方向可持续发展。

0.3.1　环保节能化

开发工业废料建材，改善环境，变废为宝。发展节能材料，以降低生产与使用中的能耗并且减轻大气污染。建筑材料的低碳包括生产过程的低碳和使用过程的低碳。即以低的能耗和物耗生产优质的土木工程材料，而且其在使用过程中，具有好的使用性能及耐久性，并利于节能。

0.3.2　绿色生态化

党的二十大报告指出："推动绿色发展，促进人与自然和谐共生"。"实施全面节约战略，推进各类资源节约集约利用，加快构建废弃物循环利用体系。"绿色建材发展将全面提速。工信部等四部门联合发布《建材行业碳达峰实施方案》，提出"十五五"期间，建材行业绿色低碳关键技术产业化实现重大突破，原燃料替代水平大幅提高，基本建立绿色低碳循环发展的产业体系。

0.3.3　高性能、复合多功能与智能化

建筑材料的高性能是指需满足一些主要性能，如结构材料的轻质高强。复合多功能是指在满足某一主要功能的基础上，附加了其他使用功能，使之具有更高的价值。建筑材料的智能化包括多方面，特别是材料本身的自我诊断、自我修复功能具有十分重要的意义。

0.3.4　装配式建筑

装配式建筑是以工业化生产方式的系统性建造体系为基础，建筑结构体与建筑内装体中全部或部分部件部品采用装配方式集成化建造的住宅建筑。装配式建筑中大量的建筑部品（外墙板、内墙板、阳台、楼梯、预制梁等）均由车间生产加工完成，现场为大量装配作业，原始现浇作业大大减少。

装配式住宅是以建筑产业转型升级为目标，以建筑全产业链的战略性整合推动建筑产业现代化创新发展，从而全面提升建筑工程的质量、效率和效益，实现新型城镇化建设模式的根本性转变，促进社会经济和资源环境的可持续发展。装配式建筑与土木工程材料的融合过程中，也必将促进建筑材料向标准化、绿色化和部品化的方向发展。

0.4　本课程的内容、任务和学习方法

“建筑材料与检测”是土木工程类各专业的一门专业基础课程，它与物理学、化学、力学以及工程地质等学科有着密切的联系。它的主要内容包括建筑材料的基本概念，建筑材料的基本性质，常用建筑材料如胶凝材料（气硬性胶凝材料、水硬性胶凝材料等）、建筑结构材料（混凝土和砂浆、块材、建筑钢材等）、建筑功能材料（防水材料、绝热材料、建筑装饰材料等）的品种、规格、技术性能、质量标准、检测方法、选用和保管等。

本课程的任务是论述常用建筑材料和新型建筑材料的组成、结构、技术性质及它们之间的关系，论述材料的检验方法，利用试验评定其技术性质。本课程可以使学生掌握材料的性能及应用的基本知识及理论，了解材料有关技术标准，掌握常用材料检测的方法，能准确选择材料，合理使用材料，准确鉴定材料。

根据认知规律可将学习建筑材料课程的思路归结为“抓住一个中心和两条线索”。“一个中心”为材料的基本性质及检测标准、方法。“两条线索”为影响材料性质的两个方面的因素：一个是内在因素，如材料的组成结构；另一个是外在因素，如环境、温度、湿度等外界条件。

项目1 建筑材料的基本性质

【知识目标】

1. 掌握材料的物理状态参数，材料的力学性质，材料与水有关性质的物理意义、指标、影响因素及其对其他性质的影响。

2. 理解材料的组成、结构、构造对材料性质的影响，材料耐久性的含义。

3. 了解材料热工性能的几个指标。

【能力目标】

1. 能从多个方面鉴别建筑材料性能。

2. 具有对建筑材料的密度、表观密度、吸水率等性能进行检测的能力。

3. 具有分析影响建筑材料性能因素的能力。

任务1.1 材料的物理性质

1.1.1 材料与质量有关的性质

1.1.1.1 材料的体积构成与含水状态

1. 材料的体积构成

块状材料在自然状态下的体积是由固体物质体积及其内部孔隙体积组成的。材料内部的孔隙按孔隙特征又分为闭口孔隙和开口孔隙。闭口孔隙不进水，开口孔隙与材料周围的介质相通，材料在浸水时易被水饱和，如图1.1所示。

散粒材料是指具有一定粒径的材料堆积体，如工程中常用的砂、石子等。其体积构成包括固体物质体积、颗粒内部孔隙体积及固体颗粒之间的空隙体积，如图1.2所示。

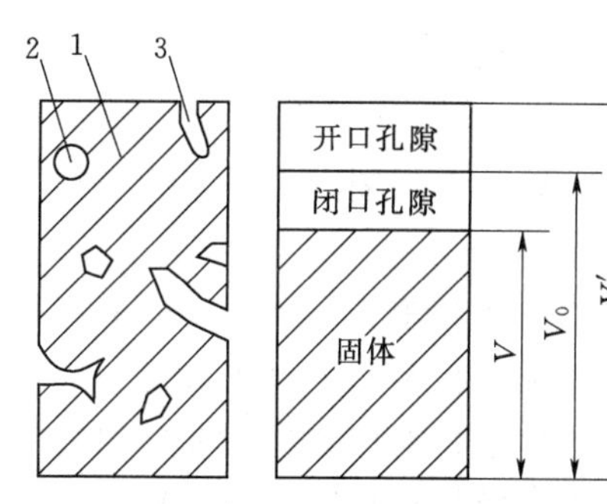

图1.1 块状材料体积构成示意图

1—固体；2—闭口孔隙；3—开口孔隙

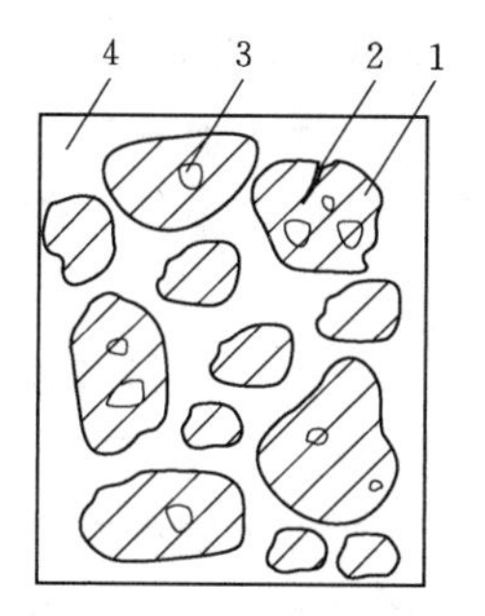

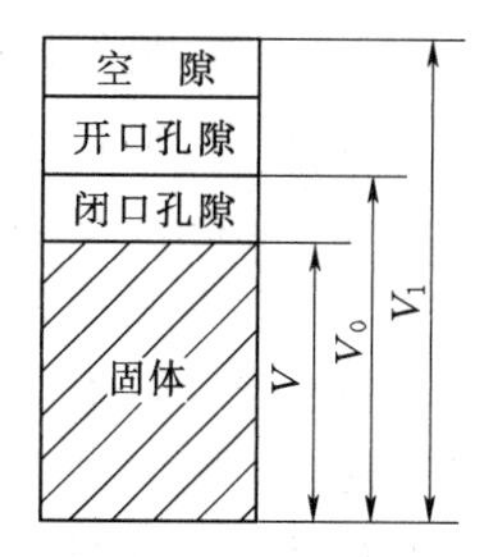

图1.2 散粒材料体积构成示意图

1—颗粒中固体物质；2—颗粒中的开口孔隙；3—颗粒的闭口孔隙；4—颗粒之间的空隙

2. 材料的含水状态

材料在大气或水中会吸附一定的水分。根据材料吸附水分的情况，将材料的含水状态分为干燥状态、气干状态、饱和面干状态和湿润状态四种，如图 1.3 所示。材料的含水状态会对材料的多种性质产生影响。

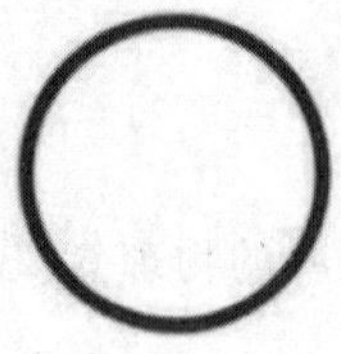

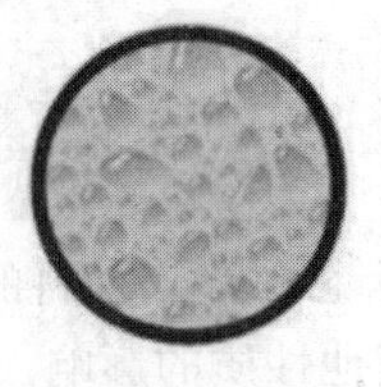
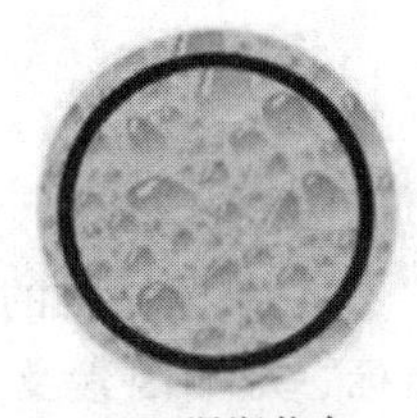

(a) 干燥状态　(b) 气干状态　(c) 饱和面干状态　(d) 湿润状态

图 1.3　材料的含水状态

1.1.1.2　密度、表观密度、体积密度与堆积密度

1. 密度

密度是指材料在绝对密实状态下单位体积的质量，用下式表示：

$$\rho=\frac{m}{V} \tag{1.1}$$

式中　ρ——材料的密度，g/cm^3 或 kg/m^3；

m——材料的质量（干燥至恒重），g 或 kg；

V——材料在绝对密实状态下的体积，cm^3 或 m^3。

材料在绝对密实状态下的体积，可将材料磨制成规定细度的粉末，用排液法求得。材料磨得越细，所测得的体积越接近绝对体积。钢材、玻璃等少数密实材料可根据外形尺寸求得体积。

2. 表观密度

表观密度是单位表观体积材料干燥状态下的质量。表观体积包含材料实体体积及闭口孔隙体积两部分，按下式计算：

$$\rho_0=\frac{m}{V_0} \tag{1.2}$$

式中　ρ_0——材料的表观密度，g/cm^3 或 kg/m^3；

m——材料的质量（干燥至恒重），g 或 kg；

V_0——材料在包含闭口孔隙条件下的体积（即只含内部闭口孔，不含开口孔），cm^3 或 m^3。

材料的表观密度用于表示块状材料和散粒材料的密实程度。

材料在自然状态下的体积，对外观形状规则的材料，按材料的外形计算；对外观形状不规则的材料，可以加工成规则外形后得到外形体积；对于松散材料，可使材料吸水饱和后，再用排水法求其体积；对于相对比较密实的散粒体材料（如砂石）可直接用排水法求其体积。

材料含有水分时，材料的质量及体积均会发生改变，故在测定材料的表观密度时，须注明其含水状态。

3. 体积密度

体积密度是指材料在自然状态下单位体积（包括材料实体及其开口孔隙、闭口孔隙）的质量，俗称容重。按下式计算：

$$\rho'=\frac{m'}{V'} \tag{1.3}$$

式中 ρ'——材料的体积密度，g/cm^3 或 kg/m^3；

m'——材料在自然状态下的气干质量，g 或 kg；

V'——材料在自然状态下的体积，包括材料实体及内部孔隙（开口孔隙和闭口孔隙），cm^3 或 m^3。

对于规则形状材料的体积，可用量具测得。对于不规则形状材料的体积，可以用排液法或封蜡排液法测得。

毛体积密度是指单位体积（含材料的实体成分及其闭口孔隙、开口孔隙等物质材料表面轮廓线所包围的毛体积）材料的干质量。因其质量是指试件烘干后的质量，故也称干体积密度。

4. 堆积密度

堆积密度是指散粒状材料单位堆积体积物质颗粒的质量。按下式计算：

$$\rho_1=\frac{m'}{V_1} \tag{1.4}$$

式中 ρ_1——材料的堆积密度，kg/m^3；

V_1——材料的堆积体积（含物质颗粒固体及其闭口、开口孔隙体积及颗粒间空隙体积），m^3。

材料的堆积体积包括固体颗粒体积、颗粒内部孔隙体积和颗粒之间的空隙体积，用容量筒测定。堆积密度与材料的装填条件及含水状态有关。

建筑工程中，在计算材料的用量以及构件的自重、配料、材料的堆放空间以及运输量时，经常要用到材料的密度、表观密度和堆积密度等参数。常用建筑材料的密度、表观密度及堆积密度见表1.1。

表1.1 常用建筑材料的密度、表观密度及堆积密度

材料	密度/(g/cm^3)	表观密度/(kg/m^3)	堆积密度/(kg/m^3)
花岗岩	2.60～2.80	2500～2700	—
碎石（石灰岩）	2.60	—	1400～1700
砂	2.60	—	1450～1650
黏土	2.60	—	1600～1800
黏土空心砖	2.50	1000～1400	—
水泥	3.10	—	1200～1300
普通混凝土	—	2100～2600	—
钢材	7.85	7850	—
木材	1.55	400～800	—
泡沫塑料	—	20～50	—

材料孔隙率与空隙率的区别

1.1.1.3 材料的孔隙率与空隙率

1. 孔隙率

孔隙率指块状材料中孔隙体积占材料自然状态下总体积的百分比，用下式表示：

$$P=\frac{V'-V}{V'}\times 100\%=\left(1-\frac{\rho'}{\rho}\right)\times 100\% \tag{1.5}$$

孔隙率的大小直接反映了材料的致密程度。材料的许多性质如强度、热工性质、声学性质、吸水性、吸湿性、抗渗性、抗冻性等都与孔隙率有关。这些性质不仅与材料的孔隙率大小有关，而且与材料的孔隙特征有关。孔隙特征是指孔隙的种类（开口孔隙与闭口孔隙）、孔隙的大小及孔的分布是否均匀等。

2. 密实度

密实度是与孔隙率相对应的概念，指材料体积内被固体物质充实的程度，用符号 D 表示，按下式计算：

$$D=\frac{V}{V'}\times 100\%=\frac{\rho'}{\rho}\times 100\% \tag{1.6}$$

$$P+D=1$$

3. 空隙率

材料的空隙率是指散粒材料在堆积状态下，颗粒之间的空隙体积占堆积体积的百分比，按下式计算：

$$P'=\frac{V_1-V_0}{V_1}\times 100\%=\left(1-\frac{\rho_1}{\rho_0}\right)\times 100\% \tag{1.7}$$

空隙率反映了散粒材料颗粒之间互相填充的疏密程度。在混凝土配合比设计时，可作为控制混凝土骨料级配以及计算含砂率的依据。

4. 填充率

填充率是指散粒状材料在自然堆积状态下，其中的颗粒体积占自然堆积状态下体积的百分比，用符号 D' 表示，按下式计算：

$$D'=\frac{V_0}{V_1}\times 100\%=\frac{\rho_1}{\rho_0}\times 100\% \tag{1.8}$$

$$P'+D'=1$$

【例 1.1】 一块规则的 4.0cm×2.0cm×2.0cm 的建筑材料，称得其干质量为 34.4g，在水中浸泡足够长时间，用布擦干后测其质量为 35.5g，将其烘干，磨细放入李氏瓶，测得其体积为 13.2cm³。求：该材料的密度、体积密度、表观密度和孔隙率。

［解］1. 绝对密实体积 $V=13.2\text{cm}^3$

密度 $$\rho=\frac{m}{V}=\frac{34.4}{13.2}=2.61(\text{g/cm}^3)$$

2. 自然体积 $$V'=4.0\times 2.0\times 2.0=16.0(\text{cm}^3)$$

体积密度 $\rho'=\frac{m}{V'}=34.4/16.0=2.15(g/cm^3)$

3. 表观体积 $V_0=16.0-(35.5-34.4)=14.9(cm^3)$

表观密度 $\rho_0=\frac{m}{V_0}=34.4/14.9=2.31(g/cm^3)$

4. 孔隙率 $P=\frac{V'-V}{V'}\times100\%=\left(1-\frac{\rho'}{\rho}\right)\times100\%$

$=\left(1-\frac{2.15}{2.61}\right)\times100\%=17.6\%$

1.1.2 材料与水有关的性质

1.1.2.1 亲水性与憎水性

材料在使用过程中常常遇到水，不同的材料遇水后和水的作用情况是不同的。根据材料能否被润湿，将材料分为亲水性材料和憎水性材料。

在材料、空气、水三者交界处，沿水滴表面作切线，切线与材料和水接触面的夹角 θ 称为润湿角。θ 越小，浸润性越强，当 $\theta=0°$时，表示材料完全被水润湿。一般认为，当 $\theta\leqslant90°$时，水分子之间的内聚力小于水分子与材料分子之间的吸引力，此种材料称为亲水性材料。当 $\theta>90°$时，水分子之间的内聚力大于水分子与材料之间的吸引力，材料表面不易被水湿润，此种材料称为憎水性材料，如图 1.4 所示。建筑材料中水泥制品、砖、石、木材等为亲水性材料，沥青、油漆、塑料、防水油膏等为憎水性材料。

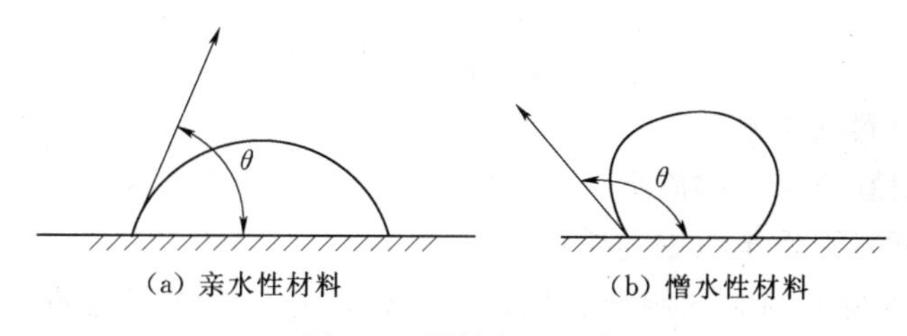

图 1.4 材料润湿示意

1.1.2.2 吸水性与吸湿性

1. 吸水性

材料的吸水性是指材料在水中吸收水分的性质。吸水性的大小用吸水率表示，吸水率有质量吸水率和体积吸水率两种。

质量吸水率是指材料吸水饱和时，其吸收水分的质量与材料干燥状态下质量的百分比，按下式计算：

$$W_m=\frac{m_{饱}-m}{m}\times100\% \tag{1.9}$$

式中 W_m——质量吸水率，%；

$m_{饱}$——材料在吸水饱和状态下的质量，g；

m——材料干燥至恒重的质量，g。

体积吸水率是指材料吸水饱和时，所吸收水分的体积与干燥材料自然体积的百分比，按下式计算：

$$W_V=\frac{V_W}{V_0}\times100\%=\frac{m_{饱}-m}{V_0\rho_W}\times100\% \tag{1.10}$$

式中 W_V——体积吸水率，%；

V_W——材料吸水饱和时水的体积，cm^3；

V_0——干燥材料在自然状态下的体积，cm^3；

ρ_W——水的密度，g/cm^3。

材料吸水率的大小主要取决于材料的孔隙率及孔隙特征。材料具有较多开口、细微且连通的孔隙，吸水率较大；粗大开口的孔隙，水分虽易进入，但仅能润湿孔隙表面而不易在孔内存留；封闭的孔隙，水分则不易进入，故具有粗大开口或封闭孔隙的材料，其吸水率较低。

各种材料的吸水率相差很大，如花岗岩等致密岩石的吸水率仅为0.5%～0.7%，普通混凝土的吸水率为2%～3%，黏土砖的吸水率为8%～20%，而木材或其他轻质材料吸水率可大于100%。

材料吸水后，自重增加，强度降低，保温性能下降，抗冻性能变差，有时还会发生明显的体积膨胀。

2. 吸湿性

材料的吸湿性是指材料在潮湿空气中吸收水分的性质，吸湿性的大小用含水率表示。含水率是指材料中含水的质量与材料干燥状态下质量的百分比，按下式计算：

$$W_{含}=\frac{m_{含}-m}{m}\times100\% \tag{1.11}$$

式中 $W_{含}$——材料的含水率，%；

$m_{含}$——材料含水时的质量，g；

m——材料干燥至恒重的质量，g。

材料的含水率除与材料的组成、构造有关外，还与所处环境的温度和湿度有关。一般环境温度越低，相对湿度越大，材料的含水率越大。材料中的湿度与空气湿度达到平衡时的含水率称为平衡含水率。材料吸水饱和时的含水率即为吸水率。

1.1.2.3 耐水性

材料的耐水性是指材料长期在水的作用下不破坏，强度也不显著降低的性质。材料的耐水性用软化系数表示，按下式计算：

$$K_{软}=\frac{f_{饱}}{f} \tag{1.12}$$

式中 $K_{软}$——材料的软化系数；

$f_{饱}$——材料在吸水饱和状态下的抗压强度，MPa；

f——材料在干燥状态下的抗压强度，MPa。

一般材料遇水后，会因含水而使其内部的结合力减弱，同时材料内部的一些可溶性物质发生溶解导致其孔隙率增加，因此材料的强度都有不同程度的降低。如花岗岩长期浸泡在水中，强度将下降3%。普通黏土砖和木材等浸水后强度降低更多。

软化系数的波动范围为0～1。通常将软化系数大于0.85的材料看作是耐水材料。软化系数的大小，有时成为选择材料的重要依据。受水浸泡或长期处于潮湿环境的重要建筑物或构筑物所用材料的软化系数不应低于0.85。

1.1.2.4 抗渗性

材料的抗渗性是指材料抵抗压力水渗透的能力。材料的抗渗性通常用渗透系数或抗渗等级表示。渗透系数的表达式为

$$K=\frac{Qd}{AtH} \tag{1.13}$$

式中 K——材料渗透系数，cm/s；

Q——透水量，cm^3；

d——试件厚度，cm；

A——透水面积，cm^2；

t——透水时间，s；

H——静水压力水头，cm。

渗透系数 K 的物理意义是：一定时间内，在一定的水压作用下，单位厚度的材料在单位面积上的透水量。K 值越小，表明材料的抗渗能力越强。

抗渗等级常用于混凝土和砂浆等材料，是指在规定试验条件下，材料所能承受的最大水压力，用符号P表示。如混凝土的抗渗等级为P6、P8、P10、P12，相应表示能抵抗0.6MPa、0.8MPa、1.0MPa、1.2MPa的静水压力而不渗水。

材料抗渗性的好坏，与材料的孔隙率和孔隙特征有密切的关系。材料越密实，闭口孔隙越多，孔径越小，越难渗水；具有较大孔隙率，且孔连通、孔径较大的材料抗渗性较差。

孔隙率越大，材料的抗冻性是否越差？

地下建筑物、屋面、外墙及水工构筑物等，因常受到水的作用，要求材料有一定的抗渗性。专门用于防水的材料，则要求具有较高的抗渗性。

1.1.2.5 抗冻性

材料的抗冻性是指材料在吸水饱和状态下，经受多次冻融循环而不破坏，其强度也不显著降低的性质。

材料在吸水后，如果在负温下受冻，水在毛细孔内结冰，体积膨胀约9%，冰的冻胀压力将造成材料的内应力，使材料遭到局部破坏。随着冻结和融化的循环进行，材料表面将出现裂纹、剥落等现象，造成质量损失、强度降低。这是材料内部孔隙中的水分结冰使体积增大对孔壁产生很大的压力，冰融化时压力又骤然消失所致。无论是冻结还是融化都会在材料冻融交界层间产生明显的压力差，并作用于孔壁使之破坏。

材料的抗冻性常用抗冻等级来表示。抗冻等级表示吸水饱和后的材料经过规定的冻融循环次数，其试件的质量损失或相对动弹性模量下降符合有关规定值，采用快冻法检测。混凝土的抗冻等级用符号F表示，F后的数字表示可经受冻融循环次数，记为F50、F100、F200等。如F100表示所能承受的最大冻融循环次数不少于100次，试件的相对动弹性模量下降不低于60%或质量损失不超过5%。另外，可用慢冻法测

定混凝土的抗冻等级，还可以用单面冻融法检测混凝土的抗冻性能。

1-5

材料与热有关的性质

材料的抗冻性主要与其孔隙率、孔隙特征、含水率及强度有关。抗冻性良好的材料，抵抗温度变化、干湿交替等破坏作用的能力也较强。对于室外温度低于−15℃的地区，其主要材料必须进行抗冻性试验。

1.1.3　材料与热有关的性质

1.1.3.1　导热性

当材料两侧存在温度差时，热量将由温度高的一侧通过材料传递到温度低的一侧，材料的这种传导热量的能力称为导热性。材料的导热性用导热系数 λ 表示，表达式如下：

$$\lambda=\frac{Qd}{At(T_1-T_2)} \tag{1.14}$$

式中　λ——材料的导热系数，W/(m·K)；

Q——传导的热量，J；

A——热传导面积，m^2；

d——材料厚度，m；

t——导热时间，s；

T_1、T_2——材料两侧的温度，K。

导热系数 λ 的物理意义是：单位厚度的材料，当两侧的温度差为 1K 时，在单位时间内，通过单位面积的热量。λ 值越大，表明材料的导热性越强。

材料的导热能力与材料的孔隙率、孔隙特征及材料的含水状态有关。密闭空气的导热系数很小［0.023W/(m·K)］，故材料的闭口孔隙率大时导热系数小。开口连通孔隙具有空气对流作用，材料的导热系数较大。材料受潮时，由于水的导热系数较大［0.58W/(m·K)］，导热系数增大。

材料的导热系数越小，隔热保温效果越好。有隔热保温要求的建筑物宜选用导热系数小的材料做围护结构。工程中通常将 $\lambda<0.23$W/(m·K) 的材料称为绝热材料。

几种常用材料的导热系数见表 1.2。

表 1.2　常用材料的导热系数及比热容值

材　料	导热系数 /[W/(m·K)]	比热容 /[J/(g·K)]	材　料	导热系数 /[W/(m·K)]	比热容 /[J/(g·K)]
铜	370	0.38	绝热纤维板	0.05	1.46
钢	55	0.46	泡沫塑料	0.03	1.70
花岗岩	2.9	0.8	水	0.58	4.20
普通混凝土	1.8	0.88	冰	2.30	2.10
黏土空心砖	0.64	0.92	密闭空气	0.023	1.00
松木（横纹-顺纹）	0.17～0.35	2.51			

1.1.3.2　热容量和比热容

材料的热容量是指材料受热时吸收热量或冷却时放出热量的能力。热容量的大小用比热容（简称比热）表示。比热容是指 1g 的材料在温度改变 1K 时所吸收或放出的热量。

$$c=\frac{Q}{m(T_2-T_1)} \tag{1.15}$$

式中　Q——材料吸收或放出的热量，J；

c——材料的比热容，J/（g·K）；

m——材料的质量，g；

T_2-T_1——材料受热或冷却前后的温差，K。

材料的热容量值对保持材料温度的稳定有很大的作用。热容量值高的材料，对室温的调节作用大。

几种常用材料的比热容值见表 1.2。

【工程实例分析 1.1】　加气混凝土砌块吸水分析。

现象：某施工队原使用普通烧结黏土砖砌墙，后改为表观密度为 700kg/m³ 的加气混凝土砌块。在抹灰前采用同样的方式往墙上浇水，发现原使用的普通烧结黏土砖易吸足水量，而加气混凝土砌块虽表面浇水不少，但实际吸水不多，试分析原因。

原因分析：加气混凝土砌块虽多孔，但其气孔大多数为“墨水瓶”结构，肚大口小，毛细管作用差，只有少数孔是水分蒸发形成的毛细孔，因此吸水及导湿性能差，材料的吸水性不仅要看孔的数量多少，而且还要看孔的结构。

【工程实例分析 1.2】　新建房屋的墙体保温性能相对较差。

现象：新建房屋的墙体保温性能差于使用一段时间较干燥的墙体，尤其是在冬季，其差异更为明显。

原因分析：干燥墙体由于其孔隙被空气所填充，而空气的导热系数很小，只有 0.023W/(m·K)，因而干燥墙体具有良好的保暖性能。而新建房屋的墙体由于未完全干燥，其内部孔隙中含有较多的水分，而水的导热系数为 0.58W/(m·K)，是空气导热系数的近 25 倍，因而传热速度较快，保温性较差。尤其在冬季，一旦湿墙中孔隙水结冰后，导热能力更加提高，冰的导热系数为 2.30W/(m·K)，是空气导热系数的 100 倍，保温性能更差。

任务 1.2　材料的力学性质

1-6

材料的力学性质

材料的力学性质是指材料在外力作用下的变形性质和抵抗破坏的性质。

1.2.1　材料的强度

1. 强度

强度是指材料抵抗外力破坏的能力。当材料承受外力作用时，内部就产生应力，外力逐渐增加，应力也相应加大，直到质点间作用力不能再承受时，材料即破坏。此时极限应力值就是材料的强度。

材料的强度按外力作用方式的不同，分为抗压强度、抗拉强度、抗弯强度、抗剪强度等，见表 1.3。

表1.3　　常用材料的强度　　单位：MPa

材　料	抗压强度	抗拉强度	抗弯强度
花岗岩	100～250	5～8	10～14
普通黏土砖	10～30	—	2.6～10.0
普通混凝土	10～100	1～8	—
松木（顺纹）	30～50	80～120	—
建筑钢材	240～1500	240～1500	—

不同种类的材料具有不同的强度特点。如砖、石材、混凝土和铸铁等材料具有较高的抗压强度，而抗拉强度、抗弯强度均较低；钢材的抗拉强度与抗压强度大致相同，而且都很高；木材的抗拉强度大于抗压强度。在实际工程中应根据材料在工程中的受力特点合理选用。

相同种类的材料，由于内部构造不同，强度也有很大差异。孔隙率越大，材料强度越低。

另外，试验条件的不同对材料强度值的测试结果会产生较大影响。试验条件主要包括试验所用试件的形状、尺寸、表面状态、含水率及环境温度和加荷速度等方面。

受试件与承压板表面摩擦的影响，棱柱体长试件的抗压强度较立方体短试件的抗压强度低；大试件由于材料内部缺陷出现机会的增多，强度会比小试件低一些；表面凹凸不平的试件受力面比表面平整试件受力面受力不均，强度较低；试件含水率的增大，环境温度的升高，都会使材料强度降低。由于材料破坏是其变形达到极限变形而被破坏，而应变发生总是滞后于应力发展，故加荷速度越快，所测强度值也越高。因此，测定强度时，应严格遵守国家规定的标准试验方法。

几种材料的静力强度计算公式见表1.4。

表1.4　　静力强度计算公式

强度类别	计算简图	计算式	说　明
抗压强度 f_c		$f_c=\dfrac{P}{A}$	P—破坏荷载，N； A—受力面积，mm^2； t—跨度，mm； b—断面宽度，mm； h—断面高度，mm； f—静力强度，MPa
抗拉强度 f_t		$f_t=\dfrac{P}{A}$	
抗剪强度 f_v		$f_v=\dfrac{P}{A}$	
抗弯强度 f_{tm}		$f_{tm}=\dfrac{3Pt}{2bh^2}$	

2. 强度等级及比强度

为生产及使用的方便，对于以力学性质为主要性能指标的材料常按材料强度的大小分为不同的强度等级。强度等级越高的材料，所能承受的荷载越大。对于混凝土、砌筑砂浆、普通砖、石材等脆性材料，由于主要用于抗压，故以其抗压强度来划分等级；建筑钢材主要用于抗拉，故以其抗拉强度来划分等级。

比强度指材料强度与其表观密度之比，常用来衡量材料轻质高强的性质。比强度高的材料具有轻质高强的特性，可用作高层、大跨度工程的结构材料。轻质高强是材料今后的发展方向。表 1.5 为钢材、木材和混凝土的强度比较。

表 1.5　　钢材、木材和混凝土的强度比较

材　料	体积密度 ρ_0/(kg/m^3)	抗压强度 f_c/MPa	比强度 f/ρ_0
低碳钢	7850	415	0.053
松木	500	34.3（顺纹）	0.069
普通混凝土	2400	29.4	0.012

1.2.2 材料的弹性与塑性

材料在外力的作用下会发生形状、体积的改变，即变形。当外力除去后，能完全恢复原有形状的性质，称为材料的弹性，这种变形称为弹性变形。

弹性变形的大小与外力成正比，比例系数 E 称为弹性模量。在材料的弹性范围内，弹性模量是一个常数，按下式计算：

$$E=\frac{\sigma}{\varepsilon} \tag{1.16}$$

式中 E——材料的弹性模量，MPa；

σ——材料的应力，MPa；

ε——材料的应变，无量纲。

弹性模量是材料刚度的度量，E 值越大，材料越不容易变形。

材料在外力作用下产生变形但不破坏，除去外力后材料仍保持变形后的形状、尺寸的性质，称为材料的塑性，这种变形称为塑性变形。

完全的弹性材料是没有的。有的材料在受力不大的情况下，表现为弹性变形，但受力超过一定限度后，则表现为塑性变形，如低碳钢；有的材料在受力后，同时产生弹性变形和塑性变形，如果取消外力，则弹性变形部分可以恢复，而塑性变形部分则不能恢复，如混凝土。

1.2.3 材料的脆性与韧性

脆性是指材料在外力作用下，无明显塑性变形而突然破坏的性质。具有这种性质的材料称为脆性材料。

脆性材料的抗压强度比其抗拉强度往往要高很多倍，这对承受振动作用和抵抗冲击荷载是不利的，所以脆性材料一般只适用于承受静压力的结构或构件，如砖、石材、混凝土、铸铁等。

韧性是指材料在冲击或振动荷载作用下，能够吸收较大的能量，同时也能产生一定的变形而不发生破坏的性质。材料的韧性是用冲击试验来检验的，因而又称为冲击韧性。建筑钢材、木材、沥青、橡胶等属于韧性材料。桥梁、路面、吊车梁及某些设备基础等有抗震要求的结构，应考虑材料的冲击韧性。

1.2.4　材料的硬度与耐磨性

硬度是指材料表面抵抗其他较硬物体压入或刻划的能力。不同材料硬度的测定方法也不同，常用的有压入法和刻划法。金属、木材等材料常用压入法（布氏硬度法）测定，以单位压痕面积上所受的压力来表示。天然矿物材料的硬度按刻划法分为10级，由软到硬依次分别为滑石、石膏、方解石、萤石、磷灰石、正长石、石英、黄玉、刚玉、金刚石。一般硬度较大的材料耐磨性较强，但不易加工。工程中有时用硬度来间接推算材料的强度，如回弹法用于测定混凝土表面硬度，间接推算混凝土强度。

耐磨性是材料表面抵抗磨损的能力。材料的硬度大、韧性好、构造均匀密实时，其耐磨性较强。多泥沙河流上水闸的消能减震结构，要求使用耐磨性较强的材料。

【例1.2】 测试强度与加荷速度的关系。

现象：人们在测试混凝土等材料的强度时可以观察到：同一试件，加荷速度过快，所测值偏高。

原因分析：材料的强度除与其组成结构有关外，还与测试条件有关。当加荷速度快时，荷载的增长速度大于材料裂缝扩展速度，测出的值就会偏高。为此，在材料的强度测试中，一般都规定其加荷速度范围。

任务1.3　材料的耐久性

耐久性是指材料在使用过程中，能长期抵抗各种环境因素作用而不破坏，且能保持原有性质的性能。各种环境因素的作用可概括为物理作用、化学作用和生物作用三个方面。

物理作用包括干湿变化、温度变化、冻融变化、溶蚀、磨损等。这些作用会引起材料体积的收缩或膨胀，导致材料内部裂缝的扩张，长时间或反复多次的作用会使材料逐渐破坏。

化学作用包括酸、碱、盐等物质的溶解及有害气体的侵蚀作用，以及日光和紫外线等对材料的作用。这些作用使材料逐渐变质破坏，如钢筋的锈蚀、沥青的老化等。

生物作用包括昆虫、菌类等对材料的作用，它将使材料由于虫蛀、腐蚀而破坏，如木材及植物纤维材料的腐烂等。

实际上，材料的耐久性是多方面因素共同作用的结果，即耐久性是一个综合性质，无法用一个统一的指标去衡量所有材料的耐久性，而只能对不同的材料提出不同的耐久性要求。如水工建筑物常用材料的耐久性主要包括抗渗性、抗冻性、大气稳定性、抗化学侵蚀性等。

1-7

常用建筑材料的耐久性影响因素和评价指标

对材料耐久性的判断，需要在其使用条件下进行长期的观察和测定，通常是根据对所有材料的使用要求，在实验室进行有关的快速试验，如干湿循环、冻融循环、加湿与紫外线干燥循环、碳化、盐溶解浸渍与干燥循环、化学介质浸渍等。

任务 1.4　材料基本性质的检测

1.4.1　材料密度的检测

1. 检测目的

检测材料的密度。本试验以水泥的密度检测为例。

2. 主要仪器设备和材料

(1) 李氏瓶：瓶颈刻度由 0～1mL 和 18～24mL 两段刻度组成，且 0～1mL 和 18～24mL 以 0.1mL 为分度值，任何标明的容量误差都不大于 0.05mL。如图 1.5 所示。

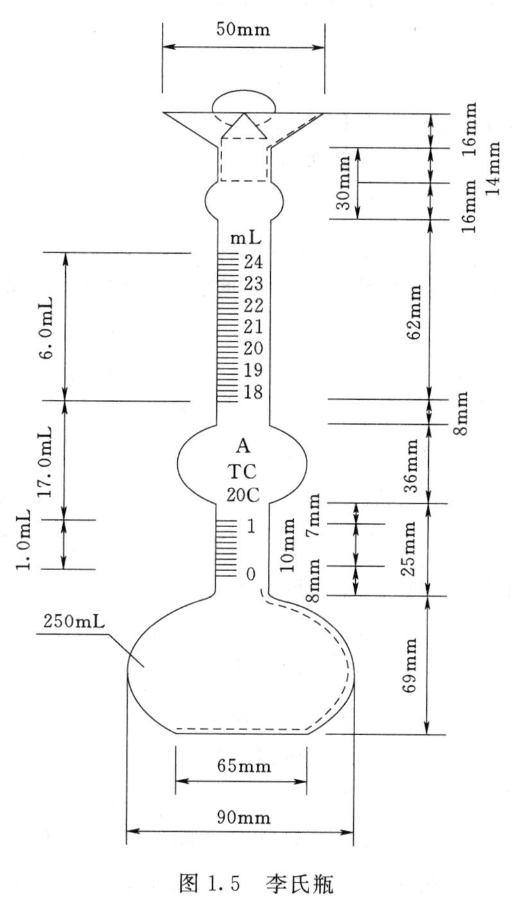

图 1.5　李氏瓶

(2) 无水煤油：符合国家标准《煤油》(GB 253—2008) 的要求。

(3) 恒温恒湿箱或恒温水槽：应有足够大的容积，使水温可以稳定控制在 (20±1)℃。

(4) 天平：量程不小于 100g，分度值不大于 0.01g。

(5) 温度计：量程包含 0～50℃，分度值不大于 0.1℃。

3. 试样准备

水泥试样应预先通过 0.90mm 方孔筛，在 (110±5)℃ 温度下烘干 1h，并在干燥器内冷却至室温 [室温应控制在 (20±1)℃]。

4. 检测步骤

(1) 称取试样 60g (m)，精确至 0.01g。在测试其他材料密度时，可按实际情况增减称量材料质量，以便于读取刻度值。

(2) 将无水煤油注入李氏瓶中至“0mL”到“1mL”之间刻度线后（选用磁力搅拌此时应加入磁力棒），盖上瓶盖放入恒温箱或水槽内，使刻度部分浸入水中 [水温应控制在 (20±1)℃]，恒温至少 30min，记下无水煤油的初始（第一次）读数 (V_1)。

(3) 从恒温箱或水槽中取出李氏瓶，用滤纸将李氏瓶细长颈内没有煤油的部分仔细擦干净。

测定密度时，为什么要轻轻摇动李氏瓶？

(4) 用小匙将水泥试样一点点地装入李氏瓶中，反复摇动（也可用超声波振动或磁力搅拌等），直至没有气泡排出，再次将李氏瓶静置于恒温箱或恒温水槽中（使刻度部分浸入水中），恒温至少 30min，记下第二次读数 (V_2)。

(5) 第一次读数和第二次读数时，恒温箱或恒温水槽的温度差不大于 0.2℃。

5. 结果计算与结论评定

水泥密度 ρ 按式（1.17）计算，结果精确至0.01g/cm^3，试验结果取两次测定结果的算术平均值，两次测定结果之差不大于0.02g/cm^3。

$$\rho=\frac{m}{V_2-V_1} \tag{1.17}$$

式中　ρ——水泥密度，g/cm^3；

m——水泥质量，g；

V_2——李氏瓶第二次读数，mL；

V_1——李氏瓶第一次读数，mL。

1.4.2　材料的表观密度试验（以粗骨料为例，液体比重天平法）

1. 检测目的

测定骨料表观密度，为空隙率计算和水泥混凝土配合比设计提供数据。掌握《建设用卵石、碎石》（GB/T 14685—2022）测定表观密度的方法。

2. 主要仪器设备

（1）天平：量程不小于10kg，分度值不大于5g。

（2）吊篮：直径与高度均为150mm，由孔径为1～2mm的筛网或钻有2～3mm孔洞的耐锈蚀金属板制成。

（3）烘箱：能使温度控制在（105±5）℃。

（4）试验筛：孔径为4.75mm。

（5）盛水容器：有溢流孔。

（6）温度计、浅盘、刷子和毛巾等。

3. 试样准备

按规定取样，并缩分至略大于表1.6规定的数量，风干后筛除小于4.75mm的颗粒，然后洗刷干净，分为大致相等的两份备用。

表1.6　　表观密度试验所需的试样最少用量

最大粒径/mm	小于26.5	31.5	37.5	63.0	75.0
最少试样质量/kg	2.0	3.0	4.0	6.0	6.0

4. 检测步骤

（1）取一份试样装入吊篮，浸入盛水容器中，水面至少高出试样50mm。浸泡（24±1）h后，移放到称量用的盛水容器中，并用上下升降吊篮的方法排除气泡。吊篮每升降一次约1s，升降高度为30～50mm。

（2）测定水温后（吊篮应全浸在水中），准确称出吊篮及试样在水中的质量（m_{h2}），称量时盛水容器中水面的高度由容器的溢流孔控制。

（3）提起吊篮，将试样倒入浅盘，放在烘箱中于（105±5）℃下烘干至恒重，待冷却至室温后，称出其质量（m_{h1}）。

（4）称出吊篮在同样温度水中的质量（m_{h3}）。称量时盛水容器的水面高度仍由溢流孔控制。

5．结果计算与结论评定

石子表观密度按下式计算（精确至 $10kg/m^3$）：

$$\rho_0=\left(\frac{m_{h1}}{m_{h1}+m_{h3}-m_{h2}}-\alpha_t\right)\times\rho_{水} \tag{1.18}$$

式中　ρ_0——表观密度，kg/m^3；

m_{h1}——烘干后试样的质量，g；

m_{h3}——吊篮在水中的质量，g；

m_{h2}——吊篮及试样在水中的质量，g；

α_t——水温对表观密度影响的修正系数；

$\rho_{水}$——水的密度，$1000kg/m^3$。

不同水温对碎石和卵石的表观密度影响的修正系数见表 1.7。

表 1.7　　不同水温对碎石和卵石的表观密度影响的修正系数

水温/℃	15	16	17	18	19	20	21	22	23	24	25
α_t	0.002	0.003	0.003	0.004	0.004	0.005	0.005	0.006	0.006	0.007	0.008

6．注意事项

（1）试验时各项称量可以在 15～25℃范围内进行，但从试样加水静止的 2h 起至试验结束，其温度变化不应超过 2℃。

（2）表观密度取两次试验的算术平均值，两次试验结果之差大于 $20kg/m^3$ 需重新试验。对颗粒材质不均匀的试样，如两次试验结果之差超过 $20kg/m^3$，可取 4 次试验结果的算术平均值。

1.4.3　材料的表观密度试验（以粗骨料为例，广口瓶法）

1．检测目的

测定骨料表观密度，为空隙率计算和水泥混凝土配合比设计提供数据。掌握《建设用卵石、碎石》（GB/T 14685—2022）测定表观密度的方法。

本方法用于测定最大粒径不大于 37.5mm 的碎石或卵石的表观密度。

2．主要仪器设备

（1）烘箱，能使温度控制在（105±5）℃。

（2）天平：量程不小于 10kg，分度值不大于 5g。

（3）广口瓶：1000mL，磨口。

（4）方孔筛：孔径为 4.75mm 的筛 1 只。

（5）玻璃片（尺寸约 100mm×100mm）、温度计、搪瓷盘、毛巾等。

3．试样准备

按规定取样，并缩分至表 1.6 规定的数量，风干后筛除小于 4.75mm 的颗粒，然后洗刷干净，分成大致相等的两份备用。

4．检测步骤

（1）将试样浸水饱和，然后装入广口瓶中，装试样时，广口瓶应倾斜放置，注入饮用水，用玻璃片覆盖瓶口，以上下左右摇晃的方法排除气泡。

(2) 气泡排尽后，向瓶中添加饮用水，直至水面凸出瓶口边缘。然后用玻璃片沿瓶口迅速滑行，使其紧贴瓶口水面。擦干瓶外水分，称出试样、水、瓶和玻璃片的总质量（m_{h5}）。

(3) 将瓶中试样倒入浅盘，放在烘箱中于（105±5)℃下烘干至恒重，待冷却至室温后，称出其质量（m_{h4}）。

(4) 将瓶洗净并重新注入饮用水，用玻璃片紧贴瓶口水面，擦干瓶外水分后，称出水、瓶和玻璃片的总质量（m_{h6}）。

5. 结果计算与评定

石子表观密度按下式计算（精确至10kg/m³）：

$$\rho_0=\left(\frac{m_{h4}}{m_{h4}+m_{h6}-m_{h5}}-\alpha_t\right)\rho_{水} \tag{1.19}$$

式中 ρ_0——表观密度，kg/m³；

m_{h4}——烘干后试样的质量，g；

m_{h5}——试样、水、瓶和玻璃片的总质量，g；

m_{h6}——水、瓶和玻璃片的总质量，g；

α_t——水温对表观密度影响的修正系数；

$\rho_{水}$——水的密度，1000kg/m³。

6. 注意事项

(1) 试验时各项称量可以在15～25℃范围内进行，但从试样加水静止的2h起至试验结束，其温度变化不应超过2℃。

(2) 表观密度取两次试验的算术平均值，两次试验结果之差大于20kg/m³需重新试验。对颗粒材质不均匀的试样，如两次试验结果之差超过20kg/m³，可取4次试验结果的算术平均值。

项 目 小 结

在不同建筑物中各种建筑工程材料应具备的性质不同。一般来说，建筑工程材料的性质分为物理性质、力学性质和耐久性三个方面。其中，物理性质包括与质量有关的性质、与水有关的性质、与热有关的性质等；力学性质包括强度与比强度、弹性与塑性、脆性与韧性、硬度与耐磨性；耐久性包括抗冻性、抗渗性、抗风化性、抗老化性、抗化学侵蚀性、大气稳定性等；材料的组成、结构和构造是决定材料性质的内部因素。

建筑材料各种性质的表示方法、影响因素、检测方法等应重点掌握。

技 能 考 核 题

一、填空题

1. 材料的吸水性用（　　）来表示，吸湿性用（　　）来表示。

2. 材料耐水性可以用来（　　）表示；材料的耐水性越好，该数值越（　　）。

3. 水可以在材料表面展开，即材料表面可以被水浸润，这种性质称为（　　）。

4. 同种材料，如封闭孔隙率越大，则材料的强度越（　　），保温性越（　　），吸水率越（　　）。

5. 材料含水率增加，导热系数随之（　　），当水（　　）时，导热系数进一步提高。

二、判断题

1. 同一种材料，其表观密度越大，则其孔隙率越大。（　　）

2. 将某种含水的材料，置于不同的环境中，分别测得其密度，其中以干燥条件下的密度为最小。（　　）

3. 材料的抗冻性与材料的孔隙率有关，与孔隙中的水饱和程度无关。（　　）

4. 某些材料虽然在受力初期表现为弹性，达到一定程度后表现出塑性特征，这类材料称为塑性材料。（　　）

5. 材料吸水饱和状态时水占的体积可视为开口孔隙体积。（　　）

6. 材料进行强度试验时，加荷速度快的比加荷速度慢的试验结果指标值偏小。（　　）

7. 热容量大的材料导热性大，受外界气温影响室内温度变化比较慢。（　　）

8. 材料含水会使堆积密度和导热性增大，强度提高，体积膨胀。（　　）

三、单选题

1. 孔隙率增大，材料的（　　）降低。

A. 密度　　B. 表观密度　　C. 憎水性　　D. 抗冻性

2. 在100g含水率为3%的天然砂中，其中水的质量为（　　）。

A. 3.0g　　B. 2.5g　　C. 3.3g　　D. 2.9g

3. 某材料吸水饱和后的质量为20kg，烘干到恒重时，质量为16kg，则材料的（　　）。

A. 质量吸水率为25%　　B. 质量吸水率为20%

C. 体积吸水率为25%　　D. 体积吸水率为20%

4. 材料吸水后将使材料的（　　）提高。

A. 耐久性　　B. 强度　　C. 密度　　D. 导热系数

5. 经常位于水中或受潮严重的重要结构物的材料，其软化系数不宜小于（　　）。

A. 0.75　　B. 0.70　　C. 0.85　　D. 0.90

6. 材料的抗渗性是指材料抵抗（　　）渗透的性质。

A. 水　　B. 潮气　　C. 压力水　　D. 饱和水

7. 对于某一种材料来说，无论环境怎样变化，其（　　）都是一定值。

A. 表观密度　　B. 密度　　C. 导热系数　　D. 平衡含水率

8. 材质相同的A、B两种材料，已知表观密度 $\rho_A > \rho_B$，则A材料的保温效果比B材料（　　）。

A. 好　　B. 差　　C. 完全相同　　D. 差不多

四、简答题

1. 新建的房屋保暖性差，到冬季更甚，这是为什么？

2. 什么是材料的强度？影响材料强度的因素有哪些？

3. 某一块状材料的全干质量为115g，自然状态下的体积为44cm^3，绝对密实状态下的体积为37cm^3，试计算其密度、表观密度、密实度和孔隙率。

项目2　无机胶凝材料

【知识目标】

1. 掌握石灰、石膏及水玻璃的技术性质、用途，以及它们在配制、储运和使用中应注意的问题。

2. 掌握硅酸盐水泥等几种通用水泥的性能、相应的检测方法及选用原则。

3. 理解石灰、石膏及水玻璃的水化（熟化）、凝结、硬化规律。

4. 熟悉通用水泥主要性能的检测方法。熟悉水泥的验收及施工现场管理。

【能力目标】

1. 能准确应用及保管石灰、石膏等气硬性胶凝材料。

2. 能根据相关标准检测石灰、水泥的性能。

3. 能根据工程特点及使用环境准确选用水泥品种。

4. 能对施工现场的水泥进行验收和保管。

胶凝材料是指能够通过自身的物理、化学作用，由浆体变成坚硬的固体，并能将散粒材料或块状材料胶结成为一个整体的材料。

胶凝材料按化学成分可分为无机胶凝材料和有机胶凝材料两大类。无机胶凝材料按凝结硬化的条件不同又可分为气硬性胶凝材料和水硬性胶凝材料。气硬性胶凝材料只能在空气中凝结硬化，并保持和提高自身强度；水硬性胶凝材料不仅能在空气中也能在水中凝结硬化，并保持和提高自身强度。工程中常用的石灰、石膏、水玻璃属于气硬性胶凝材料；各种水泥均属于水硬性胶凝材料。沥青、树脂属于有机胶凝材料。

任务2.1　石　　灰

2.1.1　石灰的生产及分类

2.1.1.1　石灰的生产

石灰的原料是石灰石，它的主要成分是碳酸钙（$CaCO_3$），石灰石在900℃左右的温度下煅烧，使碳酸钙分解成氧化钙（CaO），这就是所谓的生石灰。生石灰的主要成分是氧化钙，其中还含有一定量的氧化镁（MgO）。反应式为：

$$CaCO_3 \xrightarrow{900\sim1000℃} CaO + CO_2 \uparrow \quad (2.1)$$

煅烧良好的生石灰，质轻色匀。煅烧温度太低则产生欠火石灰，欠火石灰中含有未分解的碳酸钙，加水后不能熟化，因此降低了石灰的利用率。煅烧温度太高时，由于石灰岩中的二氧化硅（SiO_2）和三氧化二铝（Al_2O_3）等杂质与石灰反应生成熔融物质而成为过火石灰，过火石灰有颜色较深的玻璃质包层，熟化很慢。当未熟化过火石灰的细粒和灰浆一起应用在建筑物上时，将在已经硬化的灰浆中继续熟化而膨胀，常会发生崩裂、隆起或脱落现象，影响工程质量。

2.1.1.2　石灰的分类

1. 建筑生石灰

《建筑生石灰》(JC/T 479—2013) 对生石灰按加工方式和化学成分来分类。

按生石灰的加工方式可分为建筑生石灰和建筑生石灰粉。

按生石灰的化学成分可分为钙质石灰和镁质石灰两类。根据化学成分的含量每类分成各个等级。

建筑生石灰的化学成分和物理性质见表2.1。

表2.1　　建筑生石灰的化学成分和物理性质 (JC/T 479—2013)

名称		CaO+MgO	MgO	CO_2	SO_3	产浆量 /(dm^3/10kg)	细度/%	
							0.2mm 筛余量	90μm 筛余量
钙质石灰	CL 90 - Q	≥90	≤5	≤4	≤2	≥26	—	—
	CL 90 - QP					—	≤2	≤7
	CL 85 - Q	≥85	≤5	≤7	≤2	≥26	—	—
	CL 85 - QP					—	≤2	≤7
	CL 75 - Q	≥75	≤5	≤12	≤2	≥26	—	—
	CL 75 - QP					—	≤2	≤7
镁质石灰	ML 85 - Q	≥85	>5	≤7	≤2	—	—	—
	ML 85 - QP						≤2	≤7
	ML 80 - Q	≥80	>5	≤7	≤2	—	—	—
	ML 80 - QP						≤7	≤2

注　CL表示钙质生石灰，ML表示镁质生石灰。Q表示生石灰，QP表示生石灰粉。

生石灰的识别标志由产品名称、加工情况和产品依据标准编号组成。生石灰块在代号后加Q，生石灰粉在代号后加QP。如：符合JC/T 479—2013的钙质生石灰粉90标记为

CL　90 - QP　JC/T 479—2013

其中，CL表示钙质生石灰，90表示 (CaO+MgO) 百分含量，QP表示粉状，JC/T 479—2013则是产品依据标准。

2. 建筑消石灰

建筑消石灰是以生石灰为原料经消化所得的产物。按扣除游离水和结合水质 (CaO+MgO) 的百分含量加以分类，同样分为钙质消石灰和镁质消石灰，其化学成分和物理性质见表2.2。

建筑消石灰的识别标志与生石灰类似，如：符合《建筑消石灰》(JC/T 481—2013) 的钙质消石灰90标记为

HCL　90　JC/T　481—2013

其中，HCL表示钙质消石灰，90表示 (CaO+MgO) 百分含量，JC/T 481—2013则是产品依据标准。

表 2.2 建筑消石灰的化学成分和物理性质 (JC/T 481—2013)

名称		CaO+MgO	MgO	SO_3	细度/%		游离水/%	安定性
					0.2mm 筛余量	90μm 筛余量		
钙质消石灰	HCL 90	≥90	≤5	≤2	≤2	≤7	≤2	合格
	HCL 85	≥85	≤5	≤2	≤2	≤7	≤2	
	HCL 75	≥75	≤5	≤2	≤2	≤7	≤2	
镁质消石灰	HML 85	≥85	>5	≤2	≤2	≤7	≤2	
	HML 80	≥80	>5	≤2	≤2	≤7	≤2	

注 HCL 代表钙质消石灰，HML 代表镁质消石灰。

石灰的陈伏

2.1.2 石灰的熟化与硬化

2.1.2.1 石灰的熟化

熟化又称消化或消解，是指生石灰与水作用生成 $Ca(OH)_2$ 的化学反应过程，其反应式如下：

$$CaO+H_2O \longrightarrow Ca(OH)_2+64.9kJ \tag{2.2}$$

经消化所得的 $Ca(OH)_2$ 称为消石灰（又称熟石灰）。生石灰具有强烈的水化能力，水化时放出大量的热，同时体积膨胀 1.0～2.5 倍。一般煅烧良好、CaO 含量高、杂质少的生石灰，不但消化速度快，放热量大，而且体积膨胀也大。

过火石灰消化速度极慢，当石灰抹灰层中含有这种颗粒时，由于它吸收空气中的水分继续消化，体积膨胀，致使墙面隆起、开裂，严重影响施工质量。为了消除这种危害，生石灰在使用前应提前洗灰，使灰浆在灰坑中储存（陈伏）两周以上，以使石灰得到充分消化。陈伏期间，为防止石灰碳化，应在其表面保存一定厚度的水层，以与空气隔绝。

2.1.2.2 石灰的硬化

石灰浆体的硬化包含了干燥、结晶和碳化三个交错进行的过程。

干燥时，石灰浆体中多余水分蒸发或被砌体吸收而使石灰粒子紧密接触，获得一定强度，随着游离水的减少，$Ca(OH)_2$ 逐渐从饱和溶液中结晶出来，形成结晶结构网，使强度继续增加。

由于空气中有 CO_2 存在，$Ca(OH)_2$ 在有水的条件下与之反应生成 $CaCO_3$。

$$Ca(OH)_2+CO_2+nH_2O = CaCO_3+(n+1)H_2O \tag{2.3}$$

新生成的 $CaCO_3$ 晶体相互交叉连生或与 $Ca(OH)_2$ 共生，构成较紧密的结晶网，使硬化浆体的强度进一步提高。显然，碳化对于强度的提高和稳定是十分有利的。但是，由于空气中 CO_2 含量很低，且表面形成碳化层后，CO_2 不易深入内部，还阻碍了内部水分的蒸发，故自然状态下的碳化干燥是很缓慢的。

2.1.3 石灰的特性

(1) 可塑性和保水性好。生石灰消化为石灰浆时，能自动形成极微细的呈胶体状态的 $Ca(OH)_2$，表面吸附一层厚的水膜，因此具有良好的可塑性。在水泥砂浆中掺入石灰膏，能使其可塑性和保水性（保持浆体结构中的游离水不离析的性质）显著提高。

(2) 吸湿性强。生石灰吸湿性强，保水性好，是传统的干燥剂。

(3) 凝结硬化慢，强度低。因石灰浆在空气中的碳化过程很缓慢，导致 $Ca(OH)_2$ 和 $CaCO_3$ 结晶的量少，其最终的强度也不高。通常，1∶3 石灰砂浆 28d 的抗压强度只有 0.2～0.5MPa。

2-4

石灰抹面的网状裂纹

(4) 体积收缩大。石灰浆在硬化过程中，由于水分的大量蒸发，引起体积收缩，使其开裂，因此除调成石灰乳做薄层涂刷外，不宜单独使用。工程上应用时，常在石灰中掺入砂、麻刀、纸筋等，以抵抗收缩引起的开裂和增加抗拉强度。

(5) 耐水性差。石灰水化后的成分 $Ca(OH)_2$ 能溶于水，若长期受潮或被水浸泡，会使已硬化的石灰溃散，所以石灰不宜在潮湿的环境中使用，也不宜单独用于承重砌体的砌筑。

2.1.4 石灰的应用

1. 配制石灰砂浆和石灰乳涂料

用石灰膏和砂或麻刀、纸筋配制成的石灰砂浆、麻刀灰、纸筋灰等广泛用来做内墙、顶棚的抹面工程。用石灰膏和水泥、砂配制成的混合砂浆通常用来做墙体砌筑或抹灰之用。由石灰膏稀释成的石灰乳常用作内墙和顶棚的粉刷涂料。

2-5

灰土和三合土

2. 配制灰土和三合土

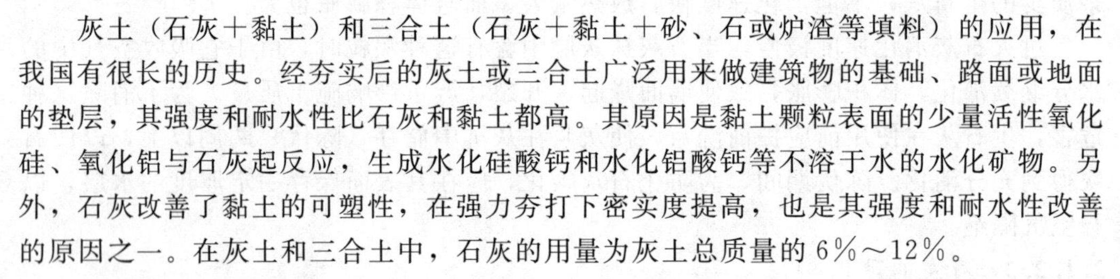

灰土（石灰＋黏土）和三合土（石灰＋黏土＋砂、石或炉渣等填料）的应用，在我国有很长的历史。经夯实后的灰土或三合土广泛用来做建筑物的基础、路面或地面的垫层，其强度和耐水性比石灰和黏土都高。其原因是黏土颗粒表面的少量活性氧化硅、氧化铝与石灰起反应，生成水化硅酸钙和水化铝酸钙等不溶于水的水化矿物。另外，石灰改善了黏土的可塑性，在强力夯打下密实度提高，也是其强度和耐水性改善的原因之一。在灰土和三合土中，石灰的用量为灰土总质量的6%～12%。

3. 制作碳化石灰板

碳化石灰板是将磨细的生石灰、纤维状填料（如玻璃纤维）或轻质骨料（如矿渣）搅拌、成型，然后经人工碳化而成的一种轻质板材。为了减小表观密度和提高碳化效果，多制成空心板。这种板材能锯、刨、钉，适宜用来做非承重内墙板、天花板等。

4. 制作硅酸盐制品

磨细生石灰或消石灰粉与砂或粒化高炉矿渣、炉渣、粉煤灰等硅质材料经配料、混合、成型，再经常压或高压蒸汽养护，就可制得密实或多孔的硅酸盐制品，如灰砂砖、粉煤灰砖及砌块、加气混凝土砌块等。

5. 配制无熟料水泥

将具有一定活性的材料（如粒化高炉矿渣、粉煤灰、煤矸石灰渣等工业废渣），按适当比例与石灰配合，经共同磨细，可得到具有水硬性的胶凝材料，即为无熟料水泥。

【工程实例分析 2.1】 石灰砂浆的拱起开裂分析。

现象：某住宅使用石灰厂处理的下脚石灰做粉刷。数月后粉刷层多处向外拱起，还看见一些裂缝，请分析原因。

原因分析：石灰厂处理的下脚石灰往往含有过火的CaO或较高的MgO，其水化速度慢于正常的石灰，且水化后体积膨胀，所以导致粉刷层拱起和开裂。

【工程实例分析2.2】 石灰的选用分析。

现象：某工地急需配制石灰砂浆。当时有消石灰粉、生石灰粉及生石灰材料可供选用。因生石灰价格相对较便宜，便选用，并马上加水配制石灰膏，再配制石灰砂浆。使用数天后，石灰砂浆出现众多凸出的膨胀性裂缝，请分析原因。

原因分析：该石灰的陈伏时间不够，如生石灰直接使用，数日后部分过火石灰在已硬化的石灰砂浆中才熟化，体积膨胀，以致产生膨胀性裂纹。如果没有现成的石灰膏，可以选用消石灰粉。消石灰粉在磨细过程中所有成分均被磨细，可以克服过火石灰在熟化过程中造成的体积安定性不良的危害。

任务2.2 石　　膏

2.2.1 石膏的种类

石膏是以$CaSO_4$为主要成分的气硬性胶凝材料。由于石膏具有质轻、隔热、耐火、吸声、有一定强度等特点，因而在建筑工程中得到广泛应用。

工程上常用的石膏是由天然二水石膏（$CaSO_4 \cdot 2H_2O$，又称软石膏）矿石加热至107～170℃时，部分结晶水脱出后得到半水石膏（$CaSO_4 \cdot 0.5H_2O$），再经磨细成粉状而成的。

将$CaSO_4 \cdot 2H_2O$在不同的压力和温度下煅烧，可以得到结构和性质均不相同的石膏产品，如建筑石膏、模型石膏、高强度石膏、天然无水石膏等。本书仅介绍建筑石膏。

2.2.2 建筑石膏的凝结硬化

在使用石膏前，先将$CaSO_4 \cdot 0.5H_2O$加水调和成浆，使其具有要求的可塑性，然后成型。石膏由浆体转变为具有强度的晶体结构，历经水化、凝结、硬化三个阶段。

1. 水化

$CaSO_4 \cdot 0.5H_2O$溶解于水中，与水化合生成$CaSO_4 \cdot 2H_2O$，此时的溶液为不稳定的过饱和溶液。$CaSO_4 \cdot 2H_2O$在过饱和溶液中，其胶体粒子很快析出结晶，此时的溶液成为不饱和溶液，$CaSO_4 \cdot 0.5H_2O$又向不饱和溶液中溶解，如此反复，$CaSO_4 \cdot 2H_2O$结晶析出，$CaSO_4 \cdot 0.5H_2O$不断溶解，直到$CaSO_4 \cdot 0.5H_2O$完全转化为$CaSO_4 \cdot 2H_2O$。

2. 凝结

随着水化作用，$CaSO_4 \cdot 2H_2O$粒子数量不断增多，$CaSO_4 \cdot 2H_2O$吸附水量也多，加之水分蒸发，溶液中自由水减少，浆体变稠，失去可塑性。

3. 硬化

随着浆体的失水变稠，$CaSO_4 \cdot 2H_2O$晶体析出量不断增加且不断增大，并彼此连生、共生、交错搭接形成结晶结构网，结晶强度发展直至具有一定强度的人造石。

建筑石膏的性质

2.2.3 建筑石膏的特性与技术指标

1. 建筑石膏的特性

(1) 调凝性好。在水泥熟料中加入2%～5%的$CaSO_4 \cdot 2H_2O$，可以调解水泥的凝结时间。

(2) 微膨胀性。石膏在硬化过程中有0.5%～1%的膨胀率，利用此特性，可以制造表面致密光滑的构件，也可作为膨胀水泥的原料。

(3) 可塑性强。由于石膏颗粒很小且表面吸附一层较厚的水膜，其可塑性好，加之其特有的膨胀率，石膏浆体可以充满任意形状的模型，制成装饰或高级雕塑。

(4) 耐水性差。由于石膏吸水性强，长期受潮或受水浸泡，会使已硬化的石膏软化、溃散。因此，石膏胶凝材料不宜用于潮湿环境及易受水浸泡的部位。

(5) 保温性好。石膏在凝结硬化时，有1/5～1/3的多余水分蒸发，留下大量孔隙，孔隙率可达40%～60%。因此，石膏的隔热保温性能好。

2. 建筑石膏的技术指标

根据国家标准《建筑石膏》(GB/T 9776—2022) 的规定，建筑石膏按其细度、凝结时间、强度指标分为三级。各项技术指标见表2.3。

按要求将试样处理分成三等份，以其中一份试样按要求进行试验。检验结果若均符合表2.3要求时，则判该批产品合格。若有一项以上指标不符合要求，即判该产品不合格。若只有一项指标不合格，则可用其他两份试样对不合格指标进行重新检验。重新检验结果，若两份该样均合格，则判该批产品合格；若仍有一份试样不合格，则判该批产品不合格。

表2.3 建筑石膏的物理力学性能 (GB/T 9776—2022)

等级	凝结时间/min		强度/MPa			
			2h湿强度		干强度	
	初凝	终凝	抗折	抗压	抗折	抗压
4.0	≥3	≤30	≥4.0	≥8.0	≥7.0	≥15.0
3.0			≥3.0	≥6.0	≥5.0	≥12.0
2.0			≥2.0	≥4.0	≥4.0	≥8.0

建筑石膏制品

2.2.4 建筑石膏的应用及储运

由于石膏具有以上特性，$CaSO_4 \cdot 2H_2O$可以作为石膏工业的原料，煅烧的硬石膏可浇筑地板和人造石板，建筑石膏在建筑工业中可用于室内抹灰、粉刷、油漆打底及建筑装饰制品，也可作为水泥的原料或调凝剂。

石膏在储运过程中应注意防雨防潮，储存期一般不超过3个月，过期或受潮都会使石膏强度显著降低。

任务2.3 水玻璃

2.3.1 水玻璃的生产

水玻璃俗称泡花碱，是一种水溶性的硅酸盐，主要成分是硅酸钠 ($Na_2O \cdot$

$nSiO_2$)、硅酸钾($K_2O \cdot nSiO_2$)等。水玻璃的生产方法主要有干法生产和湿法生产。

干法生产是将石英砂和 Na_2CO_3 磨细拌匀,在1300~1400℃的玻璃熔炉内加热熔化,冷却后成为固体水玻璃,然后在高压蒸汽锅内加热溶解成液体水玻璃。反应式如下:

水玻璃的形态

$$Na_2CO_3 + nSiO_2 \xrightarrow{1300\sim1400℃} Na_2O \cdot nSiO_2 + CO_2\uparrow \quad (2.4)$$

湿法生产是将石英砂和 NaOH 溶液在压蒸锅(0.2~0.3MPa)内用蒸汽加热,并搅拌,直接反应成液体水玻璃。反应式如下:

$$2NaOH + nSiO_2 = Na_2O \cdot nSiO_2 + H_2O \quad (2.5)$$

$Na_2O \cdot nSiO_2$ 中 SiO_2 与 Na_2O 的分子数比"n",称为水玻璃模数。n 越大,水玻璃的黏度越大,越难溶于水,但容易凝结硬化。建筑上常用的水玻璃是 $Na_2O \cdot nSiO_2$ 的水溶液,为无色或淡黄、灰白色的黏稠液体,模数为2.6~2.8。

2.3.2 水玻璃的凝结硬化

液体水玻璃吸收空气中的 CO_2,形成无定形硅酸凝胶,逐渐干燥而硬化,并在表面上覆盖一层致密的碳酸钠薄膜。反应式如下:

$$Na_2O \cdot nSiO_2 + CO_2 + mH_2O = Na_2CO_3 + nSiO_2 \cdot mH_2O \quad (2.6)$$

上述反应十分缓慢,为加速其硬化,常在水玻璃中加入促硬剂氟硅酸钠(Na_2SiF_6),以加速 SiO_2 凝胶的析出。反应式如下:

$$2(Na_2O \cdot nSiO_2) + mH_2O + Na_2SiF_6 = (2n+1)SiO_2 \cdot mH_2O + 6NaF \quad (2.7)$$

Na_2SiF_6 的掺量为水玻璃质量的12%~15%。

2.3.3 水玻璃的性质

1. 黏结力强

水玻璃硬化后具有较高的强度。如水玻璃胶泥的抗拉强度大于2.5MPa,水玻璃混凝土的抗压强度为15~40MPa。此外,水玻璃硬化析出的硅酸凝胶还可堵塞毛细孔隙而防止水渗透。对于同一模数的液体水玻璃,其浓度越稠、密度越大,则黏结力越强。而不同模数的液体水玻璃,模数越大,其胶体组分越多,黏结力也越强。

2. 耐酸能力强

硬化后的水玻璃,因为起胶凝作用的主要成分是含水硅酸凝胶($nSiO_2 \cdot mH_2O$),所以能抵抗大多数无机酸和有机酸的作用,但水玻璃类材料不耐碱性介质侵蚀。

3. 耐热性好

由于硬化水玻璃在高温作用下脱水、干燥并逐渐形成 SiO_2 空间网状骨架,故具有良好的耐热性能。

2.3.4 水玻璃的应用

1. 配制耐酸砂浆和混凝土

水玻璃具有很高的耐酸性,以水玻璃为胶结材,加入促硬剂和耐酸粗、细骨料,可配制成耐酸砂浆和耐酸混凝土，用于耐腐蚀工程，如铺砌的耐酸块材，浇筑地面、整体面层、设备基础等。

2. 配制耐热砂浆和混凝土

水玻璃耐热性能好，能长期承受一定的高温作用，用它与促硬剂及耐热骨料等可配制耐热砂浆或耐热混凝土，用于高温环境中的非承重结构及构件。

3. 加固地基

将模数为2.5～3的液体水玻璃和氯化钙溶液交替压入地下，两种溶液会发生化学反应，析出硅酸胶体，将土壤颗粒包裹并填实其孔隙。由于硅酸胶体膨胀挤压可阻止水分的渗透，使土壤固结，因而提高地基的承载力。

4. 涂刷或浸渍材料

将液体水玻璃直接涂刷在建筑物表面，可提高其抗风化能力和耐久性。而以水玻璃浸渍多孔材料，可使它的密实度、强度、抗渗性均得到提高。这是由于水玻璃在硬化过程中所形成的凝胶物质封堵和填充材料表面及内部孔隙的结果。但不能用水玻璃涂刷或浸渍石膏制品，因为水玻璃与硫酸钙反应生成体积膨胀的硫酸钠晶体会导致石膏制品的开裂以致破坏。

5. 修补裂缝、堵漏

将液体水玻璃、粒化矿渣粉、砂和氟硅酸钠按一定比例配制成砂浆，直接压入砖墙裂缝内，可起到黏结和增强的作用。在水玻璃中加入各种矾类的溶液，可配制成防水剂，能快速凝结硬化，适用于堵漏填缝等局部抢修工程。

水玻璃不耐氢氟酸、热磷酸及碱的腐蚀。而水玻璃的凝胶体在大孔隙中会有脱水干燥收缩现象，降低使用效果。水玻璃的包装容器应注意密封，以免水玻璃和空气中的二氧化碳反应而分解，并避免落进灰尘、杂质。

【工程实例分析2.3】 以一定密度的水玻璃浸渍或涂刷黏土砖、水泥混凝土、石材等多孔材料，可提高材料的密实度、强度、抗渗性、抗冻性及耐水性。为什么？

分析：因为水玻璃与空气中的二氧化碳反应生成硅酸凝胶，同时水玻璃也与材料中的氢氧化钙反应生成硅酸钙凝胶，两者填充于材料的孔隙，使材料致密。

2-11

水泥发展简史

任务2.4 硅酸盐水泥

水泥是最重要的建筑材料之一，常用来拌制砂浆和混凝土，也常用作灌浆材料。粉末状的水泥与水拌和成可塑性浆体，经一系列的物理化学作用后，变成坚硬的水泥石，并能将散粒状（或块状）材料黏结成一个整体。水泥是水硬性胶凝材料，不仅可以在空气中硬化，而且可以在潮湿环境，甚至在水中硬化，保持并继续增长强度。

水泥的品种很多，按所含水硬性物质的不同，可分为硅酸盐类水泥、铝酸盐类水泥及硫铝酸盐类水泥等。其中以硅酸盐类水泥应用最广。按水泥的用途及性能，可分为通用水泥和特种水泥。通用水泥是指大量用于土木工程的水泥，包括硅酸盐水泥、普通硅酸盐水泥、矿渣硅酸盐水泥、火山灰质硅酸盐水泥、粉煤灰硅酸盐水泥和复合硅酸盐水泥等六大水泥。特种水泥是指具有特殊性能或用途的水泥，如铝酸盐水泥、白色硅酸盐水泥等。

2.4.1　硅酸盐水泥的生产与矿物组成

由硅酸盐水泥熟料、0～5%的石灰石或粒化高炉矿渣、适量石膏磨细制成的水硬性胶凝材料称为硅酸盐水泥。硅酸盐水泥分为两种：未掺入混合材料的称为Ⅰ型硅酸盐水泥（P·Ⅰ）；掺入不超过5%混合材料的称为Ⅱ型硅酸盐水泥（P·Ⅱ）。

1. 硅酸盐水泥的生产工艺流程

生产硅酸盐水泥的原料主要是石灰质原料和黏土质原料两类。石灰质原料（如石灰石、白垩等）主要提供 CaO；黏土质原料（如黏土、页岩等）主要提供 SiO_2、Al_2O_3 及少量 Fe_2O_3。当以上两种原料提供的化学组成不能满足要求时，还要加入少量辅助原料（如铁矿石等）。

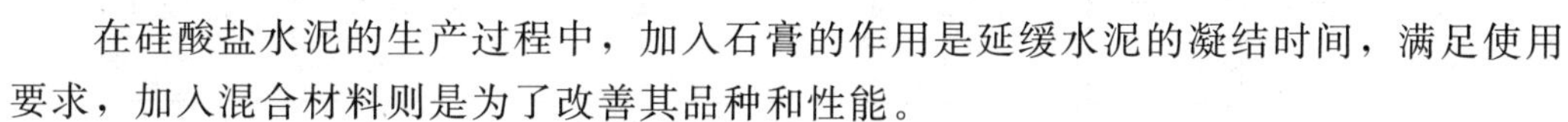

在硅酸盐水泥的生产过程中，加入石膏的作用是延缓水泥的凝结时间，满足使用要求，加入混合材料则是为了改善其品种和性能。

硅酸盐水泥的生产工艺流程可概括为“两磨一烧”（图2.1）。

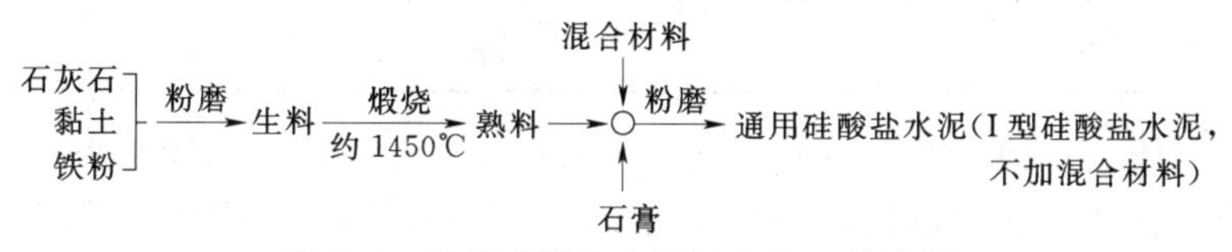

图2.1　通用硅酸盐水泥的生产工艺流程

2. 硅酸盐水泥熟料的矿物组成

硅酸盐系列的水泥，其生料的化学成分主要是二氧化硅（SiO_2）、三氧化二铝（Al_2O_3）、三氧化二铁（Fe_2O_3）和氧化钙（CaO）四种。在水泥生产过程中经高温煅烧，前面三种化学成分分别与 CaO 相结合，形成熟料，其矿物成分主要是硅酸三钙、硅酸二钙、铝酸三钙和铁铝酸四钙等化合物。这四种矿物成分的含量见表2.4。

表2.4　硅酸盐水泥熟料的主要矿物成分

名称	矿物成分	简称	含量/%
硅酸三钙	$3CaO \cdot SiO_2$	C_3S	45～63
硅酸二钙	$2CaO \cdot SiO_2$	C_2S	15～27
铝酸三钙	$3CaO \cdot Al_2O_3$	C_3A	7～13
铁铝酸四钙	$4CaO \cdot Al_2O_3 \cdot Fe_2O_3$	C_4AF	8～15

2.4.2　硅酸盐水泥的凝结硬化

硅酸盐水泥的凝结硬化是一个复杂的物理、化学变化过程。

1. 硅酸盐水泥的水化特性及水化生成物

水泥与水发生的化学反应，简称为水泥的水化反应。硅酸盐水泥熟料矿物的水化反应如下：

$$2(3CaO \cdot SiO_2)+6H_2O = 3CaO \cdot 2SiO_2 \cdot 3H_2O+3Ca(OH)_2 \quad (2.8)$$

$$2(2CaO \cdot SiO_2)+4H_2O = 3CaO \cdot 2SiO_2 \cdot 3H_2O+Ca(OH)_2 \quad (2.9)$$

$$3CaO \cdot Al_2O_3+6H_2O = 3CaO \cdot Al_2O_3 \cdot 6H_2O \quad (2.10)$$

$$4CaO \cdot Al_2O_3 \cdot Fe_2O_3+7H_2O = 3CaO \cdot Al_2O_3 \cdot 6H_2O+CaO \cdot Fe_2O_3 \cdot H_2O \quad (2.11)$$

从上述反应式可知，硅酸盐水泥熟料的水化产物分别是水化硅酸钙（凝胶体）、氢氧化钙（晶体）、水化铝酸钙（晶体）和水化铁酸钙（凝胶体）。在完全水化的水泥石中，水化硅酸钙约占50%，氢氧化钙约占25%。通常认为，水化硅酸钙凝胶体对水泥石的强度和其他性质起着决定性的作用。

矿物的特性及其在各种水泥中的相对含量见表2.5。

表2.5 硅酸盐水泥熟料矿物的基本特性

名称	水化反应速率	水化放热量	强度	耐化学侵蚀性	干缩
C_3S	快	大	高	中	中
C_2S	慢	小	早期低后期高	良	中
C_3A	最快	最大	早期高后期低	差	大
C_4AF	快	中	中	良	小

硅酸盐水泥是几种矿物熟料的混合物，熟料的比例不同，硅酸盐水泥的水化特性也会发生改变。掌握水泥熟料矿物的水化特性，对分析判断水泥的工程性质、合理选用水泥以及改良水泥品质，研发水泥新品种，具有重要意义。

由于铝酸三钙的水化反应极快，使水泥产生瞬时凝结，为了方便施工，在生产硅酸盐水泥时需掺加适量的石膏，达到调节凝结时间的目的。石膏和铝酸三钙的水化产物水化铝酸钙发生反应，生成水化硫铝酸钙针状晶体（钙矾石），反应式如下：

$$3CaO \cdot Al_2O_3 \cdot 6H_2O+3(CaSO_4 \cdot 2H_2O)+19H_2O = 3CaO \cdot Al_2O_3 \cdot 3CaSO_4 \cdot 31H_2O \quad (2.12)$$

水化硫铝酸钙难溶于水，生成时附着在水泥颗粒表面，能减缓水泥的水化反应速度。

2. 硅酸盐水泥的凝结硬化过程及水泥石结构

硅酸盐水泥的凝结硬化过程主要是随着水化反应的进行，水化产物不断增多，水泥浆体结构逐渐致密，大致可分为溶解期、凝结期、硬化期三个阶段。

(1) 溶解期。水泥加水搅拌后，水化反应首先从水泥颗粒表面开始，水化生成物迅速溶解于周围水体。新的水泥颗粒表面与水接触，继续水化反应，水化产物继续生成并不断溶解，如此继续，水泥颗粒周围的水体很快达到饱和状态，形成溶胶结构。

(2) 凝结期。溶液饱和后，继续水化的产物逐渐增多并发展成为网状凝胶体（水化硅酸钙、水化铁酸钙胶体中分布有大量的氢氧化钙、水化铝酸钙及水化硫铝酸钙晶体）。随着凝胶体逐渐增多，水泥浆体产生絮凝并开始失去塑性。

(3) 硬化期。凝胶体的形成与发展，使水泥的水化反应越来越困难。随着水化反应继续缓慢地进行，水化产物不断生成并填充在浆体的毛细孔中，随着毛细孔的减少，浆体逐渐硬化。

硬化后的水泥石结构由凝胶体、未完全水化的水泥颗粒和毛细孔组成。

3. 影响水泥凝结硬化的主要因素

(1) 矿物组成。不同矿物成分和水起反应时所表现出来的特点是不同的，如 C_3A 水化速率最快，放热量最大而强度不高；C_2S 水化速率最慢，放热量最少，早期强度低，后期强度增长迅速等。因此，改变水泥的矿物组成，其凝结硬化情况将产生明显变化。水泥的矿物组成是影响水泥凝结硬化的最重要因素。

(2) 细度。细度指水泥颗粒的粗细程度。细度越大，水泥颗粒越细，比表面积越大，水化反应越容易进行，水泥的凝结硬化越快。

(3) 用水量。水泥水化反应理论用水量约占水泥质量的 23%。加水太少，水化反应不能充分进行；加水太多，难以形成网状构造的凝胶体，延缓甚至不能使水泥浆硬化。

(4) 温度和湿度。水泥的水化反应随温度升高，反应加快。负温条件下，水化反应停止，甚至水泥石结构有冻坏的可能。水泥水化反应必须在潮湿的环境中才能进行，潮湿的环境能保证水泥浆体中的水分不蒸发，水化反应得以维持。

(5) 养护时间（龄期）。保持合适的环境温度和湿度，使水泥水化反应不断进行的措施，称为养护。水泥凝结硬化过程的实质是水泥水化反应不断进行的过程。水化反应时间越长，水泥石的强度越高。水泥石强度的增长在早期较快，后期逐渐减缓，28d 以后显著变慢。试验资料显示，水泥的水化反应在适当的温度与湿度的环境中可延续数年。

【工程实例分析 2.4】 挡墙开裂与水泥的选用。

现象：某大体积的混凝土工程，浇筑两周后拆模，发现挡墙有多道贯穿型的纵向裂缝。该工程使用某立窑水泥厂生产的 42.5Ⅱ型硅酸盐水泥，其熟料矿物组成见表 2.6。

表 2.6　　某 42.5Ⅱ型硅酸盐水泥熟料矿物组成

矿物成分	C_3S	C_2S	C_3A	C_4AF
含量/%	61	14	14	11

分析讨论：由于该工程所使用的水泥 C_3A 和 C_3S 含量高，该水泥的水化热高，且在浇筑混凝土中，混凝土的整体温度高，以后混凝土温度随环境温度下降，混凝土产生冷缩，造成混凝土贯穿型的纵向裂缝。

2.4.3 硅酸盐水泥的技术性质

《通用硅酸盐水泥》(GB 175—2007) 对硅酸盐水泥的主要技术性质要求如下。

硅酸盐水泥的基本性质

1. 细度

细度是指水泥颗粒粗细的程度。它是影响水泥需水量、凝结时间、强度和安定性能的重要指标。水泥颗粒越细，水化活性越高，则与水反应的表面积越大，因而水化反应的速度越快；水泥石的早期强度越高，则硬化体的收缩也越大，所以水泥在储运过程中易受潮而降低活性。因此，水泥细度应适当，根据《通用硅酸盐水泥》(GB

2-16
水泥细度检验方法

175—2007）的规定，硅酸盐水泥和普通硅酸盐水泥的细度以比表面积表示，不小于 $300m^3/kg$；矿渣硅酸盐水泥、火山灰质硅酸盐水泥、粉煤灰硅酸盐水泥和复合硅酸盐水泥的细度以筛余表示，80μm 方孔筛筛余不大于 10％或 45μm 方孔筛筛余不大于 30％。

2. 标准稠度用水量

2-17
水泥标准稠度用水量试验

在测定水泥凝结时间、体积安定性等性能时，为使所测结果有准确的可比性，规定在试验时所使用的水泥净浆必须以标准方法［按《水泥标准稠度用水量、凝结时间、安定性检验方法》（GB/T 1346—2011）规定］测试，并达到统一规定的浆体可塑性程度（即标准稠度）。

水泥净浆标准稠度用水量，是指拌制水泥净浆时为达到标准稠度所需的加水量。它以水与水泥质量之比的百分数表示。硅酸盐水泥的标准稠度用水量一般为 24％～30％。

2-18
水泥凝结时间测定

3. 凝结时间

《通用硅酸盐水泥》（GB 175—2007）规定：硅酸盐水泥初凝时间不小于 45min，终凝时间不大于 390min。

凝结时间是指水泥从加水开始到失去流动性，即从可塑状态发展到开始形成固体状态所需的时间，分为初凝和终凝。初凝时间为水泥从开始加水拌和起至水泥浆开始失去可塑性所需的时间；终凝时间是从水泥开始加水拌和起至水泥浆完全失去可塑性，并开始产生强度所需的时间。按《水泥标准稠度用水量、凝结时间、安定性检验方法》（GB/T 1346—2011）规定的方法测定。

水泥的凝结时间对施工有重大意义。水泥的初凝不宜过早，以便在施工时有足够的时间完成混凝土或砂浆的搅拌、运输、浇捣和砌筑等操作；水泥的终凝不宜过迟，以免拖延施工工期。

4. 体积安定性

2-19
水泥安定性的测定

水泥体积安定性简称水泥安定性，是指水泥浆体硬化后体积变化的稳定性。用沸煮法检验必须合格。安定性不良的水泥，在浆体硬化过程中或硬化后产生不均匀的体积膨胀，并引起开裂。

水泥安定性不良的主要原因是熟料中含有过量的游离氧化钙、游离氧化镁或掺入的石膏过多。因上述物质均在水泥硬化后开始或继续进行水化反应，其反应产物体积膨胀而使水泥石开裂。因此，《通用硅酸盐水泥》（GB 175—2007）规定，水泥中氧化镁含量不得超过 5.0％，三氧化硫含量不得超过 3.5％（矿渣硅酸盐水泥不超过 4.0％），用沸煮法检验必须合格。体积安定性不合格的水泥不能用于工程中。

2-20
水泥胶砂强度检验方法（ISO 法）

5. 水泥的强度与强度等级

水泥强度是表征水泥力学性能的重要指标，它与水泥的矿物组成、水泥细度、水灰比、水化龄期和环境温度等密切相关。为了使试验结果具有可比性，水泥强度必须按《水泥胶砂强度检验方法（ISO 法）》（GB/T 17671—2021）的规定制作试块，养护并测定其抗压强度值和抗折强度值。该值是评定水泥强度等级的依据。

水泥强度等级按规定龄期的抗压强度和抗折强度来划分，各强度等级水泥的各龄期强度不得低于表2.7的数值。

表2.7　　通用硅酸盐水泥的强度指标（GB 175—2007）

品　种	强度等级	抗压强度/MPa，≥		抗折强度/MPa，≥	
		3d	28d	3d	28d
硅酸盐水泥（P·Ⅰ、P·Ⅱ）	42.5	17.0	42.5	3.5	6.5
	42.5R	22.0	42.5	4.0	6.5
	52.5	23.0	52.5	4.0	7.0
	52.5R	27.0	52.5	5.0	7.0
	62.5	28.0	62.5	5.0	8.0
	62.5R	32.0	62.5	5.5	8.0
普通硅酸盐水泥（P·O）	42.5	17.0	42.5	3.5	6.5
	42.5R	22.0	42.5	4.0	6.5
	52.5	23.0	52.5	4.0	7.0
	52.5R	27.0	52.5	5.0	7.0
矿渣硅酸盐水泥（P·S） 火山灰质硅酸盐水泥（P·P） 粉煤灰硅酸盐水泥（P·F）	32.5	10.0	32.5	2.5	5.5
	32.5R	15.0	32.5	3.5	5.5
	42.5	15.0	42.5	3.5	6.5
	42.5R	19.0	42.5	4.0	6.5
	52.5	21.0	52.5	4.0	7.0
	52.5R	23.0	52.5	4.5	7.0
复合硅酸盐水泥（P·C）	42.5	15.0	42.5	3.5	6.5
	42.5R	19.0	42.5	4.0	6.5
	52.5	21.0	52.5	4.0	7.0
	52.5R	23.0	52.5	4.5	7.0

注　R为早强型。

6. 氧化镁、三氧化硫、碱及不溶物含量

水泥中氧化镁（MgO）含量不得超过5.0%，如果水泥经蒸压安定性试验合格，则氧化镁含量允许放宽到6.0%。

矿渣硅酸盐水泥中三氧化硫（SO_3）含量不得超过4.0%，其他水泥的三氧化硫含量不得超过3.5%。

水泥中碱含量按$Na_2O+0.658\ K_2O$计算值来表示。水泥中碱含量过高，则在混凝土中遇到活性骨料时，易产生碱-骨料反应，对工程造成危害。若使用活性骨料，用户要求提供低碱水泥时，水泥中碱含量不得大于0.6%或由供需双方商定。

不溶物的含量，在Ⅰ型硅酸盐水泥中不得超过0.75%，在Ⅱ型硅酸盐水泥中不得超过1.5%。

7. 烧失量

烧失量指水泥在一定灼烧温度和时间内，烧失的质量占原质量的百分比。Ⅰ型硅酸盐水泥的烧失量不得大于3.0%，Ⅱ型硅酸盐水泥的烧失量不得大于3.5%。

8. 水化热

水化热是指水泥和水之间发生化学反应放出的热量，通常以焦耳/千克（J/kg）表示。

水泥水化放出的热量以及放热速度，主要取决于水泥的矿物组成和细度。熟料矿物中铝酸三钙和硅酸三钙的含量越高，颗粒越细，则水化热越大，这对一般建筑的冬季施工是有利的，但对于大体积混凝土工程是有害的。为了避免由于温度应力引起水泥石的开裂，在大体积混凝土工程施工中，不宜采用硅酸盐水泥，而应采用水化热低的水泥，如中热水泥、低热矿渣水泥等。水化热的数值可根据国家标准规定的方法测定。

【工程实例分析2.5】 水泥凝结时间前后变化。

现象：某水泥厂生产的普通水泥游离氧化钙含量较高，加水拌和后初凝时间仅40min。但放置一个月后，凝结时间又恢复正常，而强度下降，请分析原因。

分析讨论：该水泥厂的普通硅酸盐水泥游离氧化钙含量较高，该氧化钙相当部分的煅烧温度较低。加水拌和后，水与氧化钙迅速反应生成氢氧化钙，并放出水化热，使浆体的温度升高，加速了其他熟料矿物的水化速度。从而产生了较多的水化产物，形成了凝聚-结晶网结构，所以短时间凝结。

2-21
水泥石腐蚀

水泥放置一段时间后，吸收了空气中的水汽，大部分氧化钙生成氢氧化钙，或进一步与空中的二氧化碳反应，生成碳酸钙。故此时加入拌和水后，不会再出现原来的水泥浆体温度升高、水化速度过快、凝结时间过短的现象。但其他水泥熟料矿物也会和空气中的水汽反应，部分产生结团、结块，使强度下降。

2.4.4 水泥石的侵蚀与防止

2-22
水泥石的侵蚀与防止

通常情况下，硬化后的硅酸盐水泥具有较强的耐久性。但在某些含侵蚀性物质（酸、强碱、盐类）的介质中，由于水泥石结构存在开口孔隙，有害介质侵入水泥石内部，水泥石中的水化产物与介质中的侵蚀性物质发生物理、化学作用，反应生成物或易溶解于水，或松软无胶结力，或产生有害的体积膨胀，这些都会使水泥石结构产生侵蚀性破坏。

2.4.4.1 水泥石的侵蚀

几种主要的侵蚀作用如下。

1. 溶出性侵蚀（软水侵蚀）

水泥石长期处于软水中，$Ca(OH)_2$易被水溶解，使水泥石中的石灰浓度逐渐降低，当其浓度低于其他水化产物赖以稳定存在的极限浓度时，其他水化产物（如水化硅酸钙、水化铝酸钙等）也将被溶解。在流动及有压水的作用下，溶解物不断被水流带走，水泥石结构遭到破坏。

2. 酸类侵蚀

（1）碳酸侵蚀。某些工业污水及地下水中常含有较多的CO_2。二氧化碳与水泥石中的$Ca(OH)_2$反应生成$CaCO_3$，$CaCO_3$与CO_2反应生成$Ca(HCO_3)_2$，反应式如下：

$$Ca(OH)_2+CO_2+H_2O=CaCO_3+2H_2O \qquad (2.13)$$

$$CaCO_3+CO_2+H_2O=Ca(HCO_3)_2 \qquad (2.14)$$

由于 $Ca(HCO_3)_2$ 易溶于水，若被流动的水带走，化学平衡遭到破坏，反应不断向右边进行，则水泥石中的石灰浓度不断降低，水泥石结构逐渐破坏。

（2）一般酸性侵蚀。某些工业废水或地下水中常含有游离的酸类物质，当水泥石长期与这些酸类物质接触时，产生的化学反应如下：

$$2HCl+Ca(OH)_2=CaCl_2+2H_2O \qquad (2.15)$$

$$H_2SO_4+Ca(OH)_2=CaSO_4\cdot 2H_2O \qquad (2.16)$$

生成的 $CaCl_2$ 易溶解于水，被水带走后，降低了水泥石的石灰浓度；$CaSO_4\cdot 2H_2O$ 在水泥石孔隙中结晶膨胀，使水泥石结构开裂。

3. 盐类侵蚀

（1）硫酸盐侵蚀。在海水、盐沼水、地下水及某些工业废水中常含有 Na_2SO_4、$CaSO_4$、$MgSO_4$ 等硫酸盐，硫酸盐与水泥石中的 $Ca(OH)_2$ 发生反应，均能生成石膏。石膏与水泥石的水化铝酸钙反应，生成水化硫铝酸钙。石膏和水化硫铝酸钙在水泥石孔隙中产生结晶膨胀，使水泥石结构破坏。

（2）镁盐侵蚀。在海水及某些地下水中常含有大量的镁盐，水泥石长期处于这种环境中，发生如下反应：

$$MgSO_4+Ca(OH)_2+2H_2O=CaSO_4\cdot 2H_2O+Mg(OH)_2 \qquad (2.17)$$

$$MgCl_2+Ca(OH)_2=CaCl_2+Mg(OH)_2 \qquad (2.18)$$

生成的 $CaCl_2$ 易溶解于水，$Mg(OH)_2$ 松软无胶结力，石膏产生有害性膨胀，均能造成水泥石结构的破坏。

2.4.4.2 侵蚀的防止

根据水泥石侵蚀的原因及侵蚀的类型，工程中可采取下列防止侵蚀的措施：

（1）根据环境介质的侵蚀特性，合理选择水泥品种。如掺混合材料的硅酸盐水泥具有较强的抗溶出性侵蚀能力，抗硫酸盐硅酸盐水泥抵抗硫酸盐侵蚀的能力较强。

（2）提高水泥石的密实度。通过合理的材料配比设计，提高施工质量，均可以获得均匀密实的水泥石结构，避免或减缓水泥石的侵蚀。

（3）设置保护层。必要时可在建筑物表面设置保护层，隔绝侵蚀性介质，保护原有建筑结构，使之不遭受侵蚀。如设置沥青防水层、不透水的水泥砂浆层及塑料薄膜防水层等，均能起到保护作用。

【工程实例分析 2.6】 体积安定性不良的水泥使用分析。

现象：某县一机关修建职工住宅楼，共六幢，设计均为七层砖混结构，建筑面积 $10001m^2$，主体完工后进行墙面抹灰，采用某水泥厂生产的强度等级 32.5 的水泥。抹灰后在两个月内相继发现该工程墙面抹灰出现开裂，并迅速发展。开始由墙面一点产生膨胀变形，形成不规则的放射状裂缝，多点裂缝相继贯通，成为典型的龟状裂缝，并且空鼓。

原因分析：后经查证，该工程所用水泥中MgO含量严重超标，致使水泥安定性不合格，施工单位未对水泥进行进场检验就直接使用，因此产生大面积的空鼓开裂。最后该工程墙面抹灰全面返工，造成严重的经济损失。因此，体积安定性不良的水泥应作不合格品处理，严禁用于工程上。

【工程实例分析2.7】 水泥水化热对大体积混凝土早期开裂的影响。

现象：某水利工程在冬季拦河大坝大体积混凝土浇筑完毕后，施工单位根据外界气候变化情况立即做好了混凝土的保温保湿养护，但事后在混凝土表面仍然出现了早期开裂现象。

原因分析：大体积混凝土早期温度开裂主要由水泥早期水化放热、外界气候变化、施工及养护条件等因素决定，其中水泥早期水化放热对大体积混凝土早期温度开裂影响最突出。由于混凝土是热的不良导体，水泥水化（水泥和水之间发生的化学反应）过程中释放出来的热量短时间内不容易散发，特别是在冬季施工的大体积混凝土，混凝土外（室外）温度很低，当水泥水化产生大量水化热时，混凝土内外产生很大温差，导致混凝土内部存在温度梯度，从而加剧了表层混凝土内部所受的拉应力作用，导致混凝土出现早期开裂现象。

任务2.5 掺混合材料的硅酸盐水泥

2.5.1 水泥混合材料

在水泥生产过程中，为改善水泥性能，调节水泥强度等级，而加到水泥中的矿物质材料称为混合材料。根据所加矿物质材料的性质，可划分为活性混合材料和非活性混合材料。混合材料有天然的，也有人为加工的或工业废渣。

2-23

活性混合材料

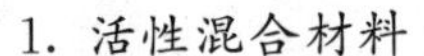

1. 活性混合材料

活性混合材料是具有火山灰性或潜在水硬性，或兼有火山灰性和潜在水硬性的矿物质材料。

2-24

掺混合材料的硅酸盐水泥

火山灰性是指磨细的矿物质材料和水拌和成浆后，单独不具有水硬性，但在激发剂的作用下，能形成具有水硬性化合物的性能。火山灰、粉煤灰、硅藻土等就具有火山灰性。常用的激发剂有碱性激发剂（石灰）与硫酸盐激发剂（石膏）两类。

潜在水硬性是指该类矿物质材料只需在少量外加剂的激发条件下，即可利用自身溶出的化学成分生成具有水硬性化合物的性能，如粒化高炉矿渣等。

水泥中常用的活性混合材料有以下几种：

（1）粒化高炉矿渣。粒化高炉矿渣是高炉冶炼生铁所得，以硅酸钙与铝硅酸钙等为主要成分的熔融物，经淬冷成粒后的产品，其化学成分主要为CaO、Al_2O_3、SiO_2，通常占总量的90%以上，此外尚有少量的MgO、FeO和一些硫化物等。粒化高炉矿渣的活性，不仅取决于化学成分，而且在很大程度上取决于内部结构，矿渣熔体在淬冷成粒时，阻止了熔体向结晶结构转变，而形成玻璃体，因此具有潜在水硬性，即粒化高炉矿渣在有少量激发剂的情况下，其浆体具有水硬性。

（2）火山灰质混合材料。火山灰质混合材料是指具有火山灰性的天然或人工的矿物质材料。如天然的火山灰、凝灰岩、浮石、硅藻土等，属于人工的有烧黏土、煤矸石灰渣及硅灰等。

（3）粉煤灰。粉煤灰是从电厂煤粉炉烟道气体中收集的粉末。粉煤灰的产生不包括以下情形：①和煤一起煅烧城市垃圾或其他废弃物时；②在焚烧炉中煅烧工业或城市垃圾时；③循环流化床锅炉燃烧收集的粉末。根据燃煤品种分为F类粉煤灰（由无烟煤或烟煤燃烧收集的粉煤灰）和C类粉煤灰（由褐煤或次烟煤煅烧收集的粉煤灰，CaO含量一般大于或等于10%）。根据用途分为拌制砂浆和混凝土用粉煤灰、水泥活性混合材料用粉煤灰两类。

2. 非活性混合材料

非活性混合材料是指在水泥中主要起填充作用，而又不损害水泥性能的矿物质材料。非活性混合材料掺入水泥中主要起调节水泥强度、增加水泥产量及降低水化热等作用。常用的有磨细石英砂、石灰石粉及磨细的块状高炉矿渣及高硅质炉灰等。

在制备普通混凝土拌合物时，为节约水泥，改善混凝土性能，调节混凝土强度等级而掺入的天然或人工的磨细混合材料，称为掺合料。

2.5.2　通用硅酸盐水泥的特性

硅酸盐水泥的成分基本上同硅酸盐水泥熟料，其性质主要由熟料的性质决定。硅酸盐水泥具有快硬早强、水化热高、抗冻性较好、耐热佳和耐侵蚀性较差的特点。

普通硅酸盐水泥的混合材料用量较硅酸盐水泥略有增加，其性能与硅酸盐水泥基本相同，但早期强度略有降低，抗冻及耐冲磨性能稍差。

由于矿渣水泥、火山灰水泥、粉煤灰水泥及复合水泥在生产时掺加了较多的混合材料，使得这四种水泥中水泥熟料大为减少，又由于活性混合材料能与水泥中的水化产物发生二次反应，故这四种水泥与硅酸盐水泥相比较具有以下共同特性：

（1）凝结硬化慢，早期强度低。由于水泥熟料的减少，四种水泥中硅酸三钙及铝酸三钙的含量相应减少，使得四种水泥凝结硬化较慢，早期强度较低。

（2）水化热低。由于熟料矿物的减少，使发热量大的硅酸三钙、铝酸三钙含量相对减少，水泥水化放热速度减缓，水化热低，故四种水泥适用于大体积混凝土工程的混凝土配制。

（3）抗侵蚀能力稍强。由于熟料水化产物氢氧化钙与活性混合材料发生二次反应，易受侵蚀的氢氧化钙含量大为减小，故四种水泥抗溶出性侵蚀能力及抗硫酸盐侵蚀能力稍强。

（4）抗冻、耐磨性较差。水泥熟料矿物的减少，硅酸三钙、铝酸三钙这些决定水泥强度及水化热高的矿物相应减少，四种水泥早期强度较低，故抗冻及耐磨性能较差。

（5）抗碳化能力差。熟料中的水化产物氢氧化钙参与二次反应后，水泥石中石灰浓度（碱度）降低，水泥石表层的碳化发展速度加快，碳化深度加大，容易造成钢筋混凝土中的钢筋锈蚀。

由于四种水泥中所掺混合材料的数量及品种有所不同，矿渣水泥、火山灰水泥及粉煤灰水泥又具有各自的特性。

矿渣难以磨细，且矿渣玻璃体亲水性差，故矿渣水泥的泌水性较大，干缩性较大；由于矿渣的耐火性强，矿渣水泥具有较高的耐热性。

火山灰水泥颗粒较细，泌水性较小，在潮湿环境下养护时，水泥石结构致密，抗渗性强；但在干燥环境下，硬化时会产生较大的干缩。

粉煤灰颗粒细且呈球形（玻璃微珠），吸水性较差，故粉煤灰水泥的干缩性较差，抗裂能力强。

普通硅酸盐水泥、矿渣水泥、火山灰水泥、粉煤灰水泥及复合水泥的不合格品的判定标准同硅酸盐水泥。

复合水泥与矿渣水泥、火山灰水泥、粉煤灰水泥相比，掺入混合材料种类不是一种而是两种或两种以上，多种混合材料互掺，可以弥补一种混合材料性能的不足，明显改善水泥的性能，让使用范围更广。复合硅酸盐水泥的特征取决于所掺混合材料的种类、掺入量及相对比例，因此，使用复合水泥时，应弄清楚水泥中主要混合材料的品种。为此，国家标准规定，在包装袋上应标明主要混合材料的名称。

2.5.3　通用硅酸盐水泥的应用

上述特性决定了五种通用硅酸盐水泥的用途。通用硅酸盐水泥是土建工程中用途最广、用量最大的水泥品种，其特性及适用范围见表2.8。

表2.8　通用硅酸盐水泥的特性及适用范围

品种	硅酸盐水泥	普通水泥	矿渣水泥	火山灰水泥	粉煤灰水泥	复合水泥
特性	凝结时间短、快硬早强高强、抗冻、耐磨、耐热、水化放热集中、水化热较大、抗硫酸盐侵蚀能力较差	凝结时间短、快硬早强高强、抗冻、耐磨、耐热、水化放热集中、水化热较大、抗硫酸盐侵蚀能力较差；早期强度增进率稍有降低，抗冻性和耐磨性稍有下降，抗硫酸盐侵蚀能力有所增强	需水性小、早期强度低后期增长大、水化热低、抗硫酸盐侵蚀能力强、受热性好，保水性和抗冻性差	具有较强的抗硫酸盐侵蚀能力、保水性好和水化热低，需水量大、低温凝结慢、干缩性大、抗冻性差	与火山灰质硅酸盐水泥的性能相近，相比火山灰质硅酸盐水泥，需水量小、干缩性小	水化热低、耐蚀性好、韧性好，保水性好、需水性降低、干燥收缩减少
适用范围	配制高强度混凝土、先张预应力制品、道路、低温下施工的工程和一般受热（250℃）的工程	任何无特殊要求的工程	无特殊要求的一般结构工程，地下、水利和大体积等混凝土工程，在一般受热工程（250℃）和蒸汽养护构件优先采用	无特殊要求的一般结构工程，地下、水利和大体积等混凝土工程		无特殊要求的一般结构工程，地下、水利和大体积等混凝土工程，特别是有化学侵蚀的工程
不适用范围	大体积混凝土和地下工程，特别是有化学侵蚀的工程	受热工程、道路、低温下施工工程、大体积混凝土工程和地下工程，特别是有化学侵蚀的工程	需要早强和受冻融循环、干湿交替的工程	冻融循环、干湿交替的工程		早强和受冻融循环、干湿交替的工程

【工程实例分析 2.8】 粉煤灰混凝土超强分析。

现象：长江三峡工程第二阶段采用了高效缓凝减水剂、优质引气剂和Ⅰ级粉煤灰联合掺加技术，有效地降低了混凝土的用水量。实践证明，按照配合比配制的混凝土具有高性能混凝土的所有特点，混凝土的抗渗性能、抗冻性能和抗压强度都满足设计要求，在抗压强度方面则普遍超过设计强度，试分析其原因。

2－25
混凝土的几种养护类型

原因分析：

（1）粉煤灰效应，包括形态效应、火山灰效应和微集料效应三个方面，分别起到润滑、胶凝和改善颗粒级配的功效，提高了混凝土的性能。

（2）Ⅰ级粉煤灰具有较大的比表面积，具有更好的火山灰活性，特别是在混凝土硬化后期，效应更为突出。尤其是配合掺有高效减水剂、引气剂的情况下，如果对粉煤灰的火山灰效应估计不足，就有可能导致混凝土超强。

（3）粉煤灰混凝土后期强度有较大的增长趋势，90d 接近不掺粉煤灰的混凝土，180d 则可能超过。长江三峡工程中，设计龄期为 90d 粉煤灰掺量为 40%的混凝土，都存在超强问题。

任务 2.6　特种水泥及水泥的验收与保管

在工程建设中，除使用上述六种通用水泥外，也常使用特种水泥。如水利工程上往往需要使用中、低热水泥。对有装饰、需要的工程，可以使用白色水泥和彩色水泥。在某些特殊情况下，还需使用抗硫酸盐硅酸盐水泥、低热微膨胀水泥等。

2－26
特种水泥

2.6.1　特种水泥

1. 中热硅酸盐水泥、低热矿渣硅酸盐水泥（GB/T 200—2017）

（1）中热硅酸盐水泥是以适当成分的硅酸盐水泥熟料，加入适量石膏，磨细制成的具有中等水化热的水硬性胶凝材料，简称中热水泥。代号 P·MH，强度等级为 42.5。中热水泥熟料中硅酸三钙的含量不大于 55.0%，铝酸三钙的含量不大于 6.0%，游离氧化钙的含量不大于 1.0%。

（2）低热矿渣硅酸盐水泥是以适当成分的硅酸盐水泥熟料，加入适量石膏，磨细制成的具有低水化热的水硬性胶凝材料，简称低热水泥。代号 P·LH，强度等级分为 32.5 和 42.5 两个等级。低热水泥熟料中硅酸二钙的含量不小于 40.0%，铝酸三钙的含量不大于 6.0%，游离氧化钙的含量不大于 1.0%。

中热水泥主要适用于大坝溢流面或大体积建筑物的面层和水位变化区等部位，以及要求低水化热和较高耐磨性、抗冻性的工程；低热水泥主要用于大坝和大体积混凝土内部及水下等要求低水化热的工程。

2. 抗硫酸盐硅酸盐水泥（GB 748—2005）

按抗硫酸盐侵蚀程度可分为中抗硫酸盐硅酸盐水泥和高抗硫酸盐硅酸盐水泥。

《抗硫酸盐硅酸盐水泥》（GB 748—2005）规定，以特定矿物组成的硅酸盐水泥熟料，加入适量石膏磨细制成的具有抵抗中等浓度硫酸根离子侵蚀的水硬性胶凝材料，称为中抗硫酸盐硅酸盐水泥，简称中抗硫酸盐水泥，代号 P·MSR。以特定矿物组成的硅酸盐水泥熟料，加入适量石膏，磨细制成的具有抵抗较高浓度硫酸根离子侵蚀的水硬性胶凝材料，称为高抗硫酸盐硅酸盐水泥，简称高抗硫酸盐水泥，代号P·HSR。

中抗硫酸盐水泥中，C_3S含量不大于55.0%，C_3A含量不大于5.0%。高抗硫酸盐水泥中C_3S含量不大于50.0%，C_3A含量不大于3.0%。烧失量应不大于3.0%，氧化镁的含量应不大于5.0%，SO_3含量不大于2.5%。水泥比表面积不得小于280m^2/kg。各龄期强度亦符合标准要求。抗硫酸盐水泥适用于一般受硫酸盐侵蚀的海港、水利、地下、隧涵、道路和桥梁基础等工程设施。

3. 铝酸盐水泥（GB/T 201—2015）

铝酸盐水泥是由铝酸盐熟料磨细制成的水硬性胶凝材料，代号为CA。铝酸盐熟料是以钙质和铝质为主要原料，按适当比例配制成生料，煅烧至完全或部分熔融，并经冷却所得的以铝酸钙为主要矿物的产物。

铝酸盐水泥的水化放热多且快，硬化快，抗渗性、抗冻性和抗侵蚀性很强，适用于要求早期强度高、紧急抢修、冬季施工、抵抗硫酸盐侵蚀及冻融交替频繁的工程，也可配制膨胀水泥和自应力水泥。

铝酸盐水泥与石灰、硅酸盐类水泥混用，会使水泥石的强度严重降低。所以，高铝水泥不能与石灰、硅酸盐水泥混用或接触使用。

4. 低热微膨胀水泥（GB 2938—2008）

低热微膨胀水泥是以粒化高炉矿渣为主要成分，加入适量硅酸盐水泥熟料和石膏，磨细制成的具有低水化热和微膨胀性能的水硬性胶凝材料。强度等级为32.5。初凝不得早于45min，终凝不得迟于12h。

低热微膨胀水泥水化热低、微膨胀和抗渗性能好，故可应用于水利大坝工程等。

5. 白色硅酸盐水泥和彩色硅酸盐水泥（GB/T 2015—2017和JC/T 870—2012）

白色硅酸盐水泥熟料是以适当成分的生料煅烧至部分熔融，得到以硅酸钙为主要成分，氧化铁含量少的熟料。熟料中氧化铁的含量不超过5.0%。白色硅酸盐水泥是由白色硅酸盐水泥熟料，加入适量石膏和混合材料磨细制成的水硬性胶凝材料。白色硅酸盐水泥按照白度分为1级和2级。

2-27

白水泥和彩色水泥在装饰工程中的应用

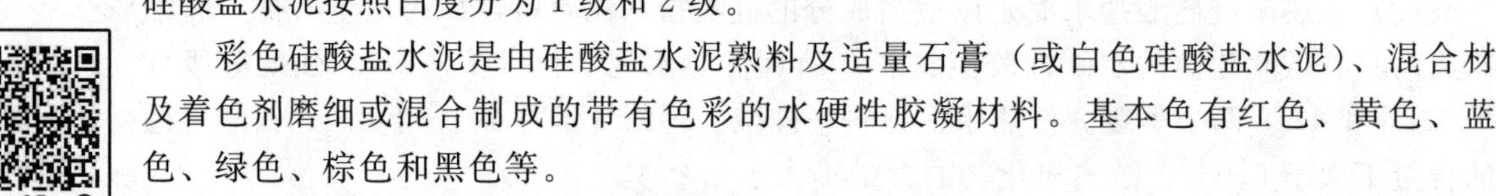

彩色硅酸盐水泥是由硅酸盐水泥熟料及适量石膏（或白色硅酸盐水泥）、混合材及着色剂磨细或混合制成的带有色彩的水硬性胶凝材料。基本色有红色、黄色、蓝色、绿色、棕色和黑色等。

白水泥和彩色水泥可以配制彩色水泥浆，用于粉刷建筑物内外墙及天棚、柱子的装饰；配制各种彩色砂浆用于装饰抹灰；配制白水泥混凝土或彩色水泥混凝土，克服普通水泥混凝土颜色灰暗、单调的缺点；制造各种色彩的水刷石、人造大理石及水磨石等制品。

【工程实例分析2.9】 渗漏现象分析。

现象：某地下石油管道敷设施工，施工人员用硅酸盐水泥浆进行构件接缝处理，接缝处理完工后，在试输送石油过程中，部分接头处出现了渗漏现象。

原因分析：部分接头处出现输送石油时的渗漏现象，主要是由于硅酸盐水泥浆干缩后出现裂纹。如果改成膨胀水泥做接缝或管道接头处的灌浆，将会大大避免上述现象的出现。

6. 砌筑水泥（GB/T 3183—2017）

砌筑水泥是由硅酸盐水泥熟料加入规定的混合材料和适量石膏，磨细制成的保水性较好的水硬性胶凝材料，代号M。在建筑工程中，砌筑水泥主要用于砌筑和抹面砂浆、垫层混凝土等，不应用于结构混凝土。

强度等级分为12.5、22.5和32.5三级。

技术要求：砌筑水泥中SO_3含量（质量分数）应不大于3.5%。

（1）细度：80μm方孔筛筛余不大于10.0%。

（2）凝结时间：初凝时间不小于60min，终凝不大于720min。

（3）安定性：用沸煮法检验，应合格。

（4）保水率：不小于80%。

（5）强度等级：满足表2.9的要求。

表2.9　砌筑水泥强度指标（GB/T 3183—2017）

强度等级	抗压强度/MPa			抗折强度/MPa		
	3d	7d	28d	3d	7d	28d
12.5	—	≥7.0	≥12.5	—	≥1.5	≥3.0
22.5	—	≥10.0	≥22.5	—	≥2.0	≥4.0
32.5	≥10.0	—	≥32.5	≥2.5	—	≥5.5

7. 道路水泥（GB/T 13693—2017）

由道路硅酸盐水泥熟料，适量石膏和活性混合材料磨细制成的水硬性胶凝材料，称为道路硅酸盐水泥（简称道路水泥）。代号P·R，按照28d抗折强度分为7.5和8.5两个等级，如P·R7.5。

道路硅酸盐水泥的技术要求如下：

（1）氧化镁。道路水泥中氧化镁的含量（质量分数）不大于5.0%。

（2）氧化硫。道路水泥中三氧化硫的含量（质量分数）不大于3.5%。

（3）烧失量。道路水泥中的烧失量不大于3.0%。

（4）氯离子。氯离子的含量（质量分数）不大于0.06%。

（5）碱含量（选择性指标）。水泥中碱含量按$w(Na_2O)+0.658w(K_2O)$计算值表示。如用户提出要求时，由供需双方商定。

（6）比表面积（选择性指标）。比表面积为300～450m^2/kg。

（7）凝结时间。初凝时间不小于90min，终凝时间不大于720min。

（8）沸煮法安定性。用雷氏夹检验合格。

（9）干缩率。28d干缩率不得大于0.10%。

（10）耐磨性。28d磨耗量不大于3.00kg/m^2。

（11）强度。各龄期的强度应满足表2.10的规定。

表 2.10 道路硅酸盐水泥的等级与各龄期强度(GB/T 13693—2017)

强度等级	抗折强度/MPa		抗压强度/MPa	
	3d	28d	3d	28d
7.5	≥4.0	≥7.5	≥21.0	≥42.5
8.5	≥5.0	≥8.5	≥26.0	≥52.5

道路水泥早期强度高,特别是抗折强度高、干缩率小、耐磨性好、抗冲击性好,主要用于道路路面、飞机场跑道、广场、车站及对耐磨性、抗干缩性要求较高的混凝土工程。

2-28
袋装水泥包装

2.6.2 水泥的验收与保管

水泥可以袋装或散装。袋装水泥每袋净含量50kg,且不得少于标明质量的99%,随机抽取20袋总质量不得少于1000kg。水泥袋上应标明产品名称、代号、净含量、强度等级、生产许可证编号、生产者名称和地址、出厂编号、执行标准号及包装年、月、日。散装水泥交货时也应提交与袋装水泥标识相同内容的卡片。

水泥出厂前,生产厂家应按国家标准规定的取样规则和检验方法对水泥进行检验,并向用户提供试验报告。试验报告内容应包括国家标准规定的各项技术要求及其试验结果。

交货时水泥的质量验收可抽取实物试样以其检验结果为依据,也可以水泥厂同编号水泥的检验报告为依据。采用前者验收方法,当买方检验认为产品质量不符合国家标准要求而卖方又有异议时,则双方应将卖方保存的另一份试样送省级或省级以上国家认可的水泥质量监督检验机构进行仲裁检验;采用后者验收方法时,异议期为3个月。

2-29
水泥的储存与保管

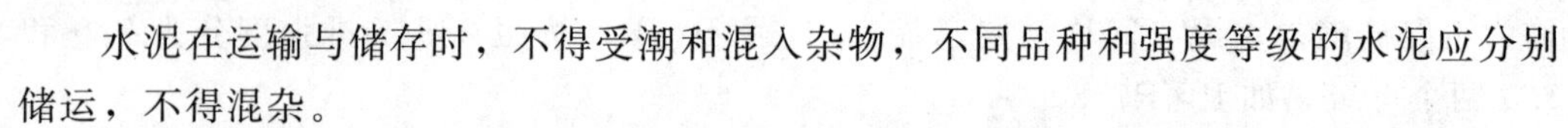

水泥在运输与储存时,不得受潮和混入杂物,不同品种和强度等级的水泥应分别储运,不得混杂。

水泥存放过久,强度会有所降低,因此国家标准规定:先出厂的先用。袋装水泥储运时间超过3个月,散装水泥超过6个月,使用前应重新检验。不应使用结块水泥。

【工程实例分析2.10】 使用受潮水泥。

现象:某车间盖单层砖房屋,采用预制空心板及12m跨现浇钢筋混凝土大梁,使用进场已3个多月并存放潮湿地方的水泥。3个月后拆完大梁底模板和支撑不久,房屋全部倒塌。

原因分析:事故的主因是使用受潮水泥,且采用人工搅拌,无严格配合比。致使大梁混凝土在倒塌后用回弹仪测定平均抗压强度仅5MPa左右,有些地方竟测不出回弹值。此外还存在振捣不实、配筋不足等问题。

防治措施:

(1)施工现场入库水泥应按品种、强度等级、出厂日期分别堆放,并建立标志。先到先用,防止混乱。

（2）防止水泥受潮。如水泥不慎受潮，可分情况处理、使用：

1）有粉块，可用手捏成粉末，尚无硬块。可压碎粉块，通过试验，按实际强度使用。

2）部分水泥结成硬块。可筛去硬块，压碎粉块。通过试验，按实际强度使用，可用于不重要的、受力小的部位，也可用于砌筑砂浆。

3）大部分水泥结成硬块。粉碎、磨细，不能作为水泥使用，但仍可作水泥混合材料或混凝土掺合料。

任务2.7　水　泥　检　测

2.7.1　水泥试验的一般规定

（1）同一试验用的水泥应在同一水泥厂出产的同品种、同强度等级、同编号的水泥中取样。

（2）当试验水泥从取样至试验要保持24h以上时，应把它储存在基本装满和气密的容器里。容器应不与水泥发生反应。水泥试样应充分拌匀。

（3）试验室温度应为（20±2）℃，相对湿度应不低于50%；水泥试样、标准砂、拌和用水及试模的温度应与试验室温度一致。

（4）湿气养护箱温度为（20±1）℃，相对湿度应不低于90%。试件养护池水温为（20±1）℃。

2-30
水泥细度试验

2.7.2　水泥细度检测

水泥细度检验方法分负压筛法、水筛法和手工筛析法，如检验的结果有争议，以负压筛析法为准。硅酸盐水泥的细度用比表面积表示，采用透气式比表面积仪测定。下面介绍负压筛析法。

1. 检测目的

通过试验来检验水泥的粗细程度，作为评定水泥质量的依据之一；掌握《水泥细度检验方法　筛析法》（GB/T 1345—2005）的测试方法，准确使用所用仪器与设备，并熟悉其性能。

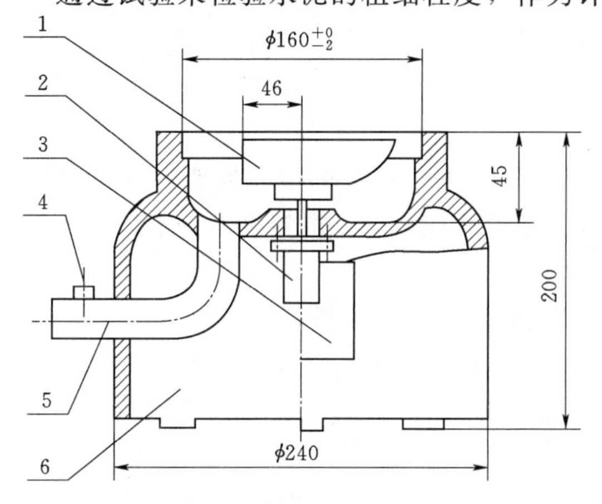

图2.2　负压筛析仪筛座示意图（单位：mm）
1—喷气嘴；2—微电机；3—控制板开口；4—负压表接口；5—负压源及收尘器接口；6—壳体

2. 主要仪器设备

负压筛析仪（由80μm方孔筛、筛座、负压源及收尘器组成）（图2.2）；天平（感量0.01g）。

3. 试验步骤

（1）检查负压筛析仪系统，调节负压至4000～6000Pa。

（2）称取水泥试样25g，精确至0.01g。置于负压筛中，盖上筛盖并放在筛座上。

(3) 启动负压筛析仪，连续筛析2min，在此间若有试样附着在筛盖上，可轻轻敲击筛盖使试样落下。

(4) 筛毕，取下筛子，倒出筛余物，用天平称量筛余物的质量，精确至0.01g。

4. 结果计算

(1) 计算。水泥细度按试样筛余百分数（精确至0.1%）计算：

$$F=\frac{R_t}{W}\times 100\%$$

式中 F——水泥试样的筛余百分数,%；

R_t——水泥筛余物的质量，g；

W——水泥试样的质量，g。

(2) 筛余结果的修正。

试验筛的筛网会在使用中磨损，因此筛析结果应进行修正。修正的方法是将计算结果乘以该试验筛的有效修正系数，即为最终结果。

合格评定时，每个样品应称取两个试样分别筛析，取筛余平均值作为筛析结果。若两次筛余结果绝对误差大于0.5%（筛余值大于5.0%时可放宽至1.0%）时，应再做一次试验，取两次相似结果的算术平均值作为最终结果。

2.7.3 水泥标准稠度用水量检测

1. 检测目的

通过试验测定水泥净浆达到水泥标准稠度（统一规定的浆体可塑性）时的用水量，作为水泥凝结时间、安定性试验用水量；掌握《水泥标准稠度用水量、凝结时间、安定性检验方法》(GB/T 1346—2011) 的试验方法，正确使用仪器设备，并熟悉其性能。

2. 主要仪器设备

水泥净浆搅拌机（由主机、搅拌叶和搅拌锅组成）；标准法维卡仪［主要由试杆和盛装水泥净浆的试模两部分组成（图2.3)］；天平、铲子、小刀、平板玻璃底板、量筒等。

2-31

水泥标准稠度用水量试验（标准法）

3. 试验步骤

(1) 标准法步骤。

1) 调整维卡仪并检查水泥净浆搅拌机。使得维卡仪上的金属棒能自由滑动，并调整至试杆［图2.3 (c)］接触玻璃板时的指针对准零点。搅拌机运行正常，并用湿布将搅拌锅和搅拌叶片擦拭。

2) 称取水泥试样500g，拌和水量按经验确定并用量筒量好。

3) 将拌和水倒入搅拌锅内，然后在5～10s内将水泥试样加入水中。将搅拌锅放在锅座上，升至搅拌位，启动搅拌机，先低速搅拌120s，停15s，再快速搅拌120s，然后停机。

4) 拌和结束后，立即取适量水泥净浆一次性将其装入已置于玻璃底板上的试模中，浆体超过试模上端，用宽约25mm的直边刀轻轻拍打超出试模部分的浆体5次以排除浆体中的孔隙，然后在试模表面约1/3处，略倾斜于试模分别向外轻轻锯掉多余

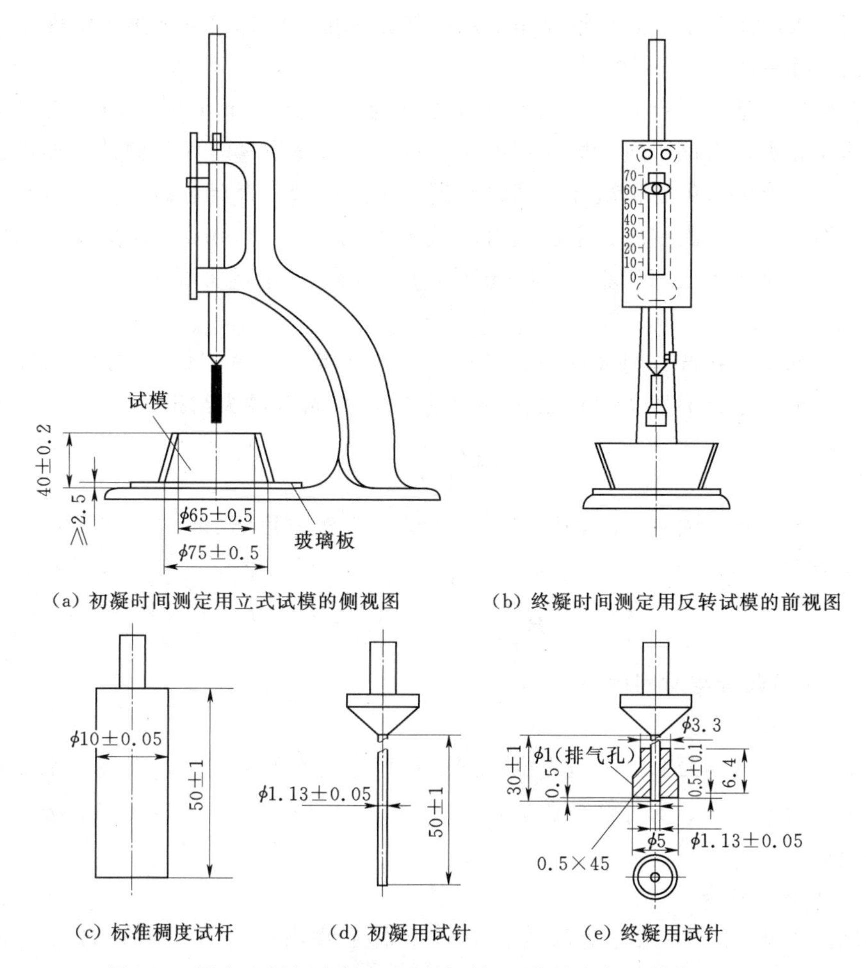

（a）初凝时间测定用立式试模的侧视图　（b）终凝时间测定用反转试模的前视图

（c）标准稠度试杆　（d）初凝用试针　（e）终凝用试针

图 2.3　测定水泥标准稠度和凝结时间用的维卡仪（单位：mm）

净浆，再从试模边沿轻抹顶部 1 次，使净浆表面光滑。在锯掉多余净浆和抹平的操作过程中，注意不要压实净浆。抹平后迅速将试模和底板移到维卡仪上，并将其中心定在试杆下，降低试杆直至与水泥净浆表面接触，拧紧螺丝 1～2s 后，突然放松，使试杆垂直自由地沉入水泥净浆中。

5）在试杆停止沉入或释放试杆 30s 时记录试杆距底板之间的距离。升起试杆后，立即擦净；整个操作应在搅拌后 1.5min 内完成。以试杆沉入净浆并距底板（6±1）mm 的水泥净浆为标准稠度水泥净浆。

水泥标准稠度用水量试验（代用法）

（2）代用法步骤。代用法分为调整水量法和不变水量法。

代用法试验准备及水泥净浆的制备同标准法，主要仪器采用代用法维卡仪，其拌和水量可根据两种方法的不同而不同。当采用调整水量法时，可按经验初步确定加水量；当采用不变水量法时，加水量为 142.5mL。

在水泥浆搅拌结束后，立即将拌制好的水泥净浆装入锥模中，用宽约 25mm 的直边刀在浆体表面轻轻插捣 5 次，再轻振 5 次，刮去多余的净浆；抹平后迅速放到试锥下面固定的位置上，将试锥降至净浆表面，拧紧螺丝 1～2s 后，突然放松，让试锥垂直自由沉入水泥净浆中，到试锥停止下沉或释放试锥 30s 时记录试锥下沉深度。整个操作应在搅拌后的 1.5min 内完成。

当用调整水量法测定时，以试锥下沉深度为（30±1）mm 时的净浆为标准稠度净浆，其拌和水量为该水泥的标准稠度用水量，按水泥质量的百分比计。如试锥下沉深度超出上述范围，须另称试样，调整水量，重新试验，直至达到（30±1)mm。

当用不变水量法测定时，根据测得的试锥下沉深度 S(mm)，计算标准稠度用水量 P(%)。当试锥下沉深度小于 13mm 时，应改用调整水量法测定。

4. 试验结果

（1）用标准法和调整用水量法测定时，标准稠度用水量 P(%) 以拌和标准稠度水泥净浆的水量 m(g) 除以水泥试样总质量 500g 的百分数为结果。

$$P=\frac{m}{500}\times 100\%$$

（2）用不变水量法测定时，根据测得的试锥下沉深度 S(mm)，按下式计算标准稠度用水量 P(%)。

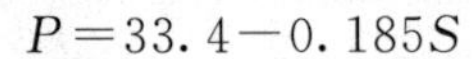

$$P=33.4-0.185S$$

2-33
水泥凝结时间测定

2.7.4 水泥净浆凝结时间检测

1. 检测目的

测定水泥达到初凝和终凝所需的时间，用以评定水泥的质量。掌握《水泥标准稠度用水量、凝结时间、安定性检验方法》（GB/T 1346—2011）的测试方法、正确使用仪器设备。

2. 主要仪器设备

标准法维卡仪［将试杆更换为试针，仪器主要由试针和试模两部分组成（图 2.3）］；其他仪器设备同标准稠度测定。

3. 试验步骤

（1）称取水泥试样 500g，按标准稠度用水量制备标准稠度水泥净浆，并一次装满试模，振动数次刮平，立即放入湿气养护箱中。记录水泥全部加入水中的时间作为凝结时间的起始时间。

（2）初凝时间的测定。由开始加水至初凝状态的时间为水泥的初凝时间，用“min”表示。首先调整凝结时间测定仪，使其试针［图 2.3（d)］接触玻璃板时的指针为零。试模在湿气养护箱中养护至加水后 30min 时进行第一次测定：将试模放在试针下，调整试针与水泥净浆表面接触，拧紧螺丝，然后突然放松，试针垂直自由地沉入水泥净浆。观察试针停止下沉或释放试针 30s 时指针的读数。临近初凝时，每隔 5min 测定一次，当试针沉至距底板（4±1)mm 时为水泥达到初凝状态。

（3）终凝时间的测定。为了准确观察试针［图 2.3（e)］沉入的状况，在终凝针上安装一个环形附件。由开始加水至终凝状态的时间为水泥的终凝时间，用“min”表示。在完成水泥初凝时间测定后，立即将试模连同浆体以平移的方式从玻璃板取下，翻转 180°，直径大端向上，小端向下放在玻璃板上，再放入湿气养护箱中继续养护，临近终凝时间时每隔15min测定一次，当试针沉入水泥净浆只有0.5mm时，即环形附件开始不能在水泥浆上留下痕迹时，为水泥达到终凝状态。

（4）到达初凝时应立即重复测一次，当两次结论相同时才能确定到达初凝状态。到达终凝时，需要在试体另外两个不同点测试，确认结论相同才能确定到达终凝状态。每次测定不能让试针落入原针孔。每次测试完毕须将试针擦净并将试模放回湿气养护箱内，整个测试过程要防止试模受振。

4. 试验结果及注意事项

（1）自加水起至试针沉入净浆中距底板（4±1）mm时，所需的时间为初凝时间；至试针沉入试体0.5mm（环形附件开始不能在试体上留下痕迹）时所需的时间为终凝时间。

（2）最初操作时应轻扶金属柱使其徐徐下降，防止试针撞弯；测试过程中试针沉入的位置至少距试模内壁10mm。

2.7.5 水泥体积安定性检测

1. 检测目的

安定性是水泥凝结硬化后体积变化的均匀性情况。通过试验可掌握《水泥标准稠度用水量、凝结时间、安定性检验方法》（GB/T 1346—2011）的测试方法，正确评定水泥的体积安定性。

2. 主要仪器设备

雷式夹［由铜质材料制成，其结构如图2.4所示。当用300g砝码校正时，两根针的针尖距离增加应在（17.5±2.5)mm范围内，如图2.5所示］；雷式夹膨胀测定仪（其标尺最小刻度为0.5mm，如图2.6所示）；沸煮箱［能在（30±5)min内将箱内的试验用水由室温升至沸腾状态并保持3h以上，整个过程不需要补充水量］；水泥净浆搅拌机、天平、湿气养护箱、小刀等。

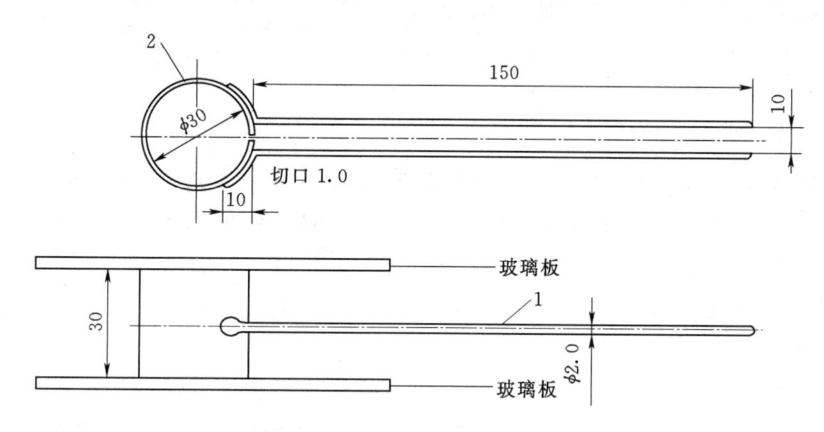

图2.4 雷式夹示意图（单位：mm）

1—指针；2—环模

3. 检测步骤

（1）测定前准备工作：每个试样需成型两个试件，每个雷氏夹需配备两个边长或

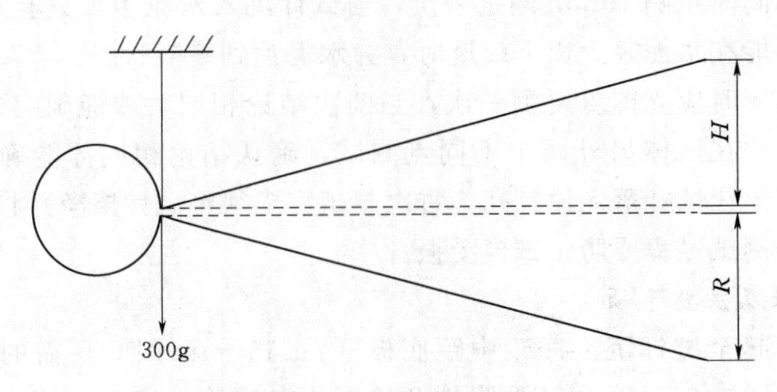

图 2.5　雷式夹校正图

者直径约 80mm、厚度 4～5mm 的玻璃板。凡与水泥净浆接触的玻璃板和雷氏夹内表面都要稍稍涂上一层油。

（2）将制备好的标准稠度水泥净浆一次装满雷式夹，用小刀插捣数次，抹平，并盖上涂油的玻璃板，然后将试件移至湿气养护箱内养护（24±2）h。

（3）脱去玻璃板取下试件，先测量雷式夹两指针尖的距离（A），精确至 0.5mm。然后将试件放入沸煮箱水中的试件架上，指针朝上，调好水位与水温，接通电源，在（30±5）min 之内加热至沸腾，并保持 3h±5min。

（4）取出沸煮后冷却至室温的试件，用雷式夹膨胀测定仪测量试件雷式夹两指针尖的距离（C），精确至 0.5mm。

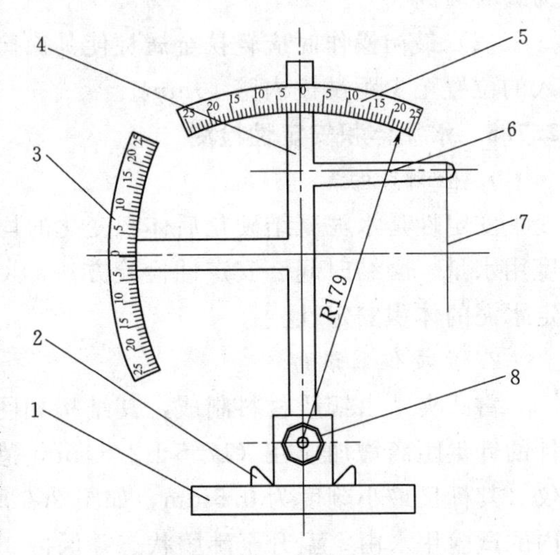

图 2.6　雷式夹膨胀测定仪示意图（单位：mm）

1—底座；2—模子座；3—测弹性标尺；4—立柱；
5—测膨胀值标尺；6—悬臂；7—悬丝；
8—弹簧顶钮

4. 试验结果

当两个试件煮后增加距离（$C—A$）的平均值不大于 5.0mm 时，即认为水泥安定性合格。当两个试件煮后增加的距离（$C—A$）的平均值大于 5.0mm 时，应用同一样品立即重做一次试验。以复检结果为准。

2.7.6　水泥胶砂强度检测

1. 检测目的

检验通用硅酸盐水泥、石灰石硅酸盐水泥胶砂抗折和抗压强度。掌握《水泥胶砂强度检验方法（ISO 法）》（GB/T 17671—2021），正确使用仪器设备和处理数据。

2. 主要仪器设备

行星式搅拌机（符合 JC/T 681 的要求）、试模（符合 JC/T 726 的要求）、振实台（符合 JC/T 682 的要求）或代用成型设备（符合 JC/T 723 的要求）、抗折强度试验机（符合 JC/T 724 的要求）、抗压强度试验机（符合 JC/T 960 的要求）、抗压夹具（符合JC/T 683的要求）、养护箱（符合JC/T 959的要求）、养护水池等。

3. 检测步骤

（1）制作水泥胶砂试体。

1）胶砂的质量配合比为一份水泥、三份中国ISO标准砂和半份水（水灰比为0.5）。一锅胶砂可成型三条试体，试体为40mm×40mm×160mm的棱柱体。每锅材料用量见表2.11。按规定称量好各种材料。

表2.11 每锅胶砂的材料用量

材料	水泥	中国ISO标准砂	水
用量/g	450±2	1350±5	225±1

2）搅拌。把水加入锅里，再加入水泥，把锅放在固定架上，上升至工作位置。立即开动机器，低速搅拌（30±1）s，在第二个（30±1）s开始的同时均匀地将砂子加入，再高速搅拌（30±1）s。停拌90s，在停拌开始的（15±1）s内，将搅拌锅放下，用刮刀将叶片、锅壁和锅底上的胶砂刮入锅中。再在高速下继续搅拌（60±1）s。

3）成型。

a. 用振实台成型。胶砂制备后立即成型。将空试模和模套固定在振实台上，用料勺将锅壁上的胶砂清理到锅内并翻转搅拌胶砂使其均匀，分两次装模。装第一层时，每个槽里约放入300g胶砂，先用料勺沿试模长度方向划动胶砂以布满模槽，再用大布料器垂直架在模套顶部沿每个模槽来回一次将料层布平，接着振实60次。再装入第二层胶砂，用料勺沿试模长度方向划动胶砂以布满模槽，但不能接触已振实胶砂，再用小布料器刮布平，振实60次。移走模套，从振实台上取下试模，用一金属直边尺以近似90°的角度（但向刮平方向稍斜）架在试模模顶的一端，沿试模长度方向以横向锯割动作慢慢向另一端移动，将超过试模部分的胶砂刮去。锯割动作的多少和直尺角度的大小取决于胶砂的稀稠程度，较稠的胶砂需要多次锯割，锯割动作要慢以防止拉动已振实的胶砂。用拧干的湿毛巾将试模端板顶部的胶砂擦拭干净，再用同一直边尺以近乎水平的角度将试体表面抹平。抹平总次数不应超过3次。擦除试模周边的胶砂。用毛笔或其他方法对试体进行编号。两个龄期以上的试体，在编号时应将同一试模中的3条试体分在两个以上龄期内。

b. 用振动台成型。在搅拌胶砂的同时将试模和下料漏斗卡紧在振动台的中心。将搅拌好的胶砂均匀装入下料漏斗中，开动振动台，胶砂通过漏斗流入试模。振动（120±5）s停止振动。振动完毕，取下试模，用刮平尺按上述规定的刮平手法刮去高出试模的胶砂并抹平、编号。

（2）水泥胶砂试体的养护。

1）脱模前的处理和养护。在试模上盖一块玻璃板。盖板不应与水泥胶砂接触，盖板与试模之间的距离应控制在2～3mm。立即将做好标记的试模放入养护室或湿箱的水平架子上养护，湿空气应能与试模各边接触。不能叠放，一直养护到规定的脱模时间取出脱模。

2）脱模。应小心脱模，可用橡皮锤或脱模器。对于24h龄期的，应在破型试验前20min内脱模，对于24h以上龄期的，在成型后20～24h之间脱模。如经24h养护，会因脱模对强度造成损害时，可以延迟至24h以后脱模，但在试验报告中应予以说明。已确定作为24h龄期试验（或其他不下水直接做试验）的已脱模试体，应用湿布覆盖至做试验时为止。对于胶砂搅拌或振实台的对比，建议称量每个模型中试体的总量。

3）水中养护。将做好标记的试体立即水平或竖直放在（20±1)℃的水中养护，水平放置时刮平面应朝上。试体放在不易腐烂的箅子上，彼此间保持一定间距，让水与试体的六个面接触。养护期间试体之间间隔或试体上表面的水深不应小于5mm。每个养护池只养护同类型的水泥试体。最初用自来水装满养护池（或容器），随后随时加水保持适当的水位。在养护期间，可以更换不超过50%的水。

4）龄期。除24h龄期或延迟至48h脱模的试体外，任何到龄期的试体应在试验（破型）前提前从水中取出，揩去试体表面沉积物，并用湿布覆盖至试验为止。试体龄期是从水泥加水搅拌开始试验时算起。不同龄期强度试验时间应符合表2.12的规定。

表2.12　　水泥胶砂强度试验时间

龄期	24h	48h	72h	7d	＞28d
试验时间	24h±15min	48h±30min	72h±45min	7d±2h	＞28d±8h

（3）水泥胶砂强度测定。

1）用抗折强度试验机测定抗折强度。将试体一个侧面放在试验机支撑圆柱上，试体长轴垂直于支撑圆柱，通过加荷圆柱以（50±10）N/s的速率均匀地将荷载垂直地加载在棱柱体相对侧面上，直至折断。保持两个半截棱柱体处于潮湿状态直至抗压强度试验。

2）抗压强度试验是在抗折强度试验完成后，取出两个半截试体进行。试验是利用抗压强度试验机和抗压夹具，在半截棱柱体的侧面上进行的。半截棱柱体中心与压力机压板受压中心差应在±0.5mm内，棱柱体露在压板外的部分约有10mm。

在整个加荷过程中以（2400±200）N/s的速率均匀地加荷直至破坏。

4．结果评定

（1）抗折强度。

1）抗折强度R_f按下式计算：

$$R_f=\frac{1.5F_fL}{b^3} \tag{2.19}$$

式中　F_f——折断时施加于棱柱体中部的荷载，N；

L——支撑圆柱之间的距离，mm；

b——棱柱体正方形截面的边长，mm。

2）以一组3个棱柱体抗折结果的平均值作为试验结果。当3个强度值中有1个超出平均值的±10%时，应剔除后再取平均值作为抗折强度试验结果。当3个强度值中有 2 个超出平均值±10%时，则以剩余 1 个作为抗折强度结果。单个抗折强度结果精确至 0.1MPa，算术平均值精确至 0.1MPa。

（2）抗压强度。

1）抗压强度 R_c 按下式计算：

$$R_c = \frac{F_c}{A} \tag{2.20}$$

式中 F_c——破坏时的最大荷载，N；

A——受压面积，mm^2。

2）以一组 3 个棱柱体上得到的 6 个抗压强度测定值的平均值作为试验结果。当 6 个测定值中有一个超出 6 个平均值的±10%时，剔除这个结果，再以剩下 5 个的平均值为结果。当 5 个测定值中再有超过它们平均值的±10%时，则此组结果作废。当 6 个测定值中同时有 2 个或 2 个以上超出平均值的±10%时，则此组结果作废。单个抗压强度结果精确至 0.1MPa，算术平均值精确至 0.1MPa。

【例 2.1】 建筑材料试验室对一普通硅酸盐水泥试样进行了检测，结果见表 2.13，试确定其强度等级。

表 2.13 水泥试样试验检测结果

<table>
<tr><th colspan="2">抗折强度破坏荷载/kN</th><th colspan="2">抗压强度破坏荷载/kN</th></tr>
<tr><th>3d</th><th>28d</th><th>3d</th><th>28d</th></tr>
<tr><td rowspan="2">1.25</td><td rowspan="2">2.90</td><td>23</td><td>75</td></tr>
<tr><td>29</td><td>71</td></tr>
<tr><td rowspan="2">1.57</td><td rowspan="2">3.05</td><td>29</td><td>70</td></tr>
<tr><td>28</td><td>68</td></tr>
<tr><td rowspan="2">1.50</td><td rowspan="2">2.75</td><td>26</td><td>69</td></tr>
<tr><td>27</td><td>70</td></tr>
</table>

［解］（1）抗折强度计算。

该水泥试样 3d 抗折强度破坏荷载的平均值为

$$\overline{F_{f3}} = \frac{1.25 + 1.57 + 1.50}{3} = 1.44(\text{kN})$$

判断最大值 1.57、最小值 1.25 与平均值 1.44 之间是否超过 3 个荷载平均值的 10%。

$$\frac{1.44 - 1.25}{1.44} \times 100\% = 13.2\% > 10\%$$

舍去 1.25 的值，重新计算该水泥试样 3d 抗折强度破坏荷载的平均值。

$$\overline{F_{f3}} = \frac{1.57 + 1.50}{2} = 1.54(\text{kN})$$

该水泥试样的 3d 抗折强度为

$$R_{f3}=\frac{1.5F_fL}{b^3}=\frac{1.5\times1540\times100}{40^3}=3.6(\text{MPa})$$

该水泥试样28d抗折强度破坏荷载的平均值为

$$\overline{F_{f28}}=\frac{2.9+3.05+2.75}{3}=2.90(\text{kN})$$

最大值3.05、最小值2.75与平均值2.90之间没有超过3个荷载平均值的10%。

该水泥试样的28d抗折强度为

$$R_{f28}=\frac{1.5F_fL}{b^3}=\frac{1.5\times2900\times100}{40^3}=6.8(\text{MPa})$$

(2) 抗压强度计算。

$$\overline{F_{c3}}=\frac{23+29+29+28+26+27}{6}=27(\text{kN})$$

判断最大值29、最小值23与平均值27之间是否超过6个荷载平均值的10%。

$$\frac{27-23}{27}\times100\%=14.8\%>10\%$$

舍去23的值，重新计算该水泥试样3d抗压强度破坏荷载的平均值。

$$\overline{F_{c3}}=\frac{29+29+28+26+27}{5}=27.8(\text{kN})$$

该水泥试样3d抗压强度为

$$R_{c3}=\frac{F_c}{A}=\frac{27.8\times1000}{1600}=17.4(\text{MPa})$$

该水泥试样28d抗压强度破坏荷载的平均值为

$$\overline{F_{c28}}=\frac{75+71+70+68+69+70}{6}=70.5(\text{kN})$$

最大值75、最小值68与平均值70.5之间未超过6个荷载平均值的10%。

该水泥试样的28d抗压强度为

$$R_{c28}=\frac{F_c}{A}=\frac{70.5\times1000}{1600}=44.1(\text{MPa})$$

(3) 结论。

该普通硅酸盐水泥试样在不同龄期的强度汇总见表2.14。

表2.14　水泥试样在不同龄期的强度

抗折强度/MPa		抗压强度/MPa	
3d	28d	3d	28d
3.6	6.8	17.4	44.1

查《通用硅酸盐水泥》(GB 175—2007)，可知该水泥试样强度等级为普通硅酸盐水泥42.5级。

项目小结

无机胶凝材料是重要的建筑材料，石灰、石膏、水玻璃、水泥等都是常见的无机胶凝材料。

石灰的主要成分为$CaCO_3$，其保水性好、硬化慢、可塑性好，但是强度低、生石灰熟化时放出大量的热且体积膨胀，故生石灰必须充分熟化后才能使用，同时要注意防止过火石灰的危害。石灰常与黏土拌和制作三合土、灰土、拌制砂浆，也常用作硅酸盐制品。

石膏主要化学成分为硫酸钙，其孔隙率大、保温性和吸声性好、凝结硬化快、耐水性差，常用作室内粉刷、制造石膏制品。

水玻璃又称泡花碱，是一种水溶性硅酸盐。它黏结强度高、耐热性好、耐酸性强、耐碱性差。常用作土壤加固和配置快凝防水剂等。

硅酸盐水泥是一种水硬性胶凝材料，其基本成分为硅酸盐熟料，熟料的主要矿物成分为硅酸三钙、硅酸二钙、铝酸三钙和铁铝酸四钙。为改善水泥性能，调节水泥强度等级，增加水泥产量和降低成本，在硅酸盐水泥熟料中掺加适量的混合材料，可制成各种掺混合材料水泥。水泥的主要技术性质指标是细度、凝结时间、体积安定性和强度等。在建筑工程中常使用的其他品种水泥有中热硅酸盐水泥、低热硅酸盐水泥、抗硫酸盐硅酸盐水泥、低热微膨胀水泥、白色硅酸盐水泥和彩色硅酸盐水泥等。

技能考核题

一、填空题

1. 无机胶凝材料按硬化条件分为（　　　）和（　　　）。

2. 建筑石膏与水拌和后，最初是具有可塑性的浆体，随后浆体变稠失去可塑性，但尚无强度时的过程称为（　　），以后逐渐变成具有一定强度的固体过程称为（　　）。

3. 从加水拌和直到浆体开始失去可塑性的过程称为（　　）。从加水拌和直到浆体完全失去可塑性的过程称为（　　）。

4. 规范对建筑石膏的技术要求有（　　）、（　　）和（　　）。

5. 水玻璃常用的促硬剂为（　　）。

6. 水泥强度等级42.5R中“R”代表（　　）。

7. 水泥净浆标准稠度用水量的测定方法有（　　）、（　　）两种。

8. 水泥安定性检验方法有（　　）、（　　）两种。

9. 根据国家标准对水泥的规定，凡化学指标、（　　）、（　　）和（　　）均符合标准的为合格品。

10. 为测定水泥的凝结时间、体积安定性等性能，使其具有准确的可比性，水泥净浆以标准方法测试所达到统一规定的浆体的可塑性程度被称为（　　）。

二、判断题

1. 石膏既耐热又耐火。(　　)

2. 石灰膏在储液坑中存放两周以上的过程称为“淋灰”。(　　)

3. 石灰浆体的硬化按其作用分为干燥作用和碳化作用，碳化作用仅限于表面。(　　)

4. 水泥的强度等级按规定龄期的抗压强度来划分。(　　)

5. 水泥胶砂强度试验试件的龄期是从水泥加水搅拌开始试验时算起的。(　　)

6. 因为水泥是水硬性胶凝材料，所以运输和储存时不怕受潮。(　　)

7. 生产水泥的最后阶段还要加入石膏，主要是为调整水泥的凝结时间。(　　)

8. 硅酸盐水泥初凝时间不小于45min，终凝时间不大于390min。(　　)

9. 凡化学指标、初凝时间、安定性、强度中任一项不符合GB 175—2007标准规定时，均为不合格品。(　　)

10. 水泥试体带模养护的养护箱或雾室温度保持在(20±1)℃，相对湿度不低于95%。(　　)

三、单选题

1. 下列关于灰土和三合土的描述错误的是(　　)。

A. 消石灰粉与土、水泥等搅拌合夯实成三合土　B. 石灰改善了土的可塑性

C. 石灰使三合土的强度得到提高　D. 灰土可应用于建筑基础

2. 石灰不能单独使用的原因是硬化时(　　)。

A. 体积膨化大　B. 体积收缩大　C. 放热量大　D. 耐水性差

3. 下面各项指标中，(　　)与建筑石膏的质量等级划分无关。

A. 强度　B. 细度

C. 凝结时间　D. 未消化残渣含量

4. 水泥熟料中水化速度最快，28d水化热最大的是(　　)。

A. C_3S　B. C_2S　C. C_3A　D. C_4AF

5. (　　)浆体在凝结硬化过程中，其体积发生微小膨胀。

A. 石灰　B. 建筑石膏　C. 菱苦土　D. 水泥

6. 硅酸盐水泥的基本组成材料不包括(　　)。

A. 水泥熟料　B. 石膏　C. 混合材料　D. 石英砂

7. 水泥细度检验，80μm筛析试验称取试样(　　)。

A. 5g　B. 25g　C. 100g　D. 200g

8. 硅酸盐水泥熟料中，水化速度最快的是(　　)。

A. 硅酸三钙　B. 硅酸二钙　C. 铝酸三钙　D. 铁铝酸四钙

9. 以下水泥熟料矿物中早期强度及后期强度都比较高的是(　　)。

A. C_3S　B. C_2S　C. C_3A　D. C_4AF

10. 预应力混凝土、高强混凝土宜选用(　　)。

A. 硅酸盐水泥　B. 粉煤灰水泥

C. 矿渣水泥　D. 火山灰水泥

11.（　　）不能提高水泥石的抗侵蚀能力。

A. 选用适宜水泥品种　　B. 采用少的水泥

C. 提高水泥石密实度　　D. 设置耐侵蚀防护层

12. 抗冻要求高的混凝土，可选用（　　）。

A. 矿渣水泥　　B. 粉煤灰水泥

C. 火山灰水泥　　D. 硅酸盐水泥

四、简答题

1. 气硬性胶凝材料与水硬性胶凝材料有何区别？

2. 何谓石灰的熟化和“陈伏”？为什么要“陈伏”？

3. 石灰浆体是如何硬化的？石灰的性质有哪些特点？其用途如何？

4. 使用石灰砂浆作为内墙粉刷材料，过了一段时间后，出现了凸出的呈放射状的裂缝，试分析原因。

5. 石膏为什么不宜用于室外？

6. 什么是水玻璃模数？水玻璃模数大的水玻璃有什么特性？

7. 什么是通用硅酸盐水泥？

8. 通用硅酸盐水泥的化学指标都包括哪些指标？

9. 影响凝结时间测定的因素有哪些？

10. 水泥胶砂强度结果评定的原则是什么？

五、为下列工程分别选用合适的水泥品种，并简要说明理由。

1. 紧急抢修工程。

2. 混凝土坝内部的混凝土工程。

3. 有抗渗要求的混凝土工程。

4. 寒冷地区水位变化区的混凝土工程。

5. 受硫酸盐侵蚀的海港码头工程。

6. 混凝土结构的加固与补强。

7. 一般建筑现浇梁、板、柱工程且冬季施工。

8. 干燥环境中的混凝土工程。

9. 高炉基础混凝土工程。

10. 抗冻等级为F200的抗冻混凝土。

11. 抗渗等级为W12的抗渗混凝土工程。

12. 大型水闸的闸底板和闸墩。

六、计算题

已测得某批普通水泥试样3d的抗折和抗压强度达到52.5级水泥的强度等级指标要求，现测得其28d的破坏荷载如下：

抗压破坏荷载：83.8kN、84.5kN、84.7kN、86.8kN、88.1kN、89.0kN。

抗折破坏荷载：2960N、3030N、3640N。

试评定该水泥的强度等级。

项目3 水泥混凝土

【知识目标】

1. 了解混凝土的分类、性能特点及其发展趋势。
2. 掌握水泥混凝土各组成材料所起的作用及技术要求。
3. 掌握水泥混凝土和易性的含义和评价方法。
4. 掌握立方体抗压强度含义、影响混凝土强度的因素及提高其强度的措施。
5. 理解混凝土耐久性能的含义及其影响因素。
6. 了解外加剂的种类与使用。

【能力目标】

1. 能进行砂子和石子的颗粒级配和粗细程度的检测。
2. 能按施工要求进行混凝土配合比设计及调整。
3. 能进行混凝土和易性拌合物的检测。
4. 能进行混凝土强度的检测。

任务3.1 混凝土基本知识

3-1

谁创造了“砼”字

3.1.1 混凝土的分类

混凝土是指由胶凝材料、骨料和水按适当的比例配合、拌制成的混合物，经一定时间后硬化而成的人造石材。目前使用最多的是以水泥为胶凝材料的混凝土，称为水泥混凝土或普通混凝土。混凝土的种类很多，分类方法也很多。

1. 按表观密度分类

（1）重混凝土。表观密度大于 $2800kg/m^3$ 的混凝土。常由重晶石和铁矿石配制而成，又称防辐射混凝土，主要用作核能工程的屏蔽结构材料。

（2）普通混凝土。表观密度为 $2000\sim2800kg/m^3$ 的水泥混凝土。主要以砂子、石子和水泥配制而成，是土木工程中最常用的混凝土品种。

（3）轻混凝土。表观密度小于 $1950kg/m^3$ 的混凝土。包括轻骨料混凝土、多孔混凝土和大孔混凝土等。主要用作轻质结构材料和绝热材料。

2. 按胶凝材料的品种分类

通常根据主要胶凝材料的品种，并以其名称命名，如水泥混凝土、石膏混凝土、水玻璃混凝土、沥青混凝土、聚合物混凝土等。有时也以加入的特种改性材料命名，如水泥混凝土中掺入钢纤维时，称为钢纤维混凝土；水泥混凝土中掺大量粉煤灰时则称为粉煤灰混凝土等。

3. 按用途分类

按使用部位、功能和特性通常可分为结构混凝土、道路混凝土、水工混凝土、大体积混凝土、耐热混凝土、耐酸混凝土、防辐射混凝土、补偿收缩混凝土、防水混凝土、装饰混凝土及膨胀混凝土等。

4. 按生产和施工方法分类

按生产和施工方法可分为泵送混凝土、喷射混凝土、碾压混凝土、压力灌浆混凝土、预拌混凝土、自密实混凝土等。

5. 按拌合物形态分类

按拌合物形态可分为干硬性混凝土、塑性混凝土、流动性混凝土、大流动性混凝土等。

6. 按掺合料种类分类

按掺合料种类可分为粉煤灰混凝土、矿渣混凝土、纤维混凝土等。

3.1.2 普通混凝土的特点

普通混凝土是指以水泥为胶凝材料，砂子和石子为骨料，经加水搅拌、浇筑成型、凝结固化成具有一定强度的“人工石材”，即水泥混凝土，是目前工程上最大量使用的混凝土品种。

1. 普通混凝土的主要优点

(1) 原材料来源丰富。混凝土中约70%以上的材料是砂石料，属地方性材料，可就地取材，避免远距离运输，因而价格低廉。

(2) 工程适应性强。通过调整各组成材料的品种和数量，特别是掺入不同外加剂和掺合料，可获得不同施工和易性、强度、耐久性或具有特殊性能的混凝土，满足工程上的不同要求。混凝土拌合物具有良好的流动性和可塑性，可根据工程需要浇筑成各种形状尺寸的构件及构筑物。既可现场浇筑成型，也可预制。

(3) 抗压强度高。混凝土的抗压强度一般在15～60MPa。当掺入高效减水剂和掺合料时，强度可达100MPa以上。而且，混凝土与钢筋具有良好的匹配性，浇筑成钢筋混凝土后，可以有效地改善抗拉强度低的缺陷，使混凝土能够应用于各种结构部位。

(4) 耐久性好。原材料选择正确、配比合理、施工养护良好的混凝土具有优异的抗渗性、抗冻性和耐腐蚀性能，且对钢筋有保护作用，可保持混凝土结构长期使用性能稳定。

2. 普通混凝土存在的主要缺点

(1) 自重大。$1m^3$ 混凝土重约2400kg，故结构自重较大，对高层、超高层及大跨度建筑施工不利，导致地基处理费用增加。

(2) 抗拉强度低，抗裂性差。混凝土的抗拉强度一般只有抗压强度的1/10～1/20，易开裂。

(3) 收缩变形大。水泥水化凝结硬化会引起自身收缩和干燥收缩，易产生混凝土收缩裂缝。

(4) 导热系数大，保温隔热性能较差。

（5）硬化较慢，生产周期长。

3-2 混凝土组成材料

任务3.2 混凝土中对水泥和水的要求

3.2.1 水泥

1. 水泥品种的选择

水泥品种应根据混凝土工程特点、施工条件、工程所处的环境来合理选用，见表3.1。在满足工程要求的前提下，可选用价格较低的水泥品种，以降低造价。

表3.1 常用水泥的选用

混凝土工程特点或所处环境条件		优先选用	可以选用	不宜选用
环境条件	在普通气候环境中的混凝土	普通硅酸盐水泥	矿渣硅酸盐水泥、火山灰质硅酸盐水泥、粉煤灰硅酸盐水泥	
	在干燥环境中的混凝土	普通硅酸盐水泥	矿渣硅酸盐水泥	火山灰质硅酸盐水泥、粉煤灰硅酸盐水泥
	在高湿度环境中或永远处在水下的混凝土	矿渣硅酸盐水泥	普通硅酸盐水泥、火山灰质硅酸盐水泥、粉煤灰硅酸盐水泥	
	严寒地区的露天混凝土、寒冷地区的处在水位升降范围内的混凝土	普通硅酸盐水泥	矿渣硅酸盐水泥	火山灰质硅酸盐水泥、粉煤灰硅酸盐水泥
	严寒地区处在水位升降范围内的混凝土	普通硅酸盐水泥		火山灰质硅酸盐水泥、粉煤灰硅酸盐水泥、矿渣硅酸盐水泥
	受侵蚀性环境水或侵蚀性气体作用的混凝土	根据侵蚀性介质的种类、浓度等具体条件按专门（或设计）规定选用		
	厚大体积的混凝土	粉煤灰硅酸盐水泥、矿渣硅酸盐水泥	普通硅酸盐水泥、火山灰质硅酸盐水泥	硅酸盐水泥、快硬硅酸盐水泥
工程特点	要求快硬的混凝土	快硬硅酸盐水泥、硅酸盐水泥	普通硅酸盐水泥	矿渣硅酸盐水泥、火山灰质硅酸盐水泥、粉煤灰硅酸盐水泥
	高强（大于C60）的混凝土	硅酸盐水泥	普通硅酸盐水泥、矿渣硅酸盐水泥	火山灰质硅酸盐水泥、粉煤灰硅酸盐水泥
	有抗渗性要求的混凝土	普通硅酸盐水泥、火山灰质硅酸盐水泥		矿渣硅酸盐水泥
	有耐磨性要求的混凝土	硅酸盐水泥、普通硅酸盐水泥	矿渣硅酸盐水泥	火山灰质硅酸盐水泥、粉煤灰硅酸盐水泥

2. 水泥强度等级的选择

水泥强度等级应与混凝土的设计强度等级相适应，即高强高配、低强低配原则。不掺减水剂和掺合料的混凝土，一般水泥强度等级为混凝土强度等级的1.5～2.0倍为宜，配制高强度混凝土（不小于C60）时，水泥强度等级为混凝土强度等级的

0.9～1.5 倍。

为综合考虑混凝土强度、耐久性和经济性的要求，原则上低强度等级的水泥不能用于配制高强度等级的混凝土，否则水泥的使用量较大，硬化后将产生较大的收缩，影响混凝土的强度和经济性；高强度等级的水泥不宜用于配制低强度等级的混凝土，否则水泥的使用量小，砂浆量不足，混凝土的黏聚性差。

对于高强和超高强混凝土，由于采取了特殊的施工工艺，并使用了高效外加剂，因此强度不受上述比例限制。

3.2.2 混凝土拌和及养护用水

混凝土拌和及养护用水应符合《混凝土用水标准》（JGJ 63—2006）。包括饮用水、地表水、地下水、再生水、混凝土企业设备洗刷水和海水等。

1. 混凝土拌和用水

（1）水质应符合表 3.2 要求。设计使用年限为 100 年的结构混凝土，氯离子含量不得超过 500mg/L；使用钢丝或经热处理钢筋的预应力混凝土，氯离子含量不得超过 350mg/L。

表 3.2　　混凝土拌和用水水质要求

项　目	预应力混凝土	钢筋混凝土	素混凝土
pH 值	≥5.0	≥4.5	≥4.5
不溶物/（mg/L）	≤2000	≤2000	≤5000
可溶物/（mg/L）	≤2000	≤5000	≤10000
氯离子/（mg/L）	≤500	≤1000	≤3500
硫酸根离子/（mg/L）	≤600	≤2000	≤2700
碱含量/（rag/L）	≤1500	≤1500	≤1500

注　碱含量按 $Na_2O+0.658K_2O$ 计算值来表示。采用非碱活性骨料时，可不检验碱含量。

（2）地表水、地下水、再生水的放射性应符合《生活饮用水卫生标准》（GB 5749—2006）的规定。

（3）被检验水样应与饮用水样进行水泥凝结时间对比试验。对比试验的水泥初凝时间差及终凝时间差均不应大于 30min；同时，初凝和终凝时间应符合国家标准《通用硅酸盐水泥》（GB 175—2007）的规定。

（4）被检验水样应与饮用水样进行水泥胶砂强度对比试验，被检验水样配制的水泥胶砂 3d 和 28d 强度不应低于饮用水配制的水泥胶砂 3d 和 28d 强度的 90%。

（5）混凝土拌和用水不应有漂浮明显的油脂和泡沫，不应有明显的颜色和异味。

（6）混凝土企业设备洗刷水不宜用于预应力混凝土、装饰混凝土、加气混凝土和暴露于腐蚀环境的混凝土；不得用于使用碱活性或潜在碱活性骨料的混凝土。

（7）未经处理的海水严禁用于钢筋混凝土和预应力混凝土。

（8）在无法获得水源的情况下，海水可用于素混凝土，但不宜用于装饰混凝土。

2. 混凝土养护用水

混凝土养护用水可不检验不溶物和可溶物、水泥凝结时间和水泥胶砂强度。

任务3.3 细 骨 料 的 检 测

3-3

细骨料的检测

骨料又称集料，总体积占混凝土体积的65%～80%，按粒径大小分为粗骨料和细骨料。

3.3.1 细骨料的定义和分类

粒径小于4.75mm的骨料称为细骨料，粒径大于4.75mm的骨料称为粗骨料。按照《建设用砂》（GB/T 14684—2022）分为天然砂、机制砂、混合砂。天然砂是在自然条件作用下岩石产生破碎、风化、分选、运移、堆/沉积，形成的粒径小于4.75mm的岩石颗粒；机制砂是以岩石、卵石、矿山废石和尾矿等为原料，经除土处理，由机械破碎、整形、筛分、粉控等工艺制成的，级配、粒形和石粉含量满足要求且粒径小于4.75mm的颗粒；混合砂是由机制砂和天然砂按一定比例混合而成的砂。

3.3.2 技术要求

建设用砂按颗粒级配、含泥量（石粉含量）、亚甲蓝（MB）值、泥块含量、有害物质、坚固性、压碎指标、片状颗粒含量技术要求分为Ⅰ类、Ⅱ类、Ⅲ类。

1. 砂的表观密度、堆积密度和空隙率

除特细砂外，砂的表观密度不小于2500kg/m^3，表观密度越大，砂颗粒结构越密实，强度越高。

松散堆积密度不小于1400kg/m^3，振实后可达1600～1700kg/m^3。

空隙率不大于44%，级配良好的砂的空隙率可小于40%。

2. 有害物质及含量限制

所谓有害物质是指在混凝土中妨碍水泥的水化、削弱骨料与水泥的黏结、与水泥的水化产物进行化学反应并产生有害膨胀的物质。砂中的有害物质包括泥、泥块、石粉、云母、轻物质、硫化物、硫酸盐、氯离子、贝壳及有机质等。砂中有害物质对混凝土的危害可参见表3.3。

表3.3　　砂中有害物质对混凝土的危害

有害物质	对混凝土的主要危害
泥、泥块	影响混凝土强度，增大干缩，降低抗冻、抗渗、耐磨性
云母	使混凝土内部出现大量未能胶结的软弱面，降低混凝土强度
氯盐	腐蚀混凝土中的钢筋，导致混凝土体积膨胀，造成开裂
有害物质	对混凝土的主要危害
有机质	影响水泥的水化，降低混凝土强度尤其是早期强度
硫酸盐、硫化物	生成钙矾石，产生膨胀性破坏
轻物质	混凝土表面因膨胀而剥落破坏

《建设用砂》（GB/T 14684—2011）中对砂中含泥量、泥块含量及石粉含量要求见表3.4，对有害物质含量要求见表3.5。

表 3.4 天然砂的含泥量、机制砂的石粉含量及砂的泥块含量（GB/T 14684—2022）

类 别	Ⅰ		Ⅱ		Ⅲ	
天然砂含泥量（质量分数）/%	≤1.0		≤3.0		≤5.0	
机制砂的石粉含量（质量分数）/%	MB≤0.5	≤15.0	MB≤1.0	≤15.0	MB≤1.4，或快速试验合格	≤15.0
	0.5＜MB≤1.0	≤10.0	1.0＜MB≤1.4 或快速试验合格	≤10.0	MB＞1.4 或快速试验不合格	≤5.0
	1.0＜MB≤1.4 或快速试验合格	≤5.0	MB＞1.4 或快速试验不合格	≤3.0		
	MB＞1.4 或快速试验不合格	≤1.0				
泥块含量（质量分数）/%	≤0.2		≤1.0		≤2.0	

表 3.5 有害物质含量（GB/T 14684—2022）

类 别	Ⅰ类	Ⅱ类	Ⅲ类
云母（质量分数）/%	≤1.0	≤2.0	
轻物质（质量分数）[1]/%	≤1.0		
有机物	合格		
硫化物及硫酸盐（按 SO_3 质量计）/%	≤0.5		
氯化物（以氯离子质量计）/%	≤0.01	≤0.02	≤0.06[2]
贝壳（质量分数）[3]/%	≤3.0	≤5.0	≤8.0

注 1. 天然砂中如含有浮石、火山渣等天然轻骨料时，经试验验证后，该指标可不做要求。
2. 对于钢筋混凝土用净水处理的海砂，其氯化物含量应小于或等于 0.02%。
3. 该指标仅适用于净化处理的海砂，其他砂种不做要求。

3. 坚固性

砂的坚固性是指砂在气候或其他物理化学因素作用下抵抗破坏的能力。坚固性用硫酸钠饱和溶液渗入砂粒缝隙后结晶检验经 5 次循环后质量损失符合规定。Ⅰ类、Ⅱ类砂和有抗渗、抗冻及其他特殊要求的混凝土用砂质量损失不大于 8%，Ⅲ类不大于 10%。

4. *砂的粗细程度及颗粒级配*

（1）砂的粗细程度。砂的粗细程度指不同粒径大小的砂混合后总体砂的粗细程度，有粗砂、中砂、细砂和特细砂等。在配制混凝土时，当砂用量一定时，如果采用粗砂，其总表面积小，因此需要包裹砂颗粒表面的水泥浆量少；采用细砂时，则其总表面积增大，在混凝土中需要包裹砂粒表面的水泥浆量多，因此当混凝土拌和物的和易性一定时，用粗砂拌制混凝土所需水泥用量比用细砂节省。但是在拌制混凝土时，并不是砂子越粗越好，砂子太粗，会导致混凝土泌水、离析等现象，从而影响混凝土和易性。所以拌制混凝土的砂不宜过细，也不宜过粗。

3-4

改变砂的细度模数产生的影响

(2) 砂的颗粒级配。砂的颗粒级配是指不同粒径的砂粒搭配比例。在混凝土中砂粒之间的空隙由水泥浆所填充，为了达到节约水泥和提高强度的目的，就应尽量减小砂粒之间的空隙。良好的级配指粗颗粒的空隙恰好由中颗粒填充，中颗粒的空隙恰好由细颗粒填充，如此逐级填充使砂形成最密致的堆积状态，空隙率达到最小值，堆积密度达最大值。这将有利于改善拌合物的和易性和硬化体的稳定性，并节约水泥用量。

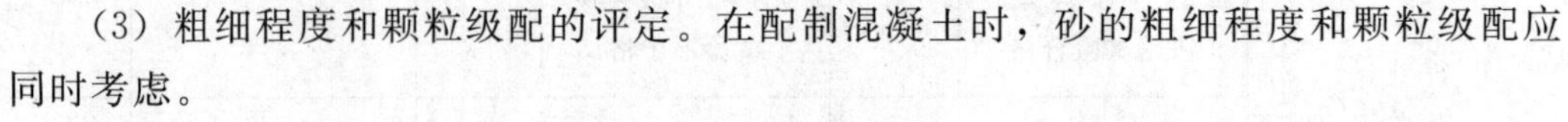

(3) 粗细程度和颗粒级配的评定。在配制混凝土时，砂的粗细程度和颗粒级配应同时考虑。

3-5

细骨料颗粒级配试验

砂的粗细程度和颗粒级配常用筛分析法进行测定。用级配区表示砂的级配，用细度模数表示砂的粗细。

根据《建设用砂》(GB/T 14684—2022)，筛分析是用一套孔径为 9.50mm、4.75mm、2.36mm、1.18mm、0.6mm、0.3mm、0.15mm 的标准筛，将 500g 干砂由粗到细依次过筛，称量各筛上的筛余量 m_i(g)，计算各筛上的分计筛余率 a_i(%)（各筛上的筛余量占砂样总重量的百分率），再计算累计筛余率 A_i(%)（各筛与比该筛粗的所有筛的分计筛余百分率之和)，然后按式 (3.1) 计算砂的细度模数。

$$M_x=\frac{(A_2+A_3+A_4+A_5+A_6)-5A_1}{100-A_1} \tag{3.1}$$

细度模数越大，砂子越粗；细度模数在 3.1～3.7 范围为粗砂；细度模数在 2.3～3.0 范围为中砂；细度模数在 1.6～2.2 范围为细砂；细度模数在 1.5～0.7 范围为特细砂。Ⅰ类砂的细度模数应为 2.3～3.2。

砂的细度模数只反映砂子总体上的粗细程度，并不能反映级配的优劣。细度模数相同的砂子其级配可能有很大差别。

砂子的颗粒级配好坏直接影响堆积密度，各种粒径的砂子在量上合理搭配，可使堆积起来的砂子空隙达到最小。因此，级配是否合格是砂子的一个重要技术指标。

砂的颗粒级配应符合表 3.6 的规定；砂的级配类别应符合表 3.7 的规定。对于砂浆用砂，4.75mm 筛孔的累计筛余量应为 0。砂的实际级配除 4.75mm 和 600μm 筛档外，可以略有超出，但各级累计筛余超出值总和应不大于 5%。

以累计筛余百分率为纵坐标，筛孔尺寸为横坐标，根据表 3.7 的级配区可绘制 1、2、3 三个级配区的筛分曲线，如图 3.1 所示。

1 区的砂子偏粗，保水能力差；当采用 1 区砂时，应提高砂率，并保持足够的水泥用量，满足混凝土的和易性。2 区砂粗细适中，级配良好，工艺性能好；配制混凝土时宜优先选用 2 区砂。3 区砂偏细，配制的混凝土黏聚性强，保水性好，使用不当易增加混凝土的干缩量，产生微裂纹，当采用 3 区砂时宜适当降低砂率；当采用特细砂时，应符合相应的规定。

表3.6 累 计 筛 余

砂的分类	天然砂			机制砂、混合砂		
级配区	1区	2区	3区	1区	2区	3区
方筛孔尺寸/mm	累计筛余/%					
4.75	10～0	10～0	10～0	5～0	5～0	5～0
2.36	35～5	25～0	15～0	35～5	25～0	15～0
1.18	65～35	50～10	25～0	65～35	50～10	25～0
0.60	85～71	70～41	40～16	85～71	70～41	40～16
0.30	95～80	92～70	85～55	95～80	92～70	85～55
0.15	100～90	100～90	100～90	97～85	94～80	94～75

表3.7 分 计 筛 余

方筛孔尺寸/mm	4.75[1]	2.36	1.18	0.6	0.30	0.15[2]	筛底[3]
分计筛余/%	0～10	10～15	10～25	20～31	20～30	5～15	0～20

注：1. 对于机制砂，4.75mm筛的分计筛余不应大于5%。

2. 对于MB>1.4的机制砂，0.15mm筛和筛底的分计筛余之和不应大于25%。

3. 对于天然砂，筛底的分计筛余不应大于10%。

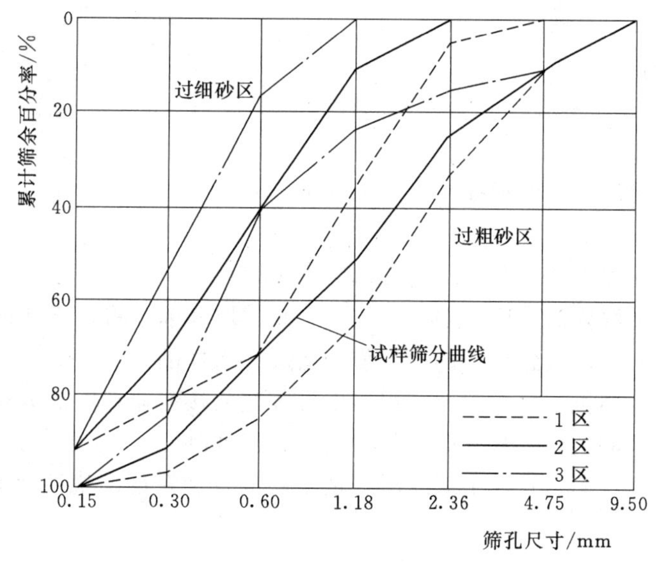

图3.1 混凝土用砂的级配曲线

当砂的颗粒级配不符合要求时，可采用人工掺配的方法来改善，即将粗、细砂按适当比例进行掺合使用。

【例3.1】 现有某天然砂，各筛的筛余量见表3.8。试评定该砂的粗细程度及颗粒级配情况。

[解] 分计筛余率和累计筛余率的计算结果见表3.8。

细度模数按式（3.1）计算得

$$M_x=\frac{(A_2+A_3+A_4+A_5+A_6)-5A_1}{100-A_1}$$

$$=\frac{20+36+60+80+98-5\times 8}{100-8}=2.8$$

表 3.8 分计筛余与累计筛余计算结果

筛孔尺寸/mm	分计筛余量/g	分计筛余率/%	累计筛余率/%
4.75	40	8	8
2.36	60	12	20
1.18	80	16	36
0.60	120	24	60
0.30	100	20	80
0.15	90	18	98
0.15 以下	10	2	100
合计	500		

根据细度模数的大小判定为中砂。

查表 3.6 可知，该砂在各筛的累计筛余率均落在 2 区砂的范围内。

结果评定：该天然砂的细度模数 $M_x=2.8$，属于中砂；砂的颗粒级配符合表 3.6 中 2 区的规定，级配合格。

3.3.3 砂的检测

3.3.3.1 砂取样及试样处理

1. 检验数量

按进场的批次和产品的抽样检验方案确定。

2. 取样方法

试验依据为《建设用砂》(GB/T 14684—2022)。

(1) 在料堆上取样时，取样部位应均匀分布。取样前先将取样部位表层铲除，然后从不同部位随机抽取大致等量的砂 8 份，组成一组样品。

(2) 在皮带运输机上取样时，应用与皮带等宽的接料器在皮带运输机机头出料处全断面定时随机抽取大致等量的砂 4 份，组成一组样品。

(3) 从火车、汽车、货船上取样时，从不同部位和深度随机抽取大致等量的砂 8 份，组成一组样品。

3. 取样数量

单项试验的最少取样数量见表 3.9。若进行几项试验时，如能保证试样经一项试验后，不致影响另一项试验的结果，可用同一试样进行几项不同的试验。

表 3.9 砂常规单项试验取样数量

序　号	试验项目	最少取样数量/kg
1	颗粒级配	4.4
2	含泥量	4.4
3	泥块含量	20.0
4	表观密度	2.6
5	松散堆积密度与空隙率	5.0
6	含水率和饱和面干吸水率	4.4

4. 试样的处理

（1）用分料器法处理：将样品在潮湿状态下拌和均匀，然后通过分料器，取接料斗中的其中一份再次通过分料器。重复上述过程，直至把样品缩分到试验所需量为止。

3-6
四分法取样示意及意义

（2）人工四分法处理：将所取样品置于平板上，在潮湿状态下拌和均匀，并堆成厚度约为20mm的圆饼，然后沿互相垂直的两条直径把圆饼分成大致相等的四份，取其中对角线的两份重新拌匀，再堆成圆饼。重复上述过程，直至把样品缩分到试验所需量为止。

（3）堆积密度、机制砂坚固性试验所用试样可不缩分，在拌匀后直接进行试验。

3.3.3.2　砂的颗粒级配试验

3-7
细骨料颗粒级配试验

1. 试验目的

测定砂的颗粒级配，计算砂的细度模数，以评定砂的粗细程度，为混凝土配合比设计提供依据。

2. 主要仪器与设备

（1）烘箱：温度控制在（105±5）℃。

（2）天平：量程不小于1000g，分度值不大于1g。

（3）试验筛：规格为0.15mm、0.30mm、0.60mm、2.36mm、4.75mm及9.50mm的筛，并附有筛底和筛盖。

（4）摇筛机。

（5）搪瓷盘，毛刷等。

3. 试样制备

按规定取样，筛除大于9.50mm的颗粒（并算出其筛余百分率），将试样缩分至约1100g，放在烘箱中于（105±5）℃下烘干至恒量，待冷却至室温后，平均分为2份备用。恒量是指试样在烘干3h以上的情况下，其前后质量之差不大于该项试验所要求的称量精度。

4. 试验步骤

（1）称取试样500g，精确至1g。将试样倒入按孔径大小从上到下组合的套筛（附筛底）上，然后进行筛分。

（2）将套筛置入摇筛机上，摇10min。取下套筛，按筛孔大小顺序再逐个用手筛，筛至每分钟通过量小于试样总量的0.1%为止。通过的试样并入下一号筛中，并和下一号筛中的试样一起过筛，这样按顺序进行，直至每号筛全部筛完为止。

（3）称出各号筛的筛余量（精确至1g），试样在各号筛上的筛余量不得超过按式（3.2）计算出的量。

$$m_a=\frac{A\sqrt{d}}{200} \tag{3.2}$$

式中　m_a——在一个筛上的剩余量，g；

A——筛面面积，mm^2；

d——筛孔尺寸，mm；

200——换算系数。

超过时应按下列方法之一处理：

a. 将该粒级试样分成少于按式（3.2）计算出的量，分别筛分，并以筛余量之和作为该号筛的筛余量。

b. 将该粒级及以下各粒级的筛余混合均匀，称出其质量，精确至1g。再用四分法缩分至大致相等的两份，取其中一份称出其质量，精确至1g，继续筛分。计算该粒级及以下各粒级的分计筛余量时应根据缩分比例进行修正。

5. 试验结果计算及要求

（1）计算分计筛余百分率：各号筛的筛余量与试样总量之比，精确至0.1%。

（2）计算累计筛余百分率：该号筛的分计筛余百分率加上该号筛以上各分计筛余百分率之和，精确至0.1%。筛分后，如每号筛的筛余量与筛底的剩余量之和同原试样质量之差超过1%时，应重新试验。砂的细度模数按式（3.1）计算，精确至0.01。

（3）分计筛余、累计筛余百分率取两次试验结果的算术平均值，精确至1%。细度模数取两次试验结果的算术平均值，精确至0.1；如两次试验的细度模数之差超过0.20，应重新试验。

3.3.3.3 砂的含泥量检测

1. 检测目的

测定细骨料的含泥量，为评定细骨料的质量等级提供依据。

2. 主要仪器设备

3－8

天然细骨料含泥量试验

3－9

天然细骨料含泥量试验

3－10

细骨料含水率试验

（1）烘箱：温度控制在（105±5)℃。

（2）天平：量程不小于1000g，分度值不大于0.1g。

（3）试验筛：孔径75μm和1.18mm的筛各一个。

（4）容器：深度大于250mm，淘洗试样时保证试样不溅出。

3. 试样制备

按规定取样，并将试样缩分至约1100g，放在烘箱中于（105±5)℃下烘干至恒量。待冷却至室温，平均分为两份备用。

4. 试验步骤

（1）称取试样500g，精确至0.1g，记为m_{a0}。将试样倒入淘洗容器中，注入清水，使水面高出试样面约150mm。充分搅拌均匀后，浸泡2h。然后用手在水中淘洗试样，使尘屑、淤泥和黏土与砂粒分离，将1.18mm筛放在75μm筛上面，把浑水缓缓倒入套中，滤去小于75μm的颗粒，试验前筛子的两面应先用水润湿，在整个过程中应小心防止砂粒流失。

（2）再向容器中注入清水，重复上述操作，直至容器内的水目测清澈为止。

（3）用水淋洗留在筛上的细粒，并将75μm的筛放在水中（使水面略高出筛中砂粒的上表面）来回摇动，以充分洗掉小于75μm的颗粒。然后将两只筛的筛余颗粒和清洗容器中已洗净的试样一并装入浅盘，放在烘箱中于（105±5)℃下烘干至恒量，待冷却至室温后，称其质量，记为m_{a1}，精确至0.1g。

5. 试验结果计算及要求

（1）砂的含泥量按式（3.3）计算，精确至0.1%。

$$Q_a=\frac{m_{a0}-m_{a1}}{m_{a0}}\times 100\% \tag{3.3}$$

式中　Q_a——含泥量，%；

m_{a0}——试验前烘干试样的质量，g；

m_{a1}——试验后烘干试样的质量，g。

（2）以两次试验结果的算术平均值作为测定值。如两次结果的差值超出0.2%时，应重新取样进行试验。

3.3.3.4　砂的泥块含量检测

1. 检测目的

测定混凝土用砂的泥块含量。

2. 主要仪器与设备

（1）烘箱：温度控制在（105±5）℃。

（2）天平：量程不小于1000g，分度值不大于0.1g。

（3）试验筛孔径为0.60mm及1.18mm的筛。

（4）淘洗容器：深度应大于250mm，淘洗试样时以保持试样不溅出。

3. 试样制备

按规定取样，并将试样缩分至约5000g，放在烘箱中于（105±5）℃下烘干至恒重。待冷却至室温后，用1.18mm的筛手动筛分，取筛上物平均分成2份备用。

4. 试验步骤

（1）将一份试样倒入淘洗容器中，注入清水进行第一次水洗，水面应高于试样面，用玻璃棒适度搅拌后，将试样过0.60mm的筛，将筛上试样全部取出，装入浅盘后，放在烘箱中于（105±5）℃下烘干至恒重，称出其质量（m_{b0}），精确至0.1g。

（2）将上述处理后的试样倒入淘洗容器中，注入清水进行第二次水洗，水面应高出试样面，充分搅拌均匀后，浸泡（24±0.5）h。然后用手在水中碾碎泥块，再将试样放在0.60mm的筛上，用水淘洗，直至容器内的水目测清澈为止。保留下来的试样从筛中取出，装入浅盘后，放在烘箱中于（105±5）℃下烘干至恒重，待冷却到室温后，称出其质量（m_{b1}），精确至0.1g。

5. 试验结果计算及要求

（1）泥块含量按式（3.4）计算，精确至0.1%。

$$Q_b=\frac{m_{b0}-m_{b1}}{m_{b0}}\times 100\% \tag{3.4}$$

式中　Q_b——泥块含量，%；

m_{b0}——第一次水洗后，0.60mm筛上试样烘干后的质量，g；

m_{b1}——第二次水洗后，0.60mm筛上试样烘干后的质量，g。

（2）泥块含量取两次试验结果的算术平均值。

3-11
细骨料饱和面干表观密度及吸水率试验

3-12
细骨料饱和面干表观密度试验

3-13
细骨料堆积密度试验

3-14
细骨料堆积密度试验

3-15
天然细骨料泥块含量试验

任务3.4 粗骨料的检测

3.4.1 粗骨料的定义和分类

水泥混凝土用的粗骨料是指粒径大于4.75mm的岩石颗粒。常用的粗骨料有碎石及卵石两种。碎石是天然岩石、卵石或矿山废石经机械破碎、筛分制成的，粒径大于4.75mm的岩石颗粒。卵石是在自然条件作用下岩石产生破碎、风化、分选、运移、堆（沉）积，而形成的粒径大于4.75mm的岩石颗粒，按其产源可分为河卵石、海卵石、山卵石等，其中河卵石应用较多。

与卵石相比，碎石颗粒多棱角且表面粗糙，在水胶比相同的条件下，用碎石拌制的混凝土流动性较小，但碎石与水泥的黏结强度较高，制得的混凝土强度较高。因此配制高强度混凝土时通常都采用碎石。

卵石与碎石各具特点，应根据就地取材的原则选用。在卵石储量大、质量好的地区，应优先考虑使用卵石；在缺少卵石的地区或要求混凝土等级较高时，宜采用碎石。

3.4.2 技术要求和技术指标

《建设用卵石、碎石》（GB/T 14645—2022）中按卵石含泥量（碎石泥粉含量），泥块含量，针、片状颗粒含量，不规则颗粒含量，硫化物及硫酸盐含量，坚固性，压碎指标，连续级配松散堆积空隙率，吸水率技术要求分为Ⅰ类、Ⅱ类、Ⅲ类。主要技术要求见表3.10。

表3.10 卵石、碎石技术要求

类别	Ⅰ类	Ⅱ类	Ⅲ类
含泥量（质量分类）/%，≤	0.5	1.0	1.5
碎石泥粉含量（质量分数），%≤	0.5	1.5	2.0
泥块含量（质量分类）/%，≤	0.1	0.2	0.7
针片状颗粒含量（质量分类）/%，≤	5	8	15
有机物含量	合格	合格	合格
硫化物及硫酸盐（按SO_3质量计）/%，≤	0.5	1.0	1.0
质量损失率，%，≤	5	8	12
碎石压碎指标，%，≤	10	20	30
卵石压碎指标，%，≤	12	14	16

1. 不规则颗粒、卵石含泥量、碎石泥粉含量和泥块含量

不规则颗粒是指卵石、碎石颗粒的最小一维尺寸小于该颗粒所属粒级的平均粒径0.5倍的颗粒。Ⅰ类卵石、碎石的不规则颗粒含量不应大于10%。卵石含泥量是指卵石中粒径小于75μm的黏土颗粒含量。碎石中粒径小于75μm的黏土和石粉颗粒含量。泥块含量是指卵石、碎石中原粒径大于4.75mm，经水浸泡、淘洗等处理后小于2.36mm的颗粒含量。

2. 有害物质含量

粗骨料中的有害物质主要指有机物，硫酸盐及硫化物，它们对混凝土技术性质的

影响与细骨料的情况基本相同，其含量应符合标准要求。另外粗骨料中严禁混入煅烧过的白云石或石灰石块。对重要工程的混凝土所使用的石子，还应进行碱活性检验。

3. 表面状态与颗粒形状

水泥混凝土用粗骨料一方面要求表面粗糙、接近球形或立方体形状，因为水泥用量与用水量相同情况下，碎石混凝土比卵石混凝土的强度高10%左右；另一方面要严格限制针状、片状颗粒含量。

卵石、碎石颗粒的最大一维尺寸大于该颗粒所属粒级的平均粒径2.4倍者为针状颗粒；最小一维尺寸小于该颗粒所属粒级的平均粒径0.4倍者为片状颗粒。针状、片状颗粒在受力时易折断，影响混凝土强度，增大骨料间空隙率，使混凝土拌合物的和易性变差。卵石和碎石的针、片状含量应符合标准要求。

4. 骨料的强度

为了保证粗骨料在混凝土中的骨架和支撑作用，粗骨料颗粒本身必须具有足够的强度。碎石的强度可用岩石抗压强度和压碎指标两种方法表示，卵石的强度可用压碎指标表示。

（1）岩石抗压强度。将待测岩石制成50mm×50mm×50mm的立方体或ϕ50mm×50mm圆柱体试件，在水饱和状态下，测定其极限抗压强度值。抗压强度岩浆岩应不小于80MPa，变质岩应不小于60MPa，沉积岩应不小于45MPa。

（2）压碎指标。压碎指标是将一定质量规定粒级的风干试样，在压力机上按规定的方法加荷，测定被压碎试样的质量占其总质量的百分比。压碎指标越小，表示石子抗压碎能力越强。其值应符合标准要求。

5. 骨料的坚固性

坚固性是指卵石或碎石在自然风化和其他外界物理化学因素作用下抵抗破裂的能力。对于有抗冻要求的混凝土所用粗骨料，必须测定其坚固性。

坚固性采用硫酸钠溶液法进行试验，试样经5次循环后，其质量损失应符合标准要求。

3.4.3 粗骨料最大粒径及颗粒级配

1. 最大粒径

粗骨料中公称粒级的上限称为该粒级的最大粒径。例如，当采用5～40mm的粗骨料时，此骨料的最大粒径为40mm。骨料的粒径越大，其总表面积越小，包裹其表面所需的水泥浆量减少，可节约水泥；在和易性和水泥用量一定的条件下，能减少用水量而提高强度和耐久性。

正确合理地选用粗骨料的最大粒径，要综合考虑结构物的种类、构件截面尺寸，钢筋最小净距和施工条件等因素。《混凝土质量控制标准》（GB 50164—2011）规定，混凝土粗骨料的最大公称粒径不得大于构件截面最小尺寸的1/4，同时不得大于钢筋间最小净距的3/4。对于混凝土实心板，最大粒径不宜超过板厚的1/3且不得大于40mm。大体积混凝土粗骨料的最大公称粒径不宜小于31.5mm；高强混凝土最大公称粒径不宜大于25mm；对于泵送混凝土，碎石的最大粒径与输送管内径之比，不宜大于1∶3，卵石不宜大于1∶2.5。粒径过大，对运输和搅拌都不方便，容易造成混

3-17

粗骨料颗粒级配试验

3-18

粗骨料颗粒级配试验

凝土离析、分层等质量问题。

2. 颗粒级配

粗骨料的颗粒级配决定混凝土粗、细骨料的整体级配，对混凝土的和易性、强度和耐久性起决定性作用。特别是拌制高强度混凝土，粗骨料级配更为重要。

粗骨料的级配同样采用筛分法确定，所用标准方孔筛筛孔边长分别为2.36mm、4.75mm、9.50mm、16.0mm、19.0mm、26.5mm、31.5mm、37.5mm、53.0mm、63.0mm、75.0mm及90.0mm 12个筛子。分计筛余百分率和累计筛百分率计算均与砂的相同。

粗骨料的级配分为连续级配和间断级配两种。采石场按供应方式不同，将石子分为连续粒级和单粒级两种。《建设用卵石、碎石》（GB/T 14685—2022）对碎石或卵石的颗粒级配规定见表3.11。

表3.11　碎石或卵石的颗粒级配范围（GB/T 14685—2022）

公称粒级/mm		累计筛余/%											
		方孔筛孔径/mm											
		2.36	4.75	9.50	16.0	19.0	26.5	31.5	37.5	53.0	63.0	75.0	90
连续粒级	5～16	95～100	85～100	30～60	0～10	0	—	—	—	—	—	—	—
	5～20	95～100	90～100	40～80	—	0～10	0	—	—	—	—	—	—
	5～25	95～100	90～100	—	30～70	—	0～5	0	—	—	—	—	—
	5～31.5	95～100	90～100	70～90	—	15～45	—	0～5	0	—	—	—	—
	5～40	—	95～100	70～90	—	30～65	—	—	0～5	0	—	—	—
单粒粒级	5～10	95～100	80～100	0～15	0	—	—	—	—	—	—	—	—
	10～16	—	95～100	80～100	0～15	0	—	—	—	—	—	—	—
	10～20	—	95～100	85～100	—	0～15	0	—	—	—	—	—	—
	16～25	—	—	95～100	55～70	25～40	0～10	0	—	—	—	—	—
	16～31.5	—	95～100	—	85～100	—	—	0～10	0	—	—	—	—
	20～40	—	—	95～100	—	80～100	—	—	0～10	0	—	—	—
	25～31.5	—	—	—	95～100	—	80～100	0～10	0	—	—	—	—
	40～80	—	—	—	—	95～100	—	—	70～100	—	30～60	0～10	0

连续级配是按颗粒尺寸由小到大，每级骨料都占有一定比例，连续级配颗粒级差小，配制混凝土拌合物和易性好，不易发生离析，应用较广泛。间断级配是人为剔除某些粒级颗粒，大颗粒的空隙之间由比它小得多的颗粒去填充，可最大限度地发挥骨料的骨架作用，减少水泥用量，但混凝土拌合物易产生离析现象，增加施工困难，一般工程中应用较少。单粒级一般不单独使用，主要用于组合成满足要求的连续级配。

3.4.4　石的检测

3.4.4.1　石子取样及试样处理

1. 检验数量

按进场的批次和产品的抽样检验方案确定。

2. 取样方法

试验依据为《建设用卵石、碎石》(GB/T 14685—2022)。

(1) 在料堆上取样时，取样部位应均匀分布。取样前应先将取样部位表层铲除，然后从不同部位随机抽取大致等量的石子15份（在料堆的顶部、中部和底部均匀分布的15个不同部位取得）组成一组样品。

(2) 在皮带运输机上取样时，应全断面定时随机抽取全断面定时随机抽取大致等量的石子8份，组成一组样品。

(3) 从火车、汽车、货船上取样时，从不同部位和深度抽取大致等量的石子15份，组成一组样品。

3. 取样数量

单项试验的最小取样数量见表3.12的规定。若进行几项试验时，如能保证试样经一项试验后不致影响另一项试验的结果，可用同一试样进行几项不同的试验。

表3.12　碎石和卵石常规单项试验的最少取样数量　单位：kg

试验项目	最大粒径/mm							
	9.5	16.0	19.0	26.5	31.5	37.5	63.0	≥75.0
颗粒级配	9.5	16.0	19.0	25.0	31.5	37.5	63.0	80.0
含泥量	8.0	8.0	24.0	24.0	40.0	40.0	80.0	80.0
泥块含量	8.0	8.0	24.0	24.0	40.0	40.0	80.0	80.0
针、片状颗粒含量	1.2	4.0	8.0	12.0	20.0	40.0	40.0	40.0
有机物含量	按试验要求的粒级和数量取样							
硫酸盐和硫化物含量								
坚固性								
压碎指标								
岩石抗压强度	随机选取完整石块锯切或钻取成试验用样品							

3-19

粗骨料饱和面干表观密度及吸水率试验

3-20

粗骨料堆积密度试验

3-21

粗骨料堆积密度试验

3-22

粗骨料压碎值试验

4. 试样的处理

(1) 将所取样品置于平板上，在自然状态下拌和均匀，并堆成堆体，然后沿互相垂直的两条直径把堆体平均分成四份，取其中对角线的两份重新拌匀，再堆成堆体，重复上述过程，直至把样品缩分到试验所需量为止。

(2) 堆积密度试验所用试样可不经缩分，在拌匀后直接进行试验。

3.4.4.2　碎石或卵石的压碎指标值检测

1. 检测目的

本方法用于测定碎石或卵石抵抗压碎的能力，以间接地推测其相应的强度。

2. 主要仪器与设备

(1) 压力试验机：量程不小于300kN，精度不大于1%。

(2) 天平：量程不小于5kg，分度值不大于5g；量程不小于1kg，分度值不大于5g。

(3) 压碎指标测定仪。

(4)(4)试验筛：孔径为2. 36mm、9. 5mm及19. 0mm的方孔筛。

(5)垫棒：ϕ10mm、长500mm圆钢。

3. 检测步骤

(1)按规定取样，风干或烘干后筛除大于19.0mm及小于9.50mm的颗粒，平均分成3份备用，每份约3000g。

(2)取一份试样，将试样分两层装入圆模(置于底盘上)内。每装完一层试样后，在底盘下面放置垫棒。将筒按住，左右交替颠击地面各25下，两层颠实后，整平模内试样表面，盖上压头。当圆模装不下3000g试样时，以装至距圆模上口10mm为准。

(3)把装有试样的圆模置于压力试验机上，开动压力试验机，按1kN/s的速度均匀加荷至200kN并稳荷5s，然后卸荷。取下加压头，倒出试样，并称其质量(m_{g1})，用孔径2.36mm的筛筛除被压碎的细粒，称出留在筛上的试样质量(m_{g2})。

4. 试验结果计算与评定

压碎指标按下式计算，精确至0.1%：

$$Q_g=\frac{m_{g1}-m_{g2}}{m_{g1}}\times100\% \tag{3.5}$$

式中 Q_g——压碎指标,%；

m_{g1}——试样的质量，g；

m_{g2}——压碎试验后筛余的试样质量，g。

压碎指标取三次试验结果的算术平均值，精确至1%。

3-23

粗骨料针片状颗粒含量试验

3.4.4.3 碎石或卵石中针状和片状颗粒的总含量检测

1. 检测目的

测定大于4.75mm的碎石或卵石中针状、片状颗粒的总含量，用于评价粗集料的形状，推测抗压碎能力，以评定其工程性质。

2. 主要仪器与设备

(1)针状规准仪和片状规准仪。

(2)天平：分度值不大于最少试样质量的0.1%。

(3)试验筛：孔径为4.75mm、9.5mm、16.0mm、19.0mm、26.5mm、31.5mm、37.5mm、53mm、63.0mm、75.0mm及90mm的方孔筛。

(4)游标卡尺。

3. 试样制备

(1)按规定取样，将试样缩分至规定的质量。最大粒径为9.5mm、16.0mm、19.0mm、26.5mm、31.5mm、≥37.5mm时，最少试样质量分别为0.3kg、1.0kg、2.0kg、3.0kg、5.0kg、10.0kg。烘干或风干后备用。

(2)按上述规定称取试样(m_{c1})，按要求进行筛分，将试样分成不同粒级。

4. 试验步骤

(1)对表3.13规定的粒级分别用规准仪逐粒检验，最大一维尺寸大于针状规准仪上相应间距者，为针状颗粒；最小一维尺寸小于片状规准仪上相应孔宽者，为片状颗粒。

表3.13　针、片状颗粒含量试验的粒级划分及其相应的规准仪孔宽或间距　单位：mm

石子粒级	4.75～9.50	9.50～16.0	16.0～19.0	19.0～26.5	26.5～31.5	31.5～37.5
片状规准仪相对应孔宽	2.8	5.1	7.0	9.1	11.6	13.8
针状规准仪相对应间距	17.1	30.6	42.0	54.6	69.6	82.8

（2）对粒径大于37.5mm的石子可用游标卡尺逐粒检验，卡尺卡口的设定宽度应符合表3.14的规定，最大一维尺寸大于针状卡口相应宽度者，为针状颗粒；最小一维尺寸小于片状卡口相应宽度者，为片状颗粒。

表3.14　大于37.5mm颗粒的针、片状颗粒含量试验的粒级划分及其相应的卡尺卡口设定宽度　单位：mm

粒　级	37.5～53.0	53.0～63.0	63.0～75.0	75.0～90.0
检验片状颗粒的卡尺卡口设定宽度	18.1	23.2	27.6	33.0
检验针状颗粒的卡尺卡口设定宽度	108.6	139.2	165.6	198.0

（3）称出上述（1）和（2）检出的针、片状颗粒总质量（m_{c2}）。

5. 试验结果计算及要求

针状、片状颗粒含量按下式计算，精确至1%：

$$Q_c=\frac{m_{c2}}{m_{c1}}\times 100\% \tag{3.6}$$

式中　Q_c——针状、片状颗粒含量，%；

m_{c2}——试样的质量，g；

m_{c1}——试样中所含针状、片状颗粒的总质量，g。

任务3.5　混凝土的外加剂

混凝土外加剂是混凝土中除胶凝材料、骨料、水和纤维组分以外，在拌制混凝土之前或拌制过程中加入的，用以改善新拌和硬化混凝土性能，对人、生物及环境安全无有害影响的材料。它能促进混凝土新技术的发展，促进工业副产品在胶凝材料系统中更多地应用，还有助于节约资源和环境保护，已经逐步成为优质混凝土必不可少的材料。外加剂的掺量虽小（一般不超过胶凝材料用量的5%），但其技术经济效果却十分显著。

3.5.1　混凝土外加剂的分类

根据《混凝土外加剂术语》（GB/T 8075—2017），混凝土外加剂按其主要功能分为四类：

（1）改善混凝土拌合物流变性能的外加剂，如各种减水剂和泵送剂等。

（2）调节混凝土凝结时间、硬化过程的外加剂，如缓凝剂、早强剂、促凝剂和速凝剂等。

（3）改善混凝土耐久性的外加剂，如引气剂、防水剂和阻锈剂等。

（4）改善混凝土其他性能的外加剂，如膨胀剂、防冻剂和着色剂等。

3.5.2　常用混凝土外加剂的组成及作用机理

3.5.2.1　减水剂

减水剂是指在混凝土坍落度基本相同的条件下，能减少拌和用水量的外加剂。减水剂是当前外加剂中品种最多、应用最广的一种混凝土外加剂。

1. 减水剂的分类

混凝土减水剂有普通减水剂、高效减水剂和高性能减水剂三大类。

(1) 普通减水剂。普通减水剂是指在混凝土坍落度基本相同的条件下，减水率不小于8%的外加剂。包括标准型普通减水剂、缓凝型普通减水剂、早强型普通减水剂和引气型普通减水剂，如木质素系减水剂和糖蜜系减水剂。

(2) 高效减水剂。高效减水剂是指在混凝土坍落度基本相同的条件下，减水率不小于14%的减水剂。包括标准型高效减水剂、缓凝型高效减水剂、早强型高效减水剂和引气型高效减水剂。

(3) 高性能减水剂。高性能减水剂是指在混凝土坍落度基本相同的条件下，减水率不小于25%，坍落度保持性能好、干燥收缩小且具有一定引气性能的减水剂。包括标准型高性能减水剂、缓凝型高性能减水剂、早强型高性能减水剂和减缩型高性能减水剂。高性能减水剂主要有聚羧酸系减水剂等。

2. 减水剂的作用机理

减水剂尽管种类繁多，但都属于表面活性剂，其减水作用机理相似（图3.2）。

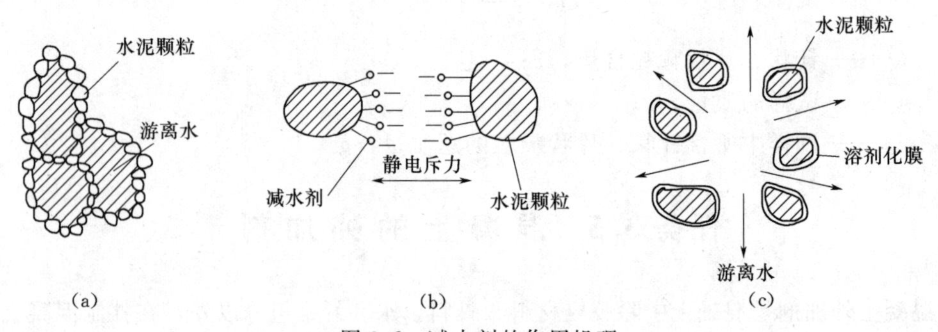

图3.2　减水剂的作用机理

表面活性剂有着特殊的分子结构，它是由亲水基团和憎水基团两个部分组成的。表面活性剂加入水中，其亲水基团会电离出离子，使表面活性剂分子带有电荷。电离出离子的亲水基团指向溶剂，憎水基团指向空气（或气泡）、固体（如水泥颗粒）或非极性液体（如油滴），并作定向排列，形成定向吸附膜而降低水的表面张力。这种表面活性作用是减水剂起减水增强作用的主要原因。

图3.2 (a) 表示水泥加水后，由于水泥颗粒在水中的热运动，水泥颗粒之间在分子力的作用下形成一些絮凝状结构。这种絮凝状结构中包裹着一部分拌和水，使混凝土拌合物的拌和水量相对减少，从而导致流动性下降。水泥浆中加入减水剂后有三方面的作用：

(1) 减水剂在水中电离出离子后，自身带有电荷，在电斥力作用下，使原来水泥的絮凝状结构被打开，如图3.2 (b) 所示，把被束缚在絮凝状结构中的游离水释放出来，使拌合物中的水量相对增加，这就是减水剂分子的分散作用。

（2）减水剂分子中的憎水基团定向吸附于水泥颗粒表面，亲水基团指向水溶剂，在水泥颗粒表面形成一层稳定的溶剂化水膜，如图3.2（c）所示。这样，阻止了水泥颗粒间的直接接触，并在颗粒间起到润滑作用，提高了拌合物的流动性。

（3）水泥颗粒在减水剂的作用下充分分散，增大了水泥颗粒的水化面积，使水化充分，从而也提高了混凝土的强度。

使用减水剂在保持混凝土的流动性和强度都不变的情况下，可以减少拌和用水量和水泥用量，节省水泥。还可改善混凝土拌合物的泌水、离析现象，密实混凝土结构，从而提高混凝土的抗渗性和抗冻性。

3.5.2.2　早强剂

能加速混凝土早期强度发展的外加剂称为早强剂。

早强剂可加速混凝土硬化，缩短养护周期，加快施工进度，提高模板周转率。多用于冬季施工或紧急抢修工程，使混凝土在短时间内即能达到要求的强度。

常用的早强剂有氯盐类、硫酸盐类和有机物类等。在早强剂的基础上，生产应用多种复合型外加剂，如早强减水剂、早强防冻剂和早强泵送剂等。

3.5.2.3　缓凝剂

缓凝剂是能延长混凝土凝结时间的外加剂。

缓凝剂在水泥及其水化物表面上产生吸附作用，或与水泥水化反应生成不溶层而达到缓凝的效果。

缓凝剂能延缓水泥凝结时间、水泥水化放热速度，主要用于高温季节混凝土、大体积混凝土以及远距离运输的商品混凝土。不同水泥品种的缓凝效果不同，使用前应进行试验。

3.5.2.4　速凝剂

速凝剂是掺入混凝土或砂浆中能使混凝土或砂浆迅速凝结硬化的外加剂。它们的作用是加速水泥的水化硬化，在很短的时间内形成足够的强度，以保证特殊施工的要求。《喷射混凝土用速凝剂》（GB/T 35159—2017）按照其产品形态分为液体速凝剂和粉状速凝剂，按碱含量分为无碱速凝剂和有碱速凝剂。

3.5.2.5　引气剂

引气剂是能通过物理作用引入均匀分布、稳定而封闭的微小气泡，且能将气泡保留在硬化混凝土中的外加剂。

引气剂的掺量虽然很小，但对混凝土性能影响很大。其主要有以下影响：

（1）改善混凝土拌合物的和易性。大量微小封闭球状气泡如同滚珠一样，减少了颗粒间的摩擦阻力，使混凝土拌合物流动性增加。同时，水分均匀分布在大量气泡的表面，自由移动的水量减少，拌合物的保水性、黏聚性随之提高。

（2）显著提高混凝土的抗渗性、抗冻性。大量均匀分布的封闭气泡切断了混凝土中的毛细管渗水通道，改变了混凝土的孔结构，使混凝土抗渗性显著提高。

（3）降低混凝土强度。由于大量气泡的存在，减少了混凝土的有效受力面积，使混凝土强度有所降低。

3.5.2.6 防水剂

防水剂是能降低砂浆、混凝土在静水压力下透水性的外加剂。掺入水泥混凝土拌合物中能提高混凝土致密性与防水性。

3.5.2.7 膨胀剂

膨胀剂是在混凝土硬化过程中因化学作用能使混凝土产生一定体积膨胀的外加剂。按水化产物分为硫铝酸钙类混凝土膨胀剂（代号A）、氯化钙类混凝土膨胀剂（代号C）、硫铝酸钙-氧化钙类混凝土膨胀剂（代号AC）。混凝土膨胀剂按限制膨胀率分为Ⅰ型和Ⅱ型。

3.5.2.8 防冻剂

防冻剂是能使混凝土在负温下硬化，并在规定养护条件下达到预期性能的外加剂。按其成分可分为强电解质无机盐类（氯盐类、氯盐阻锈类、无氯盐类）、水溶性有机化合物类、有机化合物与无机盐复合类、复合型防冻剂。目前，工程上使用较多的是复合防冻剂，这类防冻剂同时兼具了防冻、早强、引气、减水等多种性能，可提高防冻剂的防冻效果，且并不影响或降低混凝土的其他性能。

3.5.2.9 泵送剂

3-24

合理选择外加剂

泵送剂是能改善混凝土拌合物泵送性能的外加剂。分引气型和非引气型两类。引气型泵送剂主要由减水剂和引气剂复合；非引气型泵送剂的主要组分为木质素磺酸盐和高效减水剂。工程中使用时需要经试验确定其品种和掺量。

3.5.3 常用外加剂的应用

3.5.3.1 混凝土常用外加剂的选择

外加剂的使用效果受到多种因素的影响，其品种应根据工程设计和施工要求选择。应使用工程原材料，通过试验及技术经济比较后确定。

（1）减水剂中木质素磺酸盐减水剂适用于一般混凝土工程，不宜单独用于冬季施工和蒸养混凝土。萘系和水溶性树脂系减水剂适用于早强、高强、流态、蒸养混凝土。聚羧酸系减水剂适用于早强、高强、蒸养、高性能和自密实混凝土。

（2）早强剂适用于冬季施工、紧急抢修、有早强或防冻要求混凝土。不得超过《混凝土结构设计规范》（GB 50010—2010）规定的最大氯离子含量。有机胺类过量会明显缓凝及降低强度。

（3）引气剂适用于抗冻混凝土、防渗混凝土和泵送混凝土。不宜用于蒸养混凝土和预应力混凝土。

（4）缓凝剂适用于夏季施工、泵送或滑模施工、远距离运输、大体积混凝土。不宜单独用于蒸养混凝土和低于5℃下的施工。

（5）速凝剂适用于隧道、涵洞喷射混凝土或砂浆，抢修、堵漏工程。速凝剂常与减水剂复合使用，以防混凝土后期强度降低。

（6）泵送剂适用于泵送混凝土。使用引气型泵送剂的泵送混凝土需注意控制含气量。

3.5.3.2 外加剂的使用方法

在混凝土搅拌过程中，外加剂的掺加方法对外加剂的使用效果影响较大，也影响外加剂的掺量，掺加方法大体分为先掺法（外加剂先于拌和水加入）、同掺法（外加剂与水一起加入）、后掺法（外加剂滞后于水加入）、二次掺加法（根据混凝土拌合物性能需要或其不能满足施工要求时，现场再次添加外加剂）。根据不同的掺加方法，经试拌确定外加剂的掺量。

任务3.6 混凝土拌合物的技术性质

混凝土拌合物的和易性

混凝土拌合物和易性试验

混凝土的各种组成材料按一定的比例配合、搅拌而成的尚未凝固的材料，称为混凝土拌合物，又称新拌混凝土。混凝土拌合物的主要技术性质是和易性，具备良好和易性的混凝土拌合物，有利于施工和获得均匀而密实的混凝土，从而保证混凝土的强度和耐久性。

3.6.1 和易性的概念

和易性是指混凝土拌合物在各工序（搅拌、运输、浇筑、捣实）施工中易于操作，并能保持其组成成分均匀，不发生分层离析、泌水等现象，并能获得质量均匀、密实的混凝土的性能。和易性是一项综合技术性能，包括流动性、黏聚性和保水性三个方面。

1. 流动性

流动性指混凝土拌合物在自重或机械振捣力的作用下，能产生流动并均匀密实地充满模板的性能。流动性的大小反应拌合物的稀稠程度，直接影响着浇捣施工的难易和混凝土的质量。

（1）拌合物太稠，难以振捣，易造成内部孔隙。

（2）拌合物过稀，会分层离析，影响混凝土的均匀性。

2. 黏聚性

黏聚性指混凝土拌合物内部组分间具有一定的黏聚力，在运输和浇筑过程中不致发生离析分层现象，而使混凝土能保持整体均匀的性能。黏聚性差的混凝土拌合物，易发生分层离析，硬化后产生“蜂窝”“空洞”等缺陷。影响混凝土强度和耐久性。

3. 保水性

保水性指混凝土拌合物具有一定的保持内部水分的能力，在施工过程中不致产生严重的泌水现象。保水性差的混凝土拌合物，在施工过程中，一部分水从内部析出至表面，在混凝土内部形成泌水通道，使混凝土密实性变差，降低混凝土的强度和耐久性，其内部固体颗粒下沉，影响水泥水化。

混凝土的工作性是一项由流动性、黏聚性、保水性构成的综合性能，各性能之间互相关联又互相矛盾。流动性很大时，往往黏聚性和保水性差。反之亦然。黏聚性好，一般保水性较好。因此，所谓的拌合物和易性良好，就是使这三方面的性能，在某种具体条件下得到统一，达到均为良好的状况。

3.6.2 和易性的评价方法

混凝土拌合物的和易性难以用一种简单的测定方法和指标来全面恰当地表达。根据《普通混凝土拌合物性能试验方法》（GB/T 50080—2016）的规定，用坍落度与坍落扩展度和维勃稠度来测定混凝土拌合物的流动性，并辅以直观经验来评定黏聚性和保水性，来评定和易性。

1. 坍落度法

混凝土拌合物维勃稠度试验

坍落度法适用于骨料最大公称粒径不大于40mm、坍落度不小于10mm的混凝土拌合物坍落度的测定。如图3.3所示，将混凝土拌合物按规定的试验方法装入坍落筒内，然后按规定方法垂直提起坍落筒，测量筒高与坍落后混凝土试体最高点之间的高差，即为新拌混凝土的坍落度，以mm为单位。

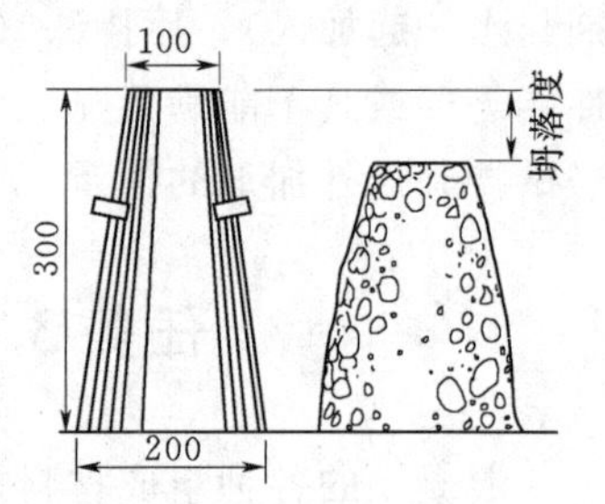

图3.3 坍落度的测定（单位：mm）

坍落度越大，流动性越好。根据混凝土拌合物坍落度S的大小，可按表3.15将混凝土进行分级。

表3.15 混凝土拌合物坍落度等级划分（GB 50164—2011）

级别	S1	S2	S3	S4	S5
坍落度/mm	10～40	50～90	100～150	160～210	≥220

在测定坍落度的同时，辅以直观定性评价的方法评价黏聚性和保水性。

（1）黏聚性评价。用捣棒在已坍落的拌合物锥体侧面轻轻敲打，如果锥体逐步下沉，表示黏聚性良好；如果突然倒塌，部分崩裂或石子离析，则为黏聚性不好。

（2）保水性评价。当提起坍落度筒后如有较多的稀浆从底部析出，锥体部分的拌合物也因失浆而骨料外露，则表明保水性不好。如坍落度筒提起后无稀浆或稀浆较少，则表明保水性良好。

2. 坍落扩展度法

坍落扩展度法适用于骨料最大公称粒径不大于40mm、坍落度不小于160mm的混凝土扩展度的测定。

坍落扩展度试验是在坍落度试验的基础上，用钢尺测量混凝土扩展后最终的最大直径和最小直径，在这两个直径之差小于50mm的条件下，用其算术平均值作为坍落扩展度值；否则，重新取样另行测定。

如果发现粗骨料在中央集堆或边缘有水泥浆析出，表示此混凝土拌合物抗离析性不好，应予记录。

3. 维勃稠度法

维勃稠度法宜用于骨料最大公称粒径不大于40mm，维勃稠度在5～30s的混凝土拌合物维勃稠度的测定。坍落度不大于50mm或干硬性混凝土和维勃稠度大于30s的特干硬性混凝土拌合物的稠度，可采用增实因数法来测定。

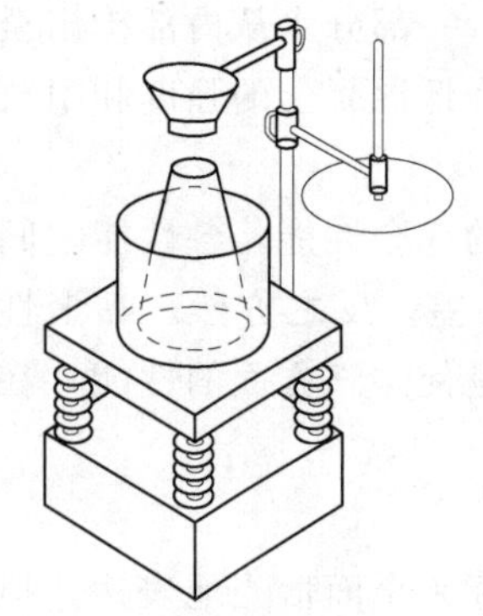
图3.4 维勃稠度仪

维勃稠度试验采用维勃稠度仪（图3.4）测定。其方法是开始在坍落度筒中按规定方法装满拌合物，提起坍落度筒，在拌合物试体顶面放一透明圆盘，开启振动台，同时用秒表计时，当振动到透明圆盘的整个底面与水泥浆接触时停止计时，并关闭振动台。由秒表读出时间即为该混凝土拌合物的维勃稠度值，精确至 1s。

根据混凝土拌合物维勃稠度 t 值大小，可将混凝土按表 3.16 进行分级。

表 3.16　　混凝土拌合物维勃稠度等级划分（GB 50164—2011）

维勃稠度等级	V0	V1	V2	V3	V4
维勃时间/s	≥31	30～21	20～11	10～6	5～3

3.6.3 流动性的选择

混凝土拌合物流动性的选择原则是在保证施工条件及混凝土浇筑质量的前提下，尽可能采用较小的流动性，以节约水泥并获得均匀密实的高质量混凝土。具体可按以下情况选用：

（1）结构构件类型及截面尺寸大小。构件截面尺寸较大时，选用较小的坍落度。

（2）结构构件的配筋疏密。钢筋较疏时，选用较小的坍落度。

（3）输送方式及施工捣实方法。机械振捣时，选用较小的坍落度；人工振捣时，选用较大的坍落度。

根据《水工混凝土施工规范》（SL 677—2014）的规定，混凝土浇筑的坍落度按表 3.17 选用。

表 3.17　　混凝土在浇筑时的坍落度（SL 677—2014）

混凝土类别	坍落度/mm
素混凝土	10～40
配筋率不超过 1%的钢筋混凝土	30～60
配筋率超过 1%的钢筋混凝土	50～90
泵送混凝土	140～220

注　在有温度控制要求或高、低温季节浇筑混凝土时，其坍落度可根据实际情况酌量增减。

目前，流动性混凝土已逐渐被施工单位接受并取得了较好的施工效果。一般情况下，流动性混凝土的坍落度为 100～150mm，泵送高度较大以及在炎热气候下施工时，可采用的坍落度为 150～180mm 或更大一些。

3-28 ▶ 和易性影响因素、改善措施

3.6.4 影响新拌混凝土的和易性的因素

影响混凝土拌合物和易性的因素很多，归结起来主要包括组成材料性质、组成材料用量比例、环境条件及施工工艺等四个方面。

3.6.4.1 组成材料性质

1. 水泥品种

水泥对和易性的影响主要表现在水泥的需水性上。水泥品种不同，其标准稠度用水量也不同，对混凝土流动性影响也不同。如配合比相同，使用矿渣水泥和火山灰水泥时，拌合物的坍落度一般较用普通水泥小，但矿渣水泥将使拌合物的泌水性显著增加。

同种水泥当其用量一定时，水泥颗粒越细，其总表面积越大；相同条件下，混凝土的黏聚性和保水性好，流动性就差。

2. 骨料性质

骨料对混凝土拌合物和易性的影响包括骨料的种类、粗细程度和颗粒级配。河砂和卵石表面光滑无棱角，拌制的混凝土拌合物流动性比碎石拌制的好。采用最大粒径较大、级配良好的骨料，可以减少包裹骨料表面和填充骨料空隙所需的水泥浆量，提高混凝土拌合物的流动性。

3-29

骨料含水量波动对混凝土和易性的影响

3. 外加剂和掺合料

外加剂（如减水剂、引气剂等）对混凝土的和易性有很大的影响。少量的外加剂能使混凝土拌合物在不增加水泥用量的条件下，获得良好的和易性。不仅流动性显著增加，而且还有效地改善拌合物的黏聚性和保水性。掺入硅灰等矿物掺合料，可以节约水泥，减少用水量，改善拌合物的和易性。

3.6.4.2 组成材料用量比例

1. 水泥浆数量

水泥浆作用为填充骨料空隙，包裹骨料形成润滑层，增加流动性。

混凝土拌合物保持水胶比不变的情况下，水泥浆用量越多，流动性越大，反之越小。但水泥浆用量过多，黏聚性及保水性变差，对强度及耐久性产生不利影响。水泥浆用量过小，黏聚性差。因此，水泥浆不能用量太少，但也不能太多，应以满足拌合物流动性、黏聚性、保水性要求为宜。

2. 水胶比

当水泥浆用量一定时，水泥浆的稠度取决于水胶比大小，水胶比（W/B）为用水量与胶凝材料质量之比。当水胶比过小时，水泥浆干稠，拌合物流动性过低，给施工造成困难。水胶比过大，水泥浆太稀使拌合物的黏聚性和保水性变差，产生流浆及离析现象，并严重影响混凝土的强度。故水胶比不能过大或过小，应根据混凝土强度和耐久性要求合理选用。

用水量对混凝土拌合物流动性起决定作用。提高水胶比或增加胶凝材料浆体用量均会表现为混凝土用水量的增加。在试拌混凝土时，不能用单纯改变用水量的办法来调整拌合物的流动性。单纯改变用水量会改变混凝土的强度和耐久性。因此应该在保持水胶比不变的条件下，用调整水泥浆量的办法来调整混凝土拌合物的流动性。

3. 砂率

砂率是指混凝土中砂的质量占砂、石总质量的百分率。砂率的改变会使骨料的总表面积和总空隙率都有显著的变化。砂率过大，空隙率及总表面积大，拌合物干稠，流动性小；砂率过小，砂浆数量不足，流动性降低，且影响黏聚性和保水性。故砂率大小影响拌合物的工作性及水泥用量。

当砂率适宜时，砂不但能填满石子的空隙，而且还能保证粗骨料间有一定厚度的砂浆层，以减小粗骨料的滑动阻力，使拌合物有较好的流动性，这个适宜的砂率称为合理砂率。

当采用合理砂率时，在用水量及水泥用量一定的情况下，能使混凝土拌合物获得最大的流动性，且能保持黏聚性及保水性良好；或者在保证混凝土拌合物获得所要求的流动性及良好的黏聚性及保水性时，水泥用量为最少，如图 3.5 所示。

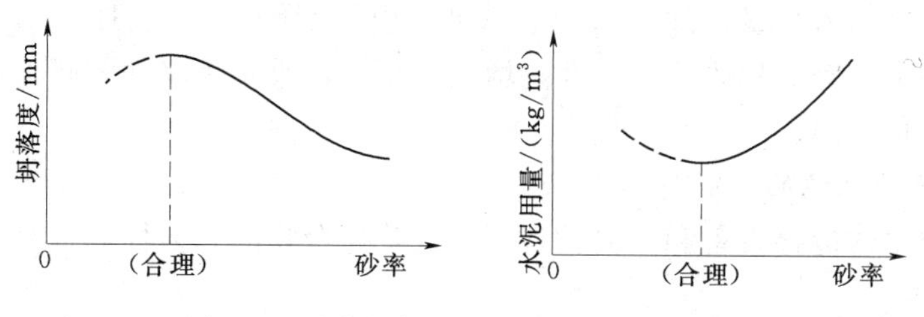

图 3.5 砂率与坍落度和水泥用量的关系

3.6.4.3 环境条件

1. 温度

拌合物的流动性随温度的升高而减小。因为温度升高，水分蒸发及水化反应加快，相应坍落度下降。因此夏季施工必须采取相应的保湿措施，避免拌合物坍落度大幅度损失而影响混凝土的施工工作性。

2. 风速和湿度

风速和大气湿度会影响拌合物水分的蒸发速率，因而影响拌合物的坍落度。风速越大，大气湿度越小，拌合物坍落度的损失越快。时间延长，水分蒸发，坍落度下降。

3. 时间

拌合物的流动性随着时间的延长而逐渐减小的现象称作坍落度的损失。产生坍落度损失的主要原因是拌合物中一部分是参与了胶凝材料的水化反应，另一部分水被骨料表面吸收，还有部分水蒸发了。

3.6.4.4 施工工艺

1. 搅拌方式

混凝土的搅拌分机械搅拌和人工搅拌两种形式。在较短的时间内，搅拌得越完全越彻底，混凝土拌合物的和易性越好。混凝土施工通常宜采用强制式搅拌机搅拌。同样的配合比设计，机械搅拌比人工搅拌效果好。

2. 搅拌时间

实际施工中，搅拌时间不足，拌合物的工作性就差，质量也不均匀；适当延长搅拌时间，可以获得较好的和易性；但搅拌时间过长，会有坍落度损失，流动性反而降低。严重时会影响混凝土的浇筑和捣实。

3.6.5 改善新拌混凝土和易性的措施

1. 调节混凝土的材料组成

(1) 采用适宜的水泥品种和掺合料。

(2) 改善砂、石（特别是石子）的级配，尽量采用总表面积和空隙率均较小的良好级配。

(3) 采用合理砂率，并尽可能使用较低的砂率，提高混凝土质量和节约水泥。

(4) 当拌合物坍落度太小时，保持水胶比不变，增加适量的水泥浆；当拌合物坍落度太大时，保持砂率不变，增加适量的砂、石用量。

2. 掺加各种外加剂

在拌合物中加入少量外加剂（如减水剂、引气剂等），能使拌合物在不增加水泥浆用量的条件下，有效地改善工作性，增大流动性，改善黏聚性，降低泌水性，提高混凝土的耐久性。

3. 提高振捣机械的效能

采用高效率的搅拌设备和振捣设备可以改善拌合物的和易性，提高拌合物的浇捣质量。

3.6.6 普通混凝土拌合物检测

3.6.6.1 拌合物取样与试样制备

1. 取样

（1）混凝土拌合物试验用料取样应根据不同要求，从同一盘搅拌或同一车运送的混凝土中取出；取样量应多于试验所需量的1.5倍，且不小于20L。

（2）混凝土拌合物的取样应具有代表性，宜采用多次采样的方法。一般在同一盘混凝土或同一车混凝土中的约1/4处、1/2处和3/4处分别取样，从第一次取样到最后一次取样不宜超过15min，然后人工搅拌均匀。

（3）从取样完毕到开始做各项性能试验不宜超过5min。

2. 试样的制备

（1）在试验室制备混凝土拌合物时，拌和时试验室的温度应保持在（20±5）℃，所用材料的温度应与试验室温度保持一致。

（2）试验室搅拌混凝土时，材料用量应以质量计。骨料的称量精度应为±0.5%；水泥、掺合料、水、外加剂的称量精度均应为±0.2%。

（3）混凝土拌合物应采用搅拌机搅拌，搅拌前应将搅拌机冲洗干净，并预拌少量混凝土拌合物或水胶比相同的砂浆，搅拌机内壁挂浆后将剩余料卸出；称好的粗骨料、胶凝材料、细骨料和水依次加入搅拌机，难溶和不溶的粉状外加剂宜与胶凝材料同时加入搅拌机，液体和可溶外加剂宜与拌和水同时加入搅拌机。

混凝土拌合物宜搅拌2min以上，直至搅拌均匀。

（4）从试样制备完毕到开始做各项性能试验不宜超过5min。

（5）混凝土拌合物一次搅拌量不宜少于搅拌机公称容量的1/4，不应大于搅拌机公称容量，且不应少于20L。

3.6.6.2 混凝土拌合物的和易性试验——坍落度法

混凝土拌合物坍落度试验

1. 检测目的

本检测用以判断混凝土拌合物的流动性，主要适用于骨料最大公称粒径不大于40mm、坍落度不小于10mm的混凝土拌合物坍落度测定。使用标准为《普通混凝土拌合物性能试验方法标准》（GB/T 50080—2016）。

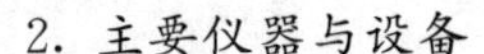
2. 主要仪器与设备

（1）坍落度仪应符合现行行业标准《混凝土坍落度仪》（JG/T 248—2009）的规定。

（2）应配备2把钢尺，钢尺的量程不应小于300mm，分度值不应大于1mm。

（3）底板应采用平面尺寸不小于 1500mm×1500mm、厚度不小于 3mm 的钢板，其最大挠度不应大于 3mm。

（4）捣棒、小铲等。

3. 试验步骤

（1）坍落度筒内壁和底板应湿润无明水；底板应放置在坚实水平面上，并把坍落度筒放在底板中心，然后用脚踩住两边的脚踏板，使坍落度筒在装料时保持在固定的位置；混凝土拌合物试样应分成三层均匀地装入坍落度筒内，每装一层混凝土拌合物，应用捣棒由边缘到中心按螺旋形均匀插捣 25 次，捣实后每层混凝土拌合物试样高度约为筒高的 1/3。

（2）插捣底层时，捣棒应贯穿整个深度，插捣第二层和顶层时，捣棒应插透本层至下一层的表面。

（3）顶层混凝土拌合物装料应高出筒口，插捣过程中，混凝土拌合物低于筒口时，应随时添加。

（4）顶层插捣完毕后，取下装料漏斗，应将多余混凝土拌合物刮去，并沿筒口抹平。

（5）清除筒边底板上的混凝土后，应垂直平稳地提起坍落度筒，并轻放于试样旁边；当试样不再继续坍落或坍落时间达 30s 时，用钢尺测量出筒高与坍落后混凝土试体最高点之间的高度差，作为该混凝土拌合物的坍落度值。

（6）观察坍落后的混凝土拌合物试体的黏聚性与保水性：黏聚性的检查方法是用捣棒在已坍落的混凝土拌合物截锥体侧面轻轻敲打，此时如截锥体试体逐渐下沉（或保持原状），则表示黏聚性良好，如果倒坍、部分崩裂或出现离析现象，则表示黏聚性不好。保水性以混凝土拌合物中稀浆析出的程度来评定，坍落度筒提起后如有较多稀浆从底部析出，锥体部分的混凝土拌合物也因失浆而骨料外露，则表明其保水性能不好。

4. 注意事项

（1）坍落度筒的提离过程应控制在 3～7s；从开始装料到提坍落度筒的整个过程应连续进行，并应在 150s 内完成。

（2）将坍落度筒提起后混凝土发生一边崩塌或剪坏现象时，应重新取样另行测定；第二次试验仍出现一边崩塌或剪坏现象，应予以记录说明。

（3）混凝土拌合物坍落度值测量应精确至 1mm，结果应修约至 5mm。

3.6.6.3　混凝土拌合物的和易性检测验——维勃稠度法

混凝土拌合物稠度试验（维勃稠度法）

1. 检测目的

本方法适用于骨料最大公称粒径不大于 40mm，维勃稠度在 5～30s 的混凝土拌合物稠度测定。

2. 主要仪器与设备

（1）维勃稠度仪。应符合现行行业标准《维勃稠度仪》（JG/T 250—2009）规定。

（2）秒表的精度不应低于 0.1s。

（3）捣棒：直径16mm，长600mm。表面光滑，端部呈半球形。

3. 试验步骤

（1）把维勃稠度仪放置在坚实水平的底面上，用湿布把容器、坍落度筒、喂料斗内壁及其他用具湿润。

（2）将喂料斗提到坍落度筒上方扣紧，校正容器位置，使其中心与喂料中心重合，然后拧紧固定螺丝。

（3）把按要求取得的混凝土试样用小铲分三层经喂料斗均匀地装入筒内，装料及插捣方法应符合要求（与坍落度测定装料方法相同）。

（4）顶层插捣完应将喂料斗转离，沿坍落度筒口刮平顶面，垂直地提起坍落度筒，不应使混凝土拌合物试样产生横向的扭动。

（5）将透明圆盘转到混凝土圆台体顶面，放松测杆螺钉，使透明圆盘转至混凝土锥体上部，并下降至与混凝土顶面接触。

（6）拧紧定位螺钉，开启振动台，同时用秒表计时，当振动到透明圆盘的整个底面与水泥浆接触时应停止计时，并关闭振动台。

4. 试验结果

由秒表记录的时间（s）即为该混凝土拌合物的维勃稠度值，精确至1s。

3－32
混凝土的强度

任务3.7　硬化混凝土的技术性质

3.7.1　混凝土的强度

强度是硬化后混凝土最重要的力学性质，通常用于评定和控制混凝土的质量。

混凝土的强度包括抗压强度、抗拉强度、抗折强度以及混凝土与钢筋的握裹强度等，其中以抗压强度最大，抗拉强度最小。在结构工程中，混凝土主要用于承受压力，并且可以根据抗压强度的大小估算其他强度值。因此，混凝土的抗压强度是最重要的一项性能指标，它常作为结构设计的主要参数，也常用来作为一般评定混凝土质量的指标。

3－33
混凝土立方体抗压强度试验

3.7.1.1　混凝土的强度及强度等级

1. 立方体抗压强度

按照《混凝土物理力学性能试验方法标准》（GB/T 50081—2019）规定方法，制作边长为150mm的立方体试件，在标准条件下［温度（20±2)℃，相对湿度95%以上］养护到28d龄期，测得的抗压强度值为混凝土立方体抗压强度值，以f_{cu}表示，单位为MPa。

采用标准试验方法测定其强度，是为了使混凝土的质量有对比性，混凝土工程施工时，其养护条件（温度、湿度）不可能与标准养护条件一样。为了能说明工程中混凝土实际达到的强度，常将混凝土试件放在与工程相同的条件下进行养护，然后再按所需要的龄期进行试验，测得立方体试件抗压强度值，作为工程混凝土质量控制和质量评定的主要依据。

2. 立方体抗压强度标准值和强度等级

混凝土强度等级应按立方体抗压强度标准值确定。立方体抗压强度标准值是指按标准方法制作、养护的边长为150mm的立方体试件，在28d或设计规定龄期以标准试验方法测得的具有95%保证率的抗压强度值。

按照《混凝土结构设计规范》（GB 50010—2010），普通混凝土分为C15、C20、C25、C30、C35、C40、C45、C50、C55、C60、C65、C70、C75和C80。如C30表示立方体抗压强度标准值为30N/mm^{2}的混凝土强度等级。混凝土强度等级是混凝土结构设计、施工质量控制和工程验收的重要依据。

混凝土的等级选择要求如下：

（1）素混凝土结构的混凝土强度等级不应低于C15。

（2）钢筋混凝土结构的混凝土强度等级不应低于C20。

（3）采用强度等级400MPa及以上的钢筋时，混凝土强度等级不应低于C25。

（4）预应力混凝土结构的混凝土强度等级不宜低于C40，且不应低于C30。

（5）承受重复荷载的钢筋混凝土构件，混凝土强度等级不应低于C30。

3. 轴心抗压强度

在实际工程中，钢筋混凝土结构大部分是棱柱体或圆柱体的结构形式，采用棱柱体试件比立方体试件能更好地反映混凝土在受压构件中实际受压情况。在钢筋混凝土结构计算中，计算轴心受压构件时，都是采用轴心抗压强度f_{cp}作为依据。目前我国采用150mm×150mm×300mm的棱柱体作为轴心抗压强度的标准试件。试验表明，棱柱体试件抗压强度与立方体试件抗压强度之比为0.7～0.8。

4. 抗拉强度

混凝土的抗拉强度只有抗压强度的1/20～1/10，且随着强度等级的提高其比值变小。抗拉强度值可作为抗裂度的指标，也可间接衡量混凝土与钢筋间的黏结强度。

抗拉强度的检测方法有轴向拉伸试验和劈裂抗拉强度试验。

3.7.1.2　影响混凝土强度的因素

混凝土的强度主要取决于水泥石强度及其与骨料的黏结强度。主要受水泥强度等级和水胶比、骨料性能、养护条件、施工质量及试验条件的影响。

1. 水泥强度等级和水胶比

普通混凝土的受力破坏，主要出现在水泥石与骨料的分界面上以及水泥石中。原因是这些部位往往存在有孔隙、水隙和潜在微裂缝等结构缺陷，是混凝土中的薄弱环节。所以混凝土的强度主要决定于水泥石的强度及其与骨料间的黏结力。而水泥石的强度及其与骨料间的黏结力又取决于水泥的强度等级及水胶比的大小，因此水泥强度等级和水胶比是影响混凝土强度的最主要因素。在水胶比不变时，水泥强度等级越高，则硬化水泥石强度越大，对骨料的胶结力就越强，配制成的混凝土强度也就越高。在水泥强度等级相同的条件下，混凝土的强度主要取决于水胶比。因为水泥水化时所需的结合水，一般只占水泥质量的23%左右，但在拌制混凝土拌合物时，为了获得必要的流动性常需要较多的水，即较大的水胶比。当混凝土硬化后，多余的水分就残留在混凝土中形成水泡或蒸发后形成气孔，大大地减少了混凝土抵抗荷载的实际有效断面，而且可能在孔隙周围产生应力集中。因此可以认为，在水泥强度等级相同的情况下，水胶比越小，水泥石的强度越高，与骨料黏结力也越大，混凝土的强度就越高。但应注意，如果水胶比太小，拌合物过于干硬，在一定的捣实成型条件下，无法保证浇筑质量，混凝土中将出现较多的蜂窝、孔洞，强度也将下降。

试验证明，在材料相同的情况下，混凝土强度随水胶比的增大而降低的规律呈曲线关系，如图 3.6（a）所示；而混凝土强度与胶水比（水胶比的倒数）的关系则呈直线关系，如图 3.6（b）所示。

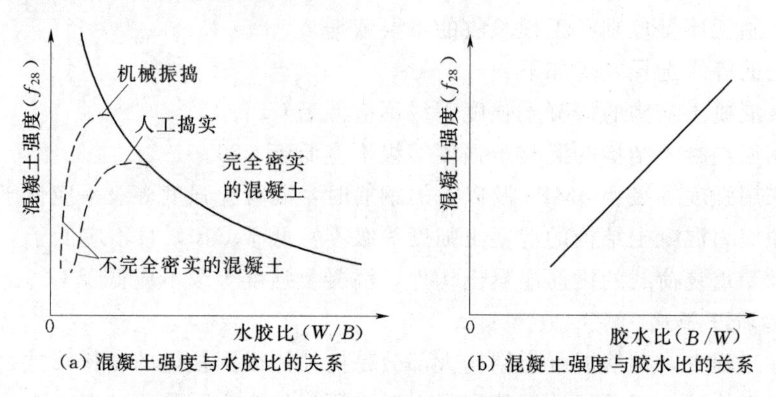

图 3.6　混凝土强度与水胶比和胶水比的关系

根据大量试验结果及工程实践经验得出，混凝土强度与胶水比、水泥实际强度等因素之间保持近似恒定的关系，通常采用的经验公式为

$$f_{cu}=\alpha_a f_{ce}\left(\frac{B}{W}-\alpha_b\right) \tag{3.7}$$

式中　f_{cu}——混凝土 28d 抗压强度，MPa；

f_{ce}——水泥的实际强度，MPa，在无法取得水泥实际强度数据时，可用式 $f_{ce}=\gamma_c f_{ce,g}$ 计算，其中 $f_{ce,g}$ 为水泥强度等级，γ_c 为水泥的富裕系数；

B/W——胶水比；

α_a、α_b——经验系数，与骨料的品种、水泥品种等因素有关。当采用碎石时，$\alpha_a=0.53$、$\alpha_b=0.20$；采用卵石时 $\alpha_a=0.49$、$\alpha_b=0.13$。

以上经验公式，一般只适用于混凝土强度等级小于 C60 的流动性混凝土和塑性混凝土，对干硬性混凝土不适用。

利用上述经验公式，可以初步解决以下两个问题：当所采用的水泥强度等级已定，欲配制某种强度的混凝土时，可以估计应采用的水胶比值；当已知所采用的水泥强度等级及水胶比值时，可以估计混凝土 28d 可能达到的强度。

2. 骨料性能

骨料强度的影响：一般骨料强度越高，所配制的混凝土强度越高，这在低水胶比和配制高强度混凝土时，特别明显。

骨料级配的影响：当级配良好、砂率适当时，由于组成了坚强密实的骨架，有利于混凝土强度提高。

骨料形状的影响：表面粗糙并富有棱角的骨料，与水泥石的胶结力较强，对混凝土的强度有利，故在相同水泥强度等级及相同水胶比的条件下，碎石混凝土的强度较卵石混凝土高。

当骨料中含有的杂质较多，品质低劣也会降低混凝土的强度。

【工程实例分析 3.1】 骨料杂质多危害混凝土强度。

现象：某中学一栋砖混结构教学楼，在结构完工，进行屋面施工时，屋面局部倒塌。审查设计方面，未发现任何问题。对施工方面审查发现：所设计为 C20 的混凝土，施工时未留试块，事后鉴定其强度仅 C10 左右，在断口处可清楚看出砂石未洗净，骨料中混有鸽蛋大小的黏土块和树叶等杂质。此外，梁主筋偏于一侧，梁的受拉区 1/3 宽度内几乎无钢筋。

原因分析：骨料的杂质对混凝土强度有重大的影响，必须严格控制杂质含量。树叶等杂质固然会影响混凝土的强度，而泥黏附在骨料的表面，妨碍水泥石与骨料的黏结，降低混凝土强度，还会增加拌和水量，加大混凝土的干缩，降低抗渗性和抗冻性。泥块对混凝土性能影响严重。

【工程实例分析 3.2】 碎石形状对混凝土和易性的影响。

现象：某混凝土搅拌站原混凝土配方均可生产出性能良好的泵送混凝土。后因供应的问题进了一批针片状多的碎石。当班技术人员未重视，仍按原配方配制混凝土，后发觉混凝土坍落度明显下降，难以泵送，临时现场加水泵送。请对此过程予以分析。

原因分析：(1) 混凝土坍落度下降的原因。因碎石针片状增多，表面积增大，在其他材料及配方不变的条件下，其坍落度必然下降。

(2) 当坍落度下降难以泵送，简单的现场加水虽可解决泵送问题，但对混凝土的强度及耐久性都有不利影响，还会引起泌水等问题。

3. 养护条件

混凝土浇捣完毕后，必须保持适当的温度和足够的湿度，使水泥充分的水化，以保证混凝土强度的不断发展。

(1) 湿度。在干燥环境中，混凝土强度的发展，会随水分的逐渐蒸发而停止，并容易引起干缩裂缝。图 3.7 为混凝土强度与保湿养护发展的关系。一般规定，采用自

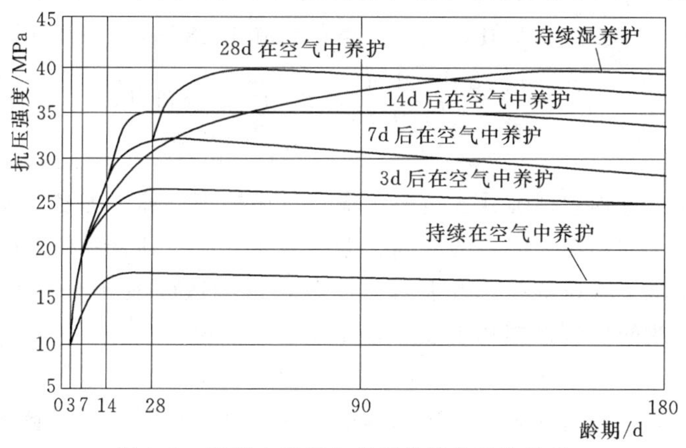

图 3.7　混凝土强度与保湿养护发展的关系

然养护时，对硅酸盐水泥、普通水泥和矿渣水泥拌制的混凝土，浇水保湿的养护日期应不少于7d，对火山灰水泥、粉煤灰水泥、掺有缓凝型外加剂或有抗渗性要求的混凝土，则不得少于14d。

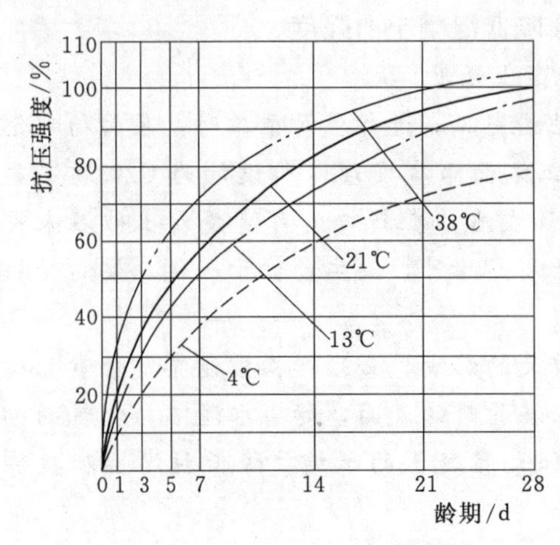

图3.8 温度对混凝土早期强度的影响

（2）温度。养护温度对混凝土强度的发展有很大的影响。温度较高时，混凝土的强度发展较快，故在混凝土预制品工厂中，经常采用蒸汽养护的方法来加速预制构件的硬化，提高其早期强度。温度较低时，强度发展比较缓慢，当温度低于冰点时，混凝土强度停止发展，且有冰冻破坏的危险，故冬季施工时，应采取一定的保温措施。由图3.8可看到养护温度对混凝土强度发展影响。温度大致在4°C以下混凝土强度增长率急剧降低。

（3）龄期。龄期是指混凝土在正常养护条件下经历的时间。在正常养护条件下，混凝土的强度将随着龄期的增加而不断发展，最初7～14d内较快，以后便逐渐缓慢，28d以后更慢，但强度的增长过程可延续数十年之久。在标准养护条件下的混凝土强度大致与其龄期的对数成正比，工程中常利用这一关系，根据混凝土的早期强度，估算其后期强度。

$$\frac{f_{cu,n}}{\lg n}=\frac{f_{cu,28}}{\lg 28} \tag{3.8}$$

式中 $f_{cu,28}$——混凝土在标准条件下养护28d的抗压强度，MPa；

$f_{cu,n}$——混凝土n天龄期抗压强度，MPa；

n——龄期，d，$n\geqslant 3$。

【例3.2】 某混凝土在标准条件［温度（20±2）℃，相对湿度大于95%］下养护7d，测得其抗压强度为21.0MPa，试估算该混凝土28d抗压强度。

［解］ 根据式（3.8），将数据代入，得该混凝土28d抗压强度f_{28}为

$$f_{28}=\frac{\lg 28}{\lg 7}f_7=\frac{1.45}{0.85}\times 21.0=35.8(\text{MPa})$$

4．施工质量

混凝土的施工过程包括搅拌、运输、浇筑、振捣现场养护等多个环节，受到各种不确定性随机因素的影响。配料的准确、振捣密实程度、拌合物的离析、现场养护条件的控制，以及施工单位的技术和管理水平等，都会造成混凝土强度的变化。因此，必须采取严格有效的控制措施和手段，以保证施工质量。

5．试验条件

有时混凝土的原材料、施工工艺和养护条件等完全相同，但试验条件不同，所得结果也会有很大不同。

（1）试件尺寸：试件尺寸越小，测得强度越高。试件尺寸越大，内部孔隙、缺陷等出现的概率越大，导致有效受力面积的减小及应力集中，从而引起强度降低。

（2）试件形状：当试件受压面积相同时，高宽比越大，抗压强度越小。这是由于试件受压时，试件受压面与试件承压板之间的摩擦力，对试件的横向膨胀起着约束作用，有利于强度的提高，该作用称为环箍效应。

（3）表面状态：受压表面加润滑剂时，环箍效应减少，测出强度值较低。

（4）加荷速度：加荷速度越快，测得强度值越高。这是因为加荷速度较快时，材料变形滞后于荷载的增加。

3.7.1.3　提高混凝土强度的措施

实际施工中为了加快施工进度，提高模板的周转率，常需提高混凝土的早期强度。一般采取以下措施：

（1）采用高等级的水泥和早强型水泥。

（2）采用较小水胶比。

（3）采用坚实洁净、级配良好的骨料。

（4）掺入混凝土外加剂、掺合料。在混凝土中掺入减水剂或早强剂，可提高混凝土的强度或早期强度。另外在混凝土中掺入某些磨细矿物掺合料，也可提高混凝土的强度，如硅灰、粉煤灰、磨细矿渣等，可配制出强度等级为 C60～C100 的高强混凝土。

（5）采用机械搅拌和振捣。

（6）强化混凝土养护。

采用蒸汽养护和蒸压养护的方式可以有效提高混凝土的早期强度，加速水泥的水化和硬化。

混凝土的变形和耐久性

3.7.2　混凝土的变形性能

混凝土在硬化和使用中，因受各种因素的影响会产生变形，这些变形是使混凝土产生裂缝的重要原因之一，从而影响混凝土的强度与耐久性。因此必须对这些变形性质的基本规律和影响因素有所了解。

1. 非荷载变形

（1）化学收缩。由于混凝土中的水泥水化后生成物的体积比反应前物质的总体积小，从而使混凝土收缩，这种收缩称为化学收缩。化学收缩是不能恢复的，其收缩量随混凝土硬化龄期的延长而增加，一般在混凝土成形后 40 多天内增加较快，以后渐趋稳定。

（2）湿胀干缩变形。混凝土的湿胀干缩变形取决于周围环境的湿度变化。当混凝土在水中硬化时，会产生微小的膨胀。当混凝土在空气中硬化时，混凝土产生收缩。这种收缩在混凝土再次吸水变湿时，可大部分消失。混凝土的湿胀变形量很小，一般没有破坏作用。但干缩变形对混凝土的危害较大，可使混凝土表面出现较大的拉应力，引起表面开裂，使混凝土的耐久性严重降低。

混凝土干缩变形主要是由混凝土中水泥石的干缩所引起，骨料对干缩具有制约作用。故混凝土中水泥浆含量越多，混凝土的干缩率越大。塑性混凝土的干缩率较干硬性混凝土大得多。因此，混凝土单位用水量的大小，是影响干缩率大小的重要因素。当骨料最大粒径较大，级配较好时，由于能减少用水量，故混凝土干缩率较小。

混凝土中所用水泥的品种及细度对干缩率有很大影响。如火山灰水泥的干缩最大，粉煤灰水泥的干缩率较小。水泥的细度越小，干缩率也越大。

骨料的种类对干缩率也有影响。使用弹性模量较大的骨料，混凝土干缩率较小。使用吸水性大的骨料，其干缩率一般较大。当骨料中含泥量较多时，会增大混凝土的干缩。

延长潮湿养护时间，可推迟干缩的发生和发展，但对混凝土的最终干缩率并无显著影响。采用湿热处理可减小混凝土的干缩率。

(3) 碳化收缩。碳化收缩是由于空气中的二氧化碳与水泥石中的水化产物氢氧化钙的不断作用，而引起混凝土体积收缩。碳化收缩的程度与空气的相对湿度有关，当相对湿度为30%～50%时，收缩值最大。碳化收缩过程常伴随着干缩收缩，在混凝土表面产生拉应力，导致混凝土表面产生微细裂缝。

(4) 温度变形。混凝土的温度变形表现为热胀冷缩。混凝土的温度膨胀系数随骨料种类及配合比的不同而有差别。

温度变形对大体积混凝土非常不利。在混凝土硬化初期，水泥水化放出较多的热量，混凝土是热的不良导体，散热缓慢，使混凝土内部温度较外部为高，产生较大的内外温差，在外表混凝土中将产生很大拉应力，严重时使混凝土产生裂缝。因此，对大体积混凝土工程，必须尽量设法减少混凝土发热量，如采用低热水泥，减少水泥用量，采取人工降温等措施。

对纵向较长的钢筋混凝土结构物，应采取每隔一段长度设置伸缩缝以及在结构物中设置温度钢筋等措施减小温度变形。

2. 荷载作用下的变形

混凝土在荷载作用下的变形包括短期荷载作用下的变形和长期荷载作用下的变形。

(1) 短期荷载作用下的变形——弹塑性变形。混凝土内部是一种不匀质的材料，它不是一种完全的弹性体，而是一种弹塑性体。受力既产生可以恢复的弹性变形，又产生不可恢复的塑性变形。应力与应变之间的关系不是直线而是曲线。

(2) 长期荷载作用下的变形——徐变。混凝土在长期荷载作用下除了产生瞬间的弹性变形和塑性变形外，还会产生随着时间而增长的非弹性变形，称为徐变，也称蠕变。徐变变形的增长，在加荷初期较快，然后逐渐减慢。一般要延续2～3年才逐渐趋于稳定。

混凝土不论是受压、受拉或受弯时，均有徐变现象。徐变对钢筋混凝土构件来说，能消除钢筋混凝土内的应力集中，使应力较均匀地重新分布；对于大体积混凝土，则能消除一部分由于温度变形所产生的破坏应力。但是在预应力钢筋混凝土结构中，徐变将使钢筋的预加应力受到损失，而降低结构的承载能力。影响混凝土徐变的因素主要有以下几个方面：

1) 应力。应力是影响混凝土徐变的主要因素，应力值越大，徐变量越大。

2）水泥用量。水泥用量越大，水胶比越大，徐变量越大。

3）养护条件。养护温度越高、养护环境湿度越大、养护龄期越长，混凝土的徐变量越小。

4）加载龄期。混凝土受荷时龄期越短，徐变量越大。加强养护使混凝土尽早凝结硬化或采用蒸汽养护，均可减小混凝土的徐变量。

5）水泥品种。用普通水泥比用矿渣水泥、火山灰水泥制作的混凝土徐变量相对要大。

3.7.3　混凝土的耐久性

混凝土除具有设计要求的强度，以保证其能安全地承受设计荷载外，还应根据其周围的自然环境以及使用条件，具有经久耐用的性能。例如，受水压作用的混凝土，要求具有抗渗性；与水接触并遭受冰冻作用的混凝土，要求具有抗冻性；处于侵蚀性环境中的混凝土，要求具有相应的抗侵蚀性等。因此把混凝土抵抗环境介质作用，并长期保持其良好的使用性能和外观完整性，从而维持混凝土结构的安全、正常使用的能力称为耐久性。

3-35

混凝土抗渗性试验

混凝土的耐久性主要包括抗渗、抗冻、抗侵蚀以及抗碱-骨料反应等性能。《普通混凝土长期性能和耐久性试验方法标准》（GB/T 50082—2009）对此做出了相关规定。

1. 抗渗性

混凝土的抗渗性是指混凝土抵抗压力水、油等液体渗透的能力。

3-36

混凝土抗渗性试验（逐级加压法）

混凝土的抗渗性用抗渗等级表示。抗渗等级是以28d龄期的标准试件，按标准试验方法进行试验时所能承受的最大水压力来确定。《水工混凝土结构设计规范》（SL 191—2008）根据混凝土试件在抗渗试验时所能承受的最大水压力，混凝土的抗渗等级划分为W2、W4、W6、W8、W10、W12等六个等级，相应表示能抵抗0.2MPa、0.4MPa、0.6MPa、0.8MPa、1.0MPa及1.2MPa的静水压力而不渗水。

混凝土渗水的原因主要是内部的孔隙形成了连通的渗水孔道。这些孔道主要来源于水泥浆中多余水分蒸发而留下的气孔、水泥浆泌水所形成的毛细管孔道及骨料下部界面聚积的水隙。另外，施工振捣不密实或由其他一些因素引起的裂缝，也是使混凝土抗渗性下降的原因。

抗渗性是混凝土的一项重要性质，它直接影响混凝土的抗冻性和抗侵蚀性。当混凝土的抗渗性较差时，不但容易透水，而且由于水分渗入内部，当有冰冻作用或环境水中含侵蚀性介质时，混凝土就容易受到冰冻或侵蚀作用而破坏。对钢筋混凝土还可能引起钢筋的锈蚀和保护层的开裂和剥落。

结构所需的混凝土抗渗等级应根据所承受的水头、水力梯度以及下游排水条件、水质条件和渗透水的危害程度等因素确定。

提高混凝土抗渗性应通过合理选择水泥品种，降低水胶比，提高混凝土密实度和改善孔隙结构等措施。

2. 抗冻性

混凝土的抗冻性是指混凝土在使用环境中，经受多次冻融循环作用，能保持强度和外观完整性的能力。在寒冷地区，特别是在接触水又受冻的环境下的混凝土，要求具有较高的抗冻性能。

《普通混凝土长期性能和耐久性试验方法标准》（GB/T 50082—2009）规定，检测混凝土的抗冻性能有三种方法：慢冻法、快冻法和单面冻融法（或称盐冻法）。

慢冻法适用于测定混凝土试件在气冻水融条件下，以经受的冻融循环次数来表示的混凝土抗冻性能。慢冻法测定混凝土试件的抗冻标号，以28d龄期的混凝土100mm×100mm×100mm立方体标准试件吸水饱和状态下，进行冻融循环。每25次循环宜对冻融试件进行一次外观检查。当冻融循环出现下列三种情况之一时，可停止冻融循环试验：一是达到规定的循环次数；二是抗压强度损失率已达到25%；三是质量损失率已达到5%。抗冻标号应以抗压强度损失率不超过25%或质量损失率不超过5%时的最大循环次数确定。抗冻标号有D25、D50、D100、D150、D200、D250、D300及D300以上。

快冻法以经受的快速冻融循环次数来表示混凝土抗冻性能。抗冻等级以相对动弹性模量下降至不低于60%或质量损失率不超过5%时的最大循环次数确定，并用符号F表示。根据《水工混凝土结构设计规范》（SL 191—2008），水工混凝土的抗冻等级分为F50、F100、F150、F200、F250、F300、F400共7个等级。

单面冻融法（或称盐冻法）适用于测定混凝土试件在大气环境中且与盐接触的条件下，以能够经受冻融循环次数或者表面剥落质量或超声波相对动弹性模量来表示的混凝土抗冻性能。

3-37

混凝土抗冻性试验（快冻法）

3-38

混凝土动弹性模量试验

混凝土的抗冻性主要取决于混凝土密实度、内部孔隙的大小与构造以及含水程度。密实混凝土或具有闭口孔隙的混凝土具有较好的抗冻性。最有效的方法是掺入引气剂、减水剂和防冻剂。

3. 抗侵蚀性

当混凝土所处的环境中含有酸、碱、盐等侵蚀性介质时，混凝土便会受到侵蚀。

混凝土的抗侵蚀性与所用水泥品种、混凝土的密实度和孔隙特征等有关。结构密实和孔隙封闭的混凝土，环境水不易侵入，抗侵蚀能力强。

用于地下工程、海岸与海洋工程等恶劣环境中的混凝土对抗侵蚀性有着更高的要求，提高混凝土抗侵蚀性的主要措施是合理选择水泥品种，降低水胶比，提高混凝土密实度和改善孔隙结构。

4. 混凝土的碳化

混凝土的碳化作用是空气中的二氧化碳与水泥石中的氢氧化钙发生化学作用，生成碳酸钙和水。碳化过程是二氧化碳由表及里向混凝土内部逐渐扩散的过程。碳化对混凝土最主要的影响是使混凝土的碱度降低，减弱了对钢筋的保护作用，可能导致钢筋锈蚀。碳化还会引起混凝土收缩，容易使混凝土的表面产生微细裂缝。

混凝土的碳化深度随着时间的延续而增大，但增大的速率逐渐减慢。影响碳化速度的环境因素是二氧化碳浓度及环境湿度等。试验证明，碳化速度随空气中二氧化碳浓度的增高而加快。在相对湿度50%左右的环境中，碳化速度最快，当相对湿度达100%，或相对湿度小于25%时，碳化停止进行。

为了减少碳化作用对钢筋混凝土结构的不利影响，采用的措施有合理选择水泥品种、使用减水剂改善混凝土和易性、加强施工质量提高混凝土的密实度、在混凝土表面涂刷保护层等。

5. 碱-骨料反应

混凝土碱-骨料反应是指在有水的条件下，水泥中过量的碱性氧化物（Na_2O、K_2O）与骨料中的活性 SiO_2 发生的反应，生成碱-硅酸凝胶，该凝胶吸水膨胀，造成混凝土膨胀开裂，使混凝土的耐久性严重下降的现象。

解决碱-骨料反应的技术措施主要有选用低碱度水泥；选用非活性骨料；在水泥中掺活性混合料以吸收水泥中的钠、钾离子；掺引气剂，释放碱-硅酸凝胶的膨胀压力等。

6. 提高混凝土耐久性的主要措施

混凝土在受到压力水、冰冻或化学侵蚀作用时所处的环境和使用条件常常是不同的，因此要求的耐久性也有较大差别，但对提高混凝土的耐久性措施来说，却有很多共同之处。总的来说，混凝土的耐久性，主要取决于组成材料的品质与混凝土本身的密实度。

提高混凝土耐久性的措施主要有以下几方面：

（1）根据混凝土工程的特点和所处环境条件，选用合适的水泥品种。

（2）选用质量良好、级配合格的砂石骨料，使用合理砂率配制混凝土。

（3）控制混凝土的最大水胶比和最小胶凝材料用量。水胶比的大小直接影响混凝土的密实度，而控制最小胶凝材料的用量，确保骨料颗粒间的黏结强度。在混凝土配合比设计中，对设计使用年限为50年的混凝土结构，最大水胶比和最小胶凝材料用量必须严格按《普通混凝土配合比设计规程》（JGJ 55—2011）的规定确定，详见表3.23。

（4）掺外加剂和高活性的矿物掺合料。使用减水剂和引气型的减水剂，降低了混凝土的水胶比，改善了混凝土内部的孔隙构造。掺加硅灰、粉煤灰等高活性矿物材料，增大混凝土的密实性和强度。

（5）加强施工振捣。尽量采用机械振捣，保证振捣均匀、密实，提高混凝土施工质量，减少硬化混凝土中的孔隙、空洞，提高混凝土结构密实性，确保硬化混凝土的结构质量。

（6）用涂料、防水砂浆、瓷砖、沥青等进行表面防护，防止混凝土的腐蚀和碳化。

【工程实例分析3.3】 掺合料搅拌不均致使混凝土强度低。

现象：某工程使用等量的42.5普通硅酸盐水泥粉煤灰配制C25混凝土，工地现场搅拌，为赶进度搅拌时间较短。拆模后检测，发现所浇筑的混凝土强度波动大，部分低于所要求的混凝土强度指标，请分析原因。

原因分析：该混凝土强度等级较低，而选用的水泥强度等级较高，故使用了较多的粉煤灰作掺合剂。由于搅拌时间较短，粉煤灰与水泥搅拌不够均匀，导致混凝土强度波动大，以致部分混凝土强度未达要求。

【工程实例分析3.4】 混凝土质量差梁断倒塌。

现象：某地一住宅一层砖混结构浇注后约两个月拆模时突然梁断倒塌。施工队队长介绍，混凝土配合比是根据当地经验配制的，重量比1∶2.33∶4，水胶比为0.68，使用32.5普通水泥。现场未粉碎混凝土用回弹仪测试，读数极低，最高仅13.5MPa，最低为0。请分析混凝土质量低劣的原因。

原因分析：其混凝土质量低劣有几方面的原因：①所用水泥质量差；②水胶比较大，即使所使用的32.5普通水泥能保证质量，但按此水胶比配制的混凝土亦难以达到C20的强度等级。

3.7.4 混凝土抗压强度检测

3.7.4.1 取样与试件制备

1. 取样

(1) 混凝土的取样与制备应符合《普通混凝土拌合物性能试验方法标准》(GB/T 50080—2016) 中的有关规定。

3-39

混凝土试件的成型与养护

(2) 每组试件所用的拌合物应从同一盘混凝土或同一车混凝土中取样。取样或实验室拌制的混凝土应尽快成型。

2. 试件制作与养护

(1) 应以同一龄期者为一组，每组至少为3个同时制作并同样养护的混凝土试件。

(2) 采用实验室拌制的混凝土制作试件时，其材料用量应以质量计，称量的精度为：水泥、掺合料、水和外加剂均为±0.2%；骨料为±0.5%。

(3) 制作试件前应将试模擦拭干净并在其内壁均匀涂刷一薄层矿物油或其他不与混凝土发生反应的隔离剂。试模内壁隔离剂应均匀分布，不应有明显沉积。

(4) 宜根据混凝土拌合物的稠度或试验目的确定适宜的成型方法，混凝土应充分密实，避免分层离析。

采用振动台成型时，应将混凝土拌合物一次性装入试模，装料时应用抹刀沿试模内壁插捣并使混凝土拌合物高出试模上口。振动时应防止试模在振动台上自由跳动。振动应持续到表面出浆且无明显大气泡溢出为止，不得过振。

人工插捣时，混凝土拌合物应分两层装入试模，每层的装料厚度大致相等。插捣应按螺旋方向从边缘向中心均匀进行。插捣底层混凝土时，捣棒应达到试模底部；插捣上层时，捣棒应贯穿上层后插入下层20～30mm；插捣时捣棒应保持垂直，不得倾斜，插捣后应用抹刀沿试模内壁插拔数次。每层的插捣次数10000mm^{2}截面积内不得少于12次。插捣后用橡皮锤或木槌轻轻敲击试模四周，直至插捣棒留下的空洞消失为止。刮除多余的混凝土，并用抹刀抹平。

(5) 试件成型后刮除试模上口多余的混凝土，待混凝土临近初凝时，用抹刀沿着试模口抹平。试件表面与试模边缘的高度差不得超过0.5mm。

(6) 试件成型后应用塑料薄膜覆盖表面，或采取其他保持试件表面湿度的方法。成型后应在温度为(20±5)℃、相对湿度大于50%的室内静置1～2d，然后编号标记、拆模。

试件拆模后应立即放入温度为（20±2）℃，相对湿度为95%以上的标准养护室中养护，或在温度为（20±2）℃的不流动氢氧化钙饱和溶液中养护。标准养护室内的试件应放在支架上，彼此间隔10～20mm，试件表面应保持潮湿，但不得用水直接冲淋试件。

试件的养护龄期可分为1d、3d、7d、28d、56d或60d、84d或90d、180d等，也可根据设计龄期或需要进行确定，龄期应从搅拌加水开始计时。

3.7.4.2 立方体抗压强度检测

1. 检测目的

测定混凝土立方体试件的抗压强度。检测依据为《混凝土物理力学性能试验方法标准》（GB/T 50081—2019）。

3-40

混凝土拌合物表观密度试验

3-41

混凝土立方体抗压强度试验

2. 试件尺寸

当骨料最大粒径为31.5mm时，试件最小横截面尺寸为100mm×100mm；当骨料最大粒径为37.5mm时，试件最小横截面尺寸为150mm×150mm；当骨料最大粒径为63.0mm时，试件最小横截面尺寸为200mm×200mm。

3. 主要仪器与设备

振动台、压力试验机、钢垫板、捣棒、小铁铲、试模、钢板、卡尺、抹刀等。

4. 试验步骤

（1）试件自养护室取出后，随即擦干并量出其尺寸（精确至1mm），计算试件的受压面积A（mm^2）。

（2）试件放入试验机前，应将试件表面与上、下承压板面擦拭干净。以试件成型时的侧面为承压面，应将试件安放在试验机的下压板或垫板上，试件的中心应与试验机下压板中心对准。

启动试验机，试件表面与上、下承压板或钢垫板应均匀接触。

（3）试验过程中应连续均匀加荷。当立方体抗压强度小于30MPa时，加荷速度宜取0.3～0.5MPa/s；立方体抗压强度为30～60MPa时，加荷速度宜取0.5～0.8MPa/s；立方体抗压强度不小于60MPa时，加荷速度宜取0.8～1.0MPa/s。

手动控制压力机加荷速度时，当试件接近破坏开始急剧变形时，应停止调整试验机油门，直至破坏，并记录破坏荷载。

5. 试验结果计算

混凝土立方体抗压强度应按下式计算：

$$f_{cc}=\frac{F}{A} \tag{3.9}$$

式中　f_{cc}——混凝土立方体试件抗压强度，MPa，精确至0.1MPa；

F——破坏荷载，N；

A——试件承压面积，mm^2。

以三个试件测值的算术平均值作为该组试件的抗压强度值。三个测值中的最大值或最小值中有一个与中间值的差值超过中间值的15%时，则把最大及最小值剔除，取中间值作为该组试件的抗压强度值。若最大值和最小值与中间值的差值均超过中间值的15%，则该组试件的试验结果无效。

当混凝土强度等级小于C60时，用非标准试件测得的强度值均应乘以尺寸换算系数。对200mm×200mm×200mm的试件可取1.05，对100mm×100mm×100mm的试件可取0.95。

当混凝土强度等级不小于C60时，宜采用标准试件；当使用非标准试件，且混凝土强度等级不大于C100时，尺寸换算系数宜由试验确定，在未进行试验确定的情况下，对100mm×100mm×100mm的试件可取0.95；混凝土强度等级大于C100时，尺寸换算系数应经试验确定。

混凝土质量控制和强度评定

任务3.8 混凝土的质量控制和强度评定

3.8.1 混凝土的质量控制

混凝土质量控制的目标是使所生产的混凝土能按规定的保证率满足设计要求。包括混凝土生产前的初步控制，混凝土生产过程中的控制和混凝土生产后的混凝土合格性控制几个方面。《混凝土质量控制标准》(GB 50164—2011)对此作出了相关规定。

1. 原材料质量控制

对混凝土原材料进行质量控制，包括所使用的水泥、粗细骨料、矿物掺合料、外加剂和水均需满足相应的标准要求。

2. 混凝土性能要求

质量控制须满足混凝土几方面的性能要求，包括混凝土拌合物坍落度等性能要求，抗压强度等力学性能要求，收缩、徐变的长期性能要求和耐久性要求。

3. 配合比控制

混凝土配合比不仅应满足强度要求，还应满足施工性能和耐久性能的要求。根据现场情况，如因天气或施工情况变化可能影响混凝土质量，需要对配合比进行适当调整。

4. 生产水平控制

混凝土强度标准差、实测强度达到强度标准值组数的百分率是表征生产控制水平的重要指标。按强度评价混凝土生产控制水平主要体现在：强度满足要求，分散性小，且合格保证率高。

5. 生产与施工质量控制

(1) 一般规定。混凝土生产施工之前应制定完整的技术方案，并应做好各项准备工作。混凝土拌合物在运输和浇筑成型过程中严禁加水。

(2) 原材料进场。混凝土原材料进场时应具有质量证明文件，质量证明文件存档备案作为原材料验收文件的一部分。

(3) 计量。采用电子计量设备进行计量有利于混凝土质量控制，特别是拌和水和外加剂用量对混凝土性能影响较大，需准确计量。

(4) 搅拌。预拌混凝土应采用强制式搅拌机搅拌，保证混凝土搅拌均匀，并避免水泥直接接触热水。

（5）运输。搅拌罐车是控制混凝土拌合物性能稳定的重要运输工具。

（6）浇筑成型。混凝土浇筑质量控制目标为浇筑的均匀性、密实性和整体性。

（7）养护。养护是水泥水化及混凝土硬化正常发展的重要条件，制定施工养护方案或生产养护制度应作为必不可少的规定，同时，应有实施过程的养护记录，供存档备案。

6. 混凝土质量检验

混凝土质量检验包括混凝土原材料质量检验、混凝土拌合物性能检验和硬化混凝土性能验收。以现行国家标准《混凝土强度检验评定标准》（GB/T 50107—2010）和行业标准《混凝土耐久性检验评定标准》（JGJ/T 193—2009）检验混凝土的强度和耐久性。

3.8.2　普通混凝土强度的评定方法

混凝土施工复杂、程序多，强度难免会出现波动。为保证混凝土强度符合工程质量要求，需统一混凝土强度的检验评定方法，《混凝土强度检验评定标准》（GB/T 50107－2010 ）对混凝土的取样、试验，以及混凝土强度检验评定作出了规定。

混凝土强度应分批进行检验评定。一个检验批的混凝土应由强度等级相同、龄期相同以及生产工艺条件和配合比基本相同的混凝土组成。

混凝土强度检验评定有统计方法评定和非统计方法评定两种。

3.8.2.1　统计方法的基本概念

在混凝土的正常连续生产中，可用数理统计方法来检验混凝土强度或其他技术指标是否达到质量要求。综合评定混凝土质量可用统计方法的几个参数进行，它们是算术平均值、标准差、变异系数和保证率等。下面以混凝土强度为例来说明统计方法的一些基本概念。

1. 混凝土强度的波动规律——正态分布

在正常施工的情况下，对混凝土材料来说许多因素都是随机的，所以混凝土强度的变化也是随机的。测定其强度时，若以混凝土的强度为横坐标，以某一强度出现的概率为纵坐标，绘出的强度概率密度分布曲线一般符合正态分布曲线（图 3.9）。

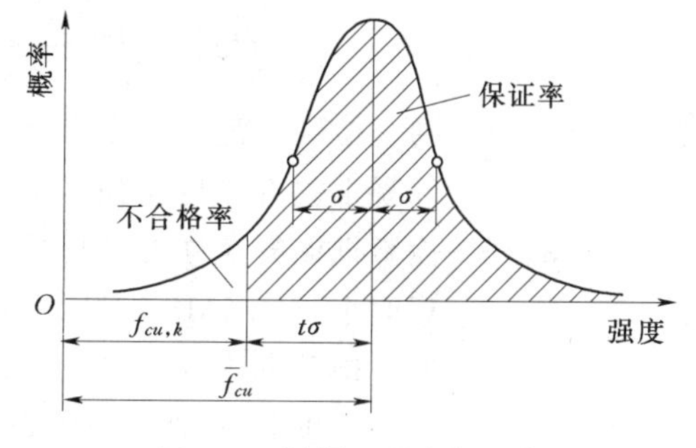

图 3.9　混凝土强度保证率

正态分布曲线高峰为混凝土平均强度的概率。以平均强度为对称轴，左右两边曲线是对称的。距对称轴越远，出现的概率就越小，并逐渐趋于零。曲线和横坐标之间的面积为概率的总和，等于 100％ 。

正态分布曲线越矮而宽，表示强度数据的离散程度越大，说明施工控制水平越差。曲线窄而高，说明强度测定值比较集中，波动较小，混凝土的均匀性好，施工水平较高。

2. 混凝土强度平均值、标准差、变异系数

混凝土强度平均值 $\overline{R}$，为所有试件组强度的算术平均值，可以反映混凝土总体强

度平均水平，但不能反映强度的波动情况。

混凝土强度标准差（又称均方差）σ，是强度分布曲线上拐点离开强度平均值的距离。σ 值越大，则强度分布曲线越宽而矮，说明强度的离散程度较大，混凝土的质量越不均匀。

变异系数 C_v，又称离差系数或标准差系数，是标准差与平均强度的比值。C_v 值越小，说明混凝土质量越稳定。

标准差 σ 或变异系数 C_v 都是评定混凝土均匀性的指标，都可用作评定混凝土生产质量水平的指标。

3. 混凝土的强度保证率

混凝土的强度保证率是指混凝土强度分布整体中，大于设计强度等级的概率，以正态分布曲线上的阴影部分来表示（图 3.9）。在进行混凝土配合比设计时，《混凝土质量控制标准》（GB 50164—2011）规定强度保证率不应小于 95%。

3.8.2.2　统计方法评定

1. 采用统计方法评定的规定

当连续生产的混凝土，生产条件在较长时间内保持一致，且同一品种、同一强度等级的混凝土的强度变异性保持稳定时，混凝土强度检验评定按连续 3 组试件检测方法进行。其他情况应按样本容量不少于 10 组检测方法进行。

2. 连续 3 组试件检测

一个检验批的样本容量应为连续的 3 组试件，其强度应符合式（3.10）要求。

$$
\begin{cases}
m_{f_{cu}} \geqslant f_{cu,k} + 0.7\sigma_0 \\
m_{f_{cu,\min}} \geqslant f_{cu,k} - 0.7\sigma_0 \\
m_{f_{cu,\min}} \geqslant 0.85 f_{cu,k} \quad (\leqslant \text{C20}) \\
m_{f_{cu,\min}} \geqslant 0.90 f_{cu,k} \quad (> \text{C20}) \\
\sigma_0 = \sqrt{\dfrac{\sum\limits_{i=1}^{n} f_{cu,i}^2 - n m_{f_{cu}}^2}{n-1}}
\end{cases}
\tag{3.10}
$$

式中　$m_{f_{cu}}$——同一检验批混凝土立方体抗压强度的平均值，MPa，精确到 0.1MPa；

$f_{cu,k}$——混凝土立方体抗压强度标准值，MPa，精确到 0.1MPa；

σ_0——检验批混凝土立方体抗压强度的标准差，MPa，精确到 0.01MPa，计算值小于 2.5MPa 时取 2.5MPa；

$f_{cu,i}$——前一检验期内同一品种、同一强度等级的第 i 组混凝土试件的立方体抗压强度代表值，MPa，精确到 0.1MPa；该检验期不应少于 60d，也不得大于 90d；

n——前一检验期内的样本容量，不小于 45；

$f_{cu,\min}$——同一检验批混凝土立方体抗压强度的最小值，MPa，精确到 0.1MPa。

3. 样本容量不少于 10 组检测

当混凝土的生产条件不能满足上述规定时，或在前一检验期内的同一品种混凝土没有足够的强度数据用以确定检验批混凝土强度标准差时，应由不少于 10 组的试件组成一个检验批，其强度应同时满足式（3.11）和式（3.12）的要求。

$$\begin{cases} m_{f_{cu}} \geqslant f_{cu,k} + \lambda_1 S_{f_{cu}} \\ f_{cu,\min} \geqslant \lambda_2 f_{cu,k} \end{cases} \tag{3.11}$$

$$S_{f_{cu}} = \sqrt{\frac{\sum_{i=1}^{n} f_{cu,i}^2 - n m_{f_{cu}}^2}{n-1}} \tag{3.12}$$

式中 $S_{f_{cu}}$——同一检验批混凝土立方体抗压强度标准差，MPa，精确到0.01MPa；计算值小于2.5MPa时取2.5MPa；

n——本检验期内的样本容量；

λ_1、λ_2——合格评定系数，按表3.18取值。

表3.18 混凝土强度的合格评定系数（GB/T 50107—2010）

试件组数	10～14	15～19	≥20
λ_1	1.15	1.05	0.95
λ_2	0.90	0.85	

3.8.2.3 非统计方法评定

当用于评定的样本容量小于10组时，应采用非统计方法，按式（3.13）评定混凝土强度。

$$\begin{cases} m_{f_{cu}} \geqslant \lambda_3 f_{cu,k} \\ f_{cu,\min} \geqslant \lambda_4 f_{cu,k} \end{cases} \tag{3.13}$$

式中 λ_3、λ_4——合格判定系数，当混凝土强度等级小于C60时，λ_3为1.15，λ_4为0.95；混凝土强度等级不小于C60时，λ_3为1.10，λ_4为0.95。

3.8.2.4 混凝土强度合格性判定

（1）当检验结果满足合格条件时，则该批混凝土强度判定为合格；否则为不合格。

（2）对于评定为不合格批的混凝土，可按国家现行有关标准进行处理。

【例3.3】 某施工现场拌制C30级混凝土，从中抽取6组试件，其强度分别为35.0MPa、32.0MPa、34.0MPa、27.0MPa、30.0MPa、34.0MPa，按非统计法评定该批混凝土强度是否合格。

［解］（1）平均值条件。

$$m_{f_{cu}} = \frac{35.0+32.0+34.0+27.0+30.0+34.0}{6} = 32.0(\text{MPa}) < 1.15\times 30 = 34.5(\text{MPa})$$

（2）最小值条件。

$$f_{cu,\min} = 27.0(\text{MPa}) < 0.95\times 30 = 28.5(\text{MPa})$$

（3）检验结果表明，两个评定条件均未满足要求，该批混凝土强度评为不合格，即混凝土的强度没有达到C30级的要求。

【例3.4】 3个施工单位同样生产C20混凝土。甲单位管理水平较高，乙单位管理水平中等，丙单位管理水平较低，统计甲、乙、丙3个单位混凝土的标准差6分别为3.0MPa、4.0MPa、6.0MPa，试分析标准差的大小对试配强度大小以及对混凝土成本的影响。

［分析］ 混凝土强度等级是根据混凝土强度总体分布的平均值减去1.645倍标准差确定的，这样可以保证混凝土强度标准值具有95%的保证率，充分地保证了结构的安全。从这个定义推定，抽样检验的 N 组试件混凝土强度平均值一定大于或等于混凝土设计强度等级，而强度平均值的大小取决于施工管理水平，即取决于标准差的大小。

3种施工水平的单位均按95%的保证率要求控制混凝土的平均强度。

甲单位 N 组混凝土强度平均值 $\overline{f}_{cu}=20+1.645\times3.0=24.94$（MPa）

乙单位 N 组混凝土强度平均值 $\overline{f}_{cu}=20+1.645\times4.0=26.58$（MPa）

丙单位 N 组混凝土强度平均值 $\overline{f}_{cu}=20+1.645\times6.0=29.87$（MPa）

由此可以看出，施工质量好（标准差为3.0MPa）的混凝土强度平均值24.94MPa与施工质量低劣（标准差为6.0MPa）的混凝土强度平均值29.87MPa具有同等的保证率。因此，施工人员必须明确，要尽量提高施工管理水平，使混凝土强度标准差降至最低值，这样既能保证工程质量又降低了工程造价，是真正有效的节约措施。

［评注］ σ 的大小反映了该施工单位的质量管理水平，提高混凝土的质量控制，可以降低工程成本。

任务3.9 普通混凝土的配合比设计

3-43

配合比设计1

3.9.1 配合比设计基本知识

1. 配合比及配合比设计

混凝土的配合比是指混凝土的各组成材料数量之间的质量比例关系。

确定比例关系的过程叫配合比设计。普通混凝土配合比，应根据原材料性能及对混凝土的技术要求进行计算，并经试验室试配、调整后确定。普通混凝土的组成材料主要包括水泥、粗骨料、细骨料和水，随着混凝土技术的发展，外加剂和掺合料的应用日益普遍，因此，其掺量也是配合比设计时需选定的。

2. 配合比的表示方法

（1）单位用量表示法。以1m^3混凝土中各项材料的质量表示，混凝土中的水泥、水、细骨料、粗骨料的实际用量按顺序表达，如水泥300kg、水182kg、砂680kg、石子1310kg。

（2）相对质量表示法。是以水泥、水、砂、石之间的相对质量比及水胶比表达，如上例可表示为1∶2.27∶4.37，$W/B=0.61$。

3. 混凝土配合比设计的基本要求

配合比设计的任务，就是根据原材料的技术性能及施工条件，确定出能满足工程所要求的技术经济指标的各项组成材料的用量。其基本要求如下：

(1) 达到混凝土结构设计要求的强度等级。

(2) 满足混凝土施工所要求的和易性要求。

(3) 满足工程所处环境和使用条件对混凝土耐久性的要求。

(4) 符合经济原则，节约水泥，降低成本。

4. 混凝土配合比设计基本资料

在进行混凝土的配合比设计前，需确定和了解的基本资料，即设计的前提条件，主要有以下几个方面：

(1) 混凝土设计强度等级和强度的标准差，以确定混凝土的配置强度。

(2) 材料的基本情况。包括水泥品种、强度等级、实际强度、密度；掺合料的种类和掺量；砂的种类、表观密度、细度模数、含水率；石子种类、表观密度、含水率；是否掺外加剂，外加剂种类。

(3) 混凝土的施工方法，以便选择坍落度指标。

(4) 工程所处环境对混凝土耐久性的要求；以便确定混凝土的最大水胶比和最小胶凝材料用量。

(5) 结构构件几何尺寸及钢筋配筋情况，以便确定粗骨料的最大粒径。

5. 确定三个基本参数

混凝土的配合比设计，实质上就是确定单位体积混凝土拌合物中水、胶凝材料、砂和石子这 4 项组成材料之间的三个比例关系。即水和胶凝材料用量之间的比例——水胶比；砂与砂和石子总量的比例——砂率；骨料与水泥浆之间的比例——单位用水量。在配合比设计中能正确确定这三个基本参数，就能使混凝土满足配合比设计的 4 项基本要求。

确定这三个参数的基本原则是：在满足混凝土的强度和耐久性的基础上，确定水胶比。在满足混凝土施工要求和易性要求的基础上，根据粗骨料的种类和规格确定混凝土的单位用水量；砂的数量应以填充石子空隙后略有富余的原则来确定砂率。

6. 混凝土配合比设计的步骤

混凝土的配合比设计是一个计算、试配、调整的复杂过程，共分 4 个步骤，共需确定 4 个配合比。

(1) 按照原材料性能和混凝土的技术要求，计算出初步配合比。

(2) 按照初步配合比，拌制混凝土，并测定和调整和易性，得到满足和易性要求的基准配合比。

(3) 在基准配合比的基础上，成型混凝土试件，养护至规定龄期后测定强度，确定满足设计和施工强度要求的比较经济的实验室配合比。

(4) 根据施工现场的砂、石实际含水率对实验室配合比进行调整，求出施工配合比。

3-44

配合比设计 2

3.9.2 初步配合比的确定

《普通混凝土配合比设计规程》(JGJ 55—2011) 规定，初步配合比按以下步骤和方法通过计算的方式确定。

3.9.2.1 确定混凝土配制强度

在工程中配制混凝土时，如果所配制的混凝土的强度 $f_{cu,0}$ 等于设计强度 $f_{cu,k}$，这时混凝土的强度保证率只有 50%。因此，为了保证工程混凝土具有设计所要求的 95%的强度保证率，在混凝土配合比设计时，必须使配制强度大于设计强度。根据《普通混凝土配合比设计规程》（JGJ 55—2011）的规定，当混凝土的设计强度等级小于 C60 时，配制强度可按下式计算：

$$f_{cu,0} \geqslant f_{cu,k} + 1.645\sigma \tag{3.14}$$

式中 $f_{cu,0}$——混凝土配制强度，MPa；

$f_{cu,k}$——混凝土立方体抗压强度标准值，即混凝土的设计强度，MPa；

σ——混凝土强度标准差，MPa。

当混凝土的设计强度等级不小于 C60 时，配制强度可按下式计算：

$$f_{cu,0} \geqslant 1.15 f_{cu,k} \tag{3.15}$$

施工单位有统计资料时，可根据同类混凝土的强度资料确定。对于强度等级不大于 C30 的混凝土，当混凝土强度标准差计算值不小于 3.0MPa 时，照实取用；计算值小于 3.0MPa 时，应取 3.0MPa。对于强度等级大于 C30 且小于 C60 的混凝土，当混凝土强度标准差不小于 4.0MPa 时，照实取用；计算值小于 4.0MPa 时，应取 4.0MPa。

当施工单位无历史统计资料时，可按表 3.19 选用。

表 3.19 混凝土强度标准差 σ 取值

混凝土强度标准值	≤C20	C25～C45	C50～C55
σ/MPa	4.0	5.0	6.0

3.9.2.2 确定水胶比（W/B）

1. 计算水胶比

当混凝土的设计强度等级小于 C60 时，混凝土水胶比按式（3.16）计算：

$$\frac{W}{B} = \frac{\alpha_a f_b}{f_{cu,0} + \alpha_a \alpha_b f_b} \tag{3.16}$$

式中 $f_{cu,0}$——混凝土配制强度，MPa；

B——每立方米混凝土中胶凝材料的用量，kg；

W——每立方米混凝土中水的用量，kg；

α_a、α_b——回归系数，与骨料的品种、水泥品种等因素有关，可通过试验建立的水胶比与混凝土强度关系式确定。当不具备上述统计资料时，采用碎石时 $\alpha_a = 0.53$、$\alpha_b = 0.20$；采用卵石时 $\alpha_a = 0.49$、$\alpha_b = 0.13$；

f_b——胶凝材料 28d 胶砂抗压强度（MPa），可实测，且试验方法应按《水泥胶砂强度检验方法（ISO 法）》（GB/T 17671—2021）执行。当 f_b 无实测值时，可按式（3.17）计算：

$$f_b = \gamma_f \gamma_s f_{ce} \tag{3.17}$$

其中
$$f_{ce}=\gamma_c f_{ce,g} \tag{3.18}$$

式中 γ_f——粉煤灰影响系数，可按表3.20选用；

γ_s——粒化高炉矿渣粉影响系数，可按表3.20选用；

f_{ce}——水泥的实际强度，MPa，在无法取得水泥的实际强度数据时，可用式（3.18）选用；

$f_{ce,g}$——水泥强度等级；

γ_c——水泥的富裕系数，可按实际统计资料确定，当缺乏统计资料时，也可按表3.21选用。

表3.20　粉煤灰影响系数 γ_f 和粒化高炉矿渣粉影响系数 γ_s

掺量/%	粉煤灰影响系数 γ_f	粒化高炉矿渣粉影响系数 γ_s
0	1.00	1.00
10	0.85～0.95	1.00
20	0.75～0.85	0.95～1.00
30	0.65～0.75	0.90～1.00
40	0.55～0.65	0.80～0.90
50	—	0.70～0.85

注 1. 采用Ⅰ级、Ⅱ级粉煤灰宜取上限值。

2. 采用S75级粒化高炉矿渣粉宜取下限值，采用S95级粒化高炉矿渣粉宜取上限值，采用S105级粒化高炉矿渣粉可取上限值加0.05。

3. 当超出表中的掺量时，粉煤灰和粒化高炉矿渣粉影响系数应经试验确定。

表3.21　水泥强度等级值的富裕系数

水泥强度等级	32.5	42.5	52.5
富裕系数 γ_c	1.12	1.16	1.10

2. 按耐久性校核水胶比

《混凝土结构设计规范》（GB 50010—2010）和《普通混凝土配合比设计规程》（JGJ 55—2011）对混凝土的最大水胶比和最小胶凝材料用量做出了相应规定，见表3.22。

表3.22　混凝土的最大水胶比和最小胶凝材料用量

环境类别	环境条件	最大水胶比	最低强度等级	最大氯离子含量/%	最小胶凝材料用量/kg		
					素混凝土	钢筋混凝土	预应力混凝土
一	室内干燥环境； 无侵蚀性静水浸没环境	0.60	C20	0.30	250	280	300
二a	室内潮湿环境； 非严寒和非寒冷地区的露天环境； 非严寒和非寒冷地区与无侵蚀性的水和土壤直接接触的环境； 严寒和寒冷地区的冰冻线以下与无侵蚀性的水和土壤直接接触的环境	0.55	C25	0.20	280	300	300

续表

环境类别	环境条件	最大水胶比	最低强度等级	最大氯离子含量/%	最小胶凝材料用量/kg		
					素混凝土	钢筋混凝土	预应力混凝土
二 b	干湿交替环境； 水位频繁变动环境； 严寒和寒冷地区的露天环境； 严寒和寒冷地区的冰冻线以上与无侵蚀性的水和土壤直接接触的环境	0.50 (0.55)	C30 (C25)	0.15	320		
三 a	严寒和寒冷地区冬季水位变动区环境； 受除冰盐影响环境；海风环境	0.45 (0.50)	C35 (C30)	0.15	330		
三 b	盐渍土环境； 受除冰盐作用环境； 海岸环境	0.40	C40	0.10	330		

注　1. 氯离子含量系指其占胶凝材料总量的百分比。

2. 处于严寒和寒冷地区二 b、三 a 环境中的混凝土应使用引气剂，并可采用括号中的参数。

3.9.2.3　确定用水量和外加剂用量

1. 用水量的确定

根据施工要求的混凝土拌合物的坍落度、所用骨料的种类及最大粒径查表 3.23 得到。水灰比小于 0.40 的混凝土及采用特殊成型工艺的混凝土的用水量应通过试验确定。流动性和大流动性混凝土的用水量可以查表中坍落度为 90mm 的用水量以此为基础，按坍落度每增大 20mm，用水量增加 5kg，计算出用水量。

掺外加剂时的用水量可按式（3.19）计算：

$$m_{w0}=m'_{w0}(1-\beta) \tag{3.19}$$

式中　m_{w0}——掺外加剂时每立方米混凝土的用水量，kg；

m'_{w0}——未掺外加剂时的每立方米混凝土的用水量，kg；

β——外加剂的减水率，%，经试验确定。

表 3.23　**塑性混凝土用水量**

坍落度/mm	用水量/(kg/m³)							
	卵石最大公称粒径/mm				碎石最大公称粒径/mm			
	10.0	20.0	31.5	40.0	16.0	20.0	31.5	40.0
10～30	190	170	160	150	200	185	175	165
35～50	200	180	170	160	210	195	185	175
55～70	210	190	180	170	220	205	195	185
75～90	215	195	185	175	230	215	205	195

注　1. 本表用水量是采用中砂时的取值。采用细砂时，每立方米混凝土用水量增加 5～10kg；采用粗砂时，则可减少 5～10kg。

2. 采用各种外加剂或掺合料时，用水量应相应调整。

表 3.24　　**干硬性混凝土用水量**

维勃稠度/s	用水量/(kg/m³)					
	卵石最大公称粒径/mm			碎石最大公称粒径/mm		
	10.0	20.0	40.0	16.0	20.0	40.0
16～20	175	160	145	180	170	155
11～15	180	165	150	185	175	160
5～10	185	170	155	190	180	165

2. 外加剂用量的确定

每立方米混凝土中外加剂的用量 m_{a0} 可按式（3.20）计算：

$$m_{a0}=m_{b0}\beta_a \tag{3.20}$$

式中　m_{a0}——计算配合比中每立方米混凝土的外加剂用量，kg；

m_{b0}——计算配合比中每立方米混凝土的胶凝材料用量，kg；

β_a——外加剂的掺量,%，经试验确定。

3.9.2.4　确定胶凝材料、矿物掺合料和水泥用量

1. 确定胶凝材料用量

（1）计算胶凝材料用量。每立方米混凝土胶凝材料用量（m_{b0}）（包括水泥和矿物掺合料总量）的确定。可根据已选定的混凝土用水量 m_{w0} 和水胶比（W/B）按式（3.21）求出胶凝材料用量：

$$m_{b0}=\frac{m_{w0}}{W/B} \tag{3.21}$$

（2）按耐久性要求校核胶凝材料用量。对于设计使用年限为 50 年的混凝土结构，应按表 3.22 中规定的最大水胶比进行耐久性校核。为保证混凝土的耐久性，由以上计算得出的胶凝材料用量还要满足有关规定的最小胶凝材料用量的要求，如算得的胶凝材料用量少于规定的最小胶凝材料用量，则应取规定的最小胶凝材料用量值。

2. 确定矿物掺合料用量

每立方米混凝土矿物掺合料用量 m_{f0}。按式（3.22）计算：

$$m_{f0}=m_{b0}\beta_f \tag{3.22}$$

式中　β_f——矿物掺合料掺量,%，矿物掺合料在混凝土中的掺量应通过试验确定。

采用硅酸盐水泥或普通硅酸盐水泥时，钢筋混凝土和预应力混凝土中矿物掺合料最大掺量应符合相关规定。

3. 确定水泥用量

每立方米混凝土水泥用量（m_{c0}）按式（3.23）计算：

$$m_{c0}=m_{b0}-m_{f0} \tag{3.23}$$

式中　m_{c0}——每立方米混凝土的水泥用量，kg。

3.9.2.5　确定砂率

砂率可由试验或历史经验资料选取。如无历史资料，坍落度为 10～60mm 的混凝

土的砂率可根据粗骨料品种、最大粒径及水胶比按表3.25选取。坍落度大于60mm的混凝土的砂率，可经试验确定，也可在表3.25的基础上，按坍落度每增大20mm，砂率增大1%的幅度予以调整。坍落度小于10mm的混凝土，其砂率应经试验确定。

表3.25　混凝土的砂率（JGJ 55—2011）

水胶比	砂率/%					
	卵石最大公称粒径/mm			碎石最大公称粒径/mm		
	10.0	20.0	40.0	16.0	20.0	40.0
0.40	26～32	25～31	24～30	30～35	29～34	27～32
0.50	30～35	29～34	28～33	33～38	32～37	30～35
0.60	33～38	32～37	31～36	36～41	35～40	33～38
0.70	36～41	35～40	34～39	39～44	38～43	36～41

注　1. 本表数值系中砂的选用砂率，对细砂或粗砂，可相应地减小或增大砂率。
2. 只用一个单粒级粗骨料配制混凝土时，砂率应适当增大。
3. 采用人工砂时，砂率可适当增大。

3.9.2.6 计算粗、细骨料用量

1. 质量法

质量法又称假定表观密度法，是指假定一个混凝土拌合物的表观密度值，联立已确定的砂率，可得式（3.24）的方程组，进一步计算可求得1m³混凝土拌合物中粗、细骨料用量。

$$\begin{cases} m_{c0}+m_{f0}+m_{g0}+m_{s0}+m_{w0}=m_{cp} \\ \beta_s=\dfrac{m_{s0}}{m_{s0}+m_{g0}}\times 100\% \end{cases} \tag{3.24}$$

式中　m_{c0}——每立方米混凝土的水泥用量，kg；

m_{f0}——每立方米混凝土的矿物掺合料用量，kg；

m_{g0}——每立方米混凝土的粗骨料用量，kg；

m_{s0}——每立方米混凝土的细骨料用量，kg；

m_{w0}——每立方米混凝土的用水量，kg；

m_{cp}——每立方米混凝土拌合物的假定质量（其值可取2350～2450kg），kg；

β_s——砂率，%。

2. 体积法

体积法是假定混凝土拌合物的体积等于各组成材料的绝对体积与拌合物中所含空气的体积之和。联立1m³混凝土拌合物的体积和混凝土的砂率两个方程，可得式（3.25）的方程组，从而求得1m³混凝土拌合物中粗、细骨料用量。

$$\begin{cases} \dfrac{m_{c0}}{\rho_c}+\dfrac{m_{f0}}{\rho_f}+\dfrac{m_{g0}}{\rho_g'}+\dfrac{m_{s0}}{\rho_s'}+\dfrac{m_{w0}}{\rho_w}+0.01\alpha=1 \\ \beta_s=\dfrac{m_{s0}}{m_{s0}+m_{g0}}\times 100\% \end{cases} \tag{3.25}$$

式中 ρ_c——水泥密度（可取2900～3100kg/m³），kg/m³；

ρ_f——矿物掺合料密度，kg/m³；

ρ_g'——粗骨料的表观密度，kg/m³；

ρ_s'——细骨料的表观密度，kg/m³；

ρ_w——水的密度（可取1000kg/m³），kg/m³；

α——混凝土的含气量百分数（在不使用引气型外加剂时，α可取1）。

配合比设计3

3.9.3 基准配合比的确定

1. 基准配合比的含义及确定思路

由于在计算初步配合比过程中，使用了一些经验公式和经验数据，所以按初步配合比的结果拌制的混凝土，其和易性不一定能够完全符合施工要求。

为此，确定基准配合比的思路是先按照初步配合比拌制一定量的混凝土，然后检验其和易性，必要时进行和易性调整，直至和易性满足设计要求时，各种材料的用量比即为基准配合比。

2. 基准配合比的确定

（1）试配混凝土拌合物。试配时，粗骨料最大公称粒径不大于31.5mm时，混凝土的最小搅拌量为20L，骨料最大粒径为40mm时，混凝土的最小搅拌量为25L。当采用机械搅拌时，其搅拌量不应小于搅拌机公称容量的1/4且不应大于搅拌机公称容量。

（2）检验和易性。混凝土搅拌均匀后即要检测拌合物的和易性。根据流动性、黏聚性和保水性的测评结果，综合判断和易性是否满足要求。若不符合设计要求，则要保持初步配合比中的水胶比不变，进行其他有关材料的用量的调整，具体调整方法参考表3.26。

表3.26 新拌混凝土和易性调整方法

试配混凝土的实测情况	调整方法
混凝土较稀，实测坍落度大于设计要求	保持砂率不变的前提下，增加砂、石用量；或保持水胶比不变，减少水和水泥用量
混凝土较稠，实测坍落度小于设计要求	保持水胶比不变，增加水泥浆用量。每增大10mm坍落度值，需增加水泥浆5%～8%
由于砂浆过多，引起坍落度过大	降低砂率
砂浆不足以包裹石子、黏聚性、保水性不良	单独加砂，增大砂率

需要注意的是，每次调整材料用量后，都须重新拌制混凝土并再次测定流动性，观察评价黏聚性和保水性，直到流动性、黏聚性和保水性均满足设计要求时，混凝土拌合物的和易性才算合格。

（3）计算基准配合比。

1）计算调整至和易性满足要求后拌合物的总质量$=C_{拌}+S_{拌}+G_{拌}+W_{拌}$。

2）测定混凝土拌合物的实际表观密度$\rho_{c,t}$(kg/m³)。

3）按式（3.26）计算混凝土基准配合比，以1m³混凝土各材料用量计。

$$\begin{cases} C_{基}=\dfrac{C_{拌}}{C_{拌}+S_{拌}+G_{拌}+W_{拌}}\rho_{c,t} \\ S_{基}=\dfrac{S_{拌}}{C_{拌}+S_{拌}+G_{拌}+W_{拌}}\rho_{c,t} \\ G_{基}=\dfrac{G_{拌}}{C_{拌}+S_{拌}+G_{拌}+W_{拌}}\rho_{c,t} \\ W_{基}=\dfrac{W_{拌}}{C_{拌}+S_{拌}+G_{拌}+W_{拌}}\rho_{c,t} \end{cases} \tag{3.26}$$

则基准配合比为$1:\dfrac{S_{基}}{C_{基}}:\dfrac{G_{基}}{C_{基}}:\dfrac{W_{基}}{C_{基}}$，其中$C$表示水泥，$S$表示砂，$G$表示石子，$W$表示水。

3.9.4 实验室配合比的确定

1. 实验室配合比的含义及确定思路

实验室配合比是同时满足和易性和强度要求的混凝土各组成材料用量之比。

经调整后的基准配合比虽工作性已满足要求，但其硬化后的强度是否真正满足设计要求还需要通过强度试验检验。实验室配合比确定思路是在基准配合比拌制混凝土、制作标准试块，标准养护到规定龄期后，测定混凝土试块的强度，若强度不合格则需调整，直至强度满足要求后，得到的混凝土各组成材料的质量之比即为混凝土的实验室配合比。

2. 制作标准试块

采用三个不同的配合比分别制作三组混凝土标准试块（每组三块），其中一组为基准配合比，另外两个较基准配合比的水胶比分别增加和减少0.05。其用水量应与基准配合比的用水量相同，砂率可分别增加和减少1%。

若有耐久性等指标要求，相应增加制作试块的组数。制作混凝土强度试验试件时，每组试件的拌合物均要测定流动性、黏聚性、保水性，直至合格后再测定及拌合物的表观密度。当不同水胶比的混凝土拌合物稠度与要求值差值超过允许值时，可采取增减用水量的措施进行调整。

3. 测定强度，确定水胶比

将三组试块置于标准条件下养护至28d龄期或达到设计规定的龄期，分别测定每组试块的抗压强度。绘制28d抗压强度与其相对应的胶水比（B/W）关系曲线，用作图法或计算法求出与混凝土配制强度相对应的胶水比，进一步换算成水胶比。

4. 确定用水量

混凝土的用水量可以在基准配合比的基础上，根据制作强度试件时测得的流动性进行调整确定，或者是取基准配合比的用水量。

5. 确定其他材料用量

胶凝材料用量应以用水量乘以选定的胶水比计算确定。外加剂的用量直接取基准配合比的用量。粗、细骨料用量应取基准配合比的粗、细骨料用量；或是按选定的水胶比进行调整后确定。

6. 表观密度的计算和实验室配合比的确定

(1) 配合比调整后的表观密度（$\rho_{c,c}$），应按式（3.27）进行计算：

$$\rho_{c,c}=m_c+m_f+m_g+m_s+m_w \tag{3.27}$$

式中　m_c——每立方米混凝土的水泥用量，kg；

m_f——每立方米混凝土的矿物掺合料用量，kg；

m_g——每立方米混凝土的粗骨料用量，kg；

m_s——每立方米混凝土的细骨料用量，kg；

m_w——每立方米混凝土的用水量，kg。

(2) 混凝土配合比校正系数。实测混凝土的表观密度（$\rho_{c,t}$）后，按式（3.28）计算配合比的校正系数：

$$\delta=\frac{\rho_{c,t}}{\rho_{c,c}} \tag{3.28}$$

式中　δ——混凝土配合比校正系数；

$\rho_{c,t}$——混凝土表观密度实测值，kg/m^3；

$\rho_{c,c}$——混凝土表观密度计算值，kg/m^3。

当混凝土表观密度实测值与计算值之差的绝对值不超过计算值的2%时，以前的配合比即为确定的实验室配合比；当两者之差超过2%时，应将配合比中每项材料用量均乘以校正系数，即为最终确定的实验室配合比。

3.9.5　施工配合比的确定

1. 施工配合比的含义

设计配合比是以干燥材料为基准的，而工地存放的砂、石都含有一定的水分，且随着气候的变化而经常变化。所以，现场材料的实际称量应按施工现场砂、石的含水情况进行修正，修正后的配合比称为施工配合比。

2. 施工配合比的换算

换算施工配合比的原则：胶凝材料用量不变，从计算的加水量中扣除湿骨料拌合物中的水量。

假定工地存放的砂的含水率为$a\%$，石子的含水率为$b\%$，则实验室配合比换算为施工配合比，按式（3.29）计算：

$$\begin{cases} m_c'=m_c \\ m_s'=m_s(1+a\%) \\ m_g'=m_g(1+b\%) \\ m_f'=m_f \\ m_w'=m_w-m_s a\%-m_g b\% \end{cases} \tag{3.29}$$

式中　m_c'、m_s'、m_g'、m_f'、m_w'——$1m^3$ 混凝土拌合物中，施工时用的水泥、砂、石子、矿物掺合料和水的质量，kg。

3.9.6　普通混凝土配合比设计工程应用案例

【例3.5】 某框架结构钢筋混凝土梁强度等级为C30，设计使用年限为50年，结构位于寒冷地区，施工要求坍落度为35～50mm，施工单位混凝土强度标准差σ取

5.0MPa。所用的原材料情况如下：

(1) 水泥：42.5级普通水泥，密度是3.05g/cm^3；强度富裕系数为1.16。

(2) 砂：级配合格的中砂，表观密度2650kg/m^3。

(3) 石子：5～20mm的碎石，表观密度2700kg/m^3。

(4) 拌和及养护用水：饮用水。

(5) 掺合料为粒化高炉矿渣粉，掺量为40%，密度2.8g/cm^3。

施工方式为机械搅拌、机械振捣。

试求：

(1) 按初步配合比在试验室进行材料调整得出试验室配合比。

(2) 若施工现场中砂含水率为4%，碎石含水率为1.5%，求施工配合比。

［解］ 1. 计算混凝土的初步配合比

(1) 确定混凝土配制强度 $f_{cu,0}$

$$f_{cu,0}=f_{cu,k}+1.645\sigma=30+1.645\times5=38.2(\text{MPa})$$

(2) 计算水胶比（W/B）。

1) 按强度要求计算水胶比。

计算水泥实际强度：

$$f_{ce}=\gamma_c f_{ce,g}=1.16\times42.5=49.3(\text{MPa})$$

计算水胶比：

$$W/B=\frac{\alpha_a f_b}{f_{cu,0}+\alpha_a\alpha_b f_b}$$

当采用碎石时 $\alpha_a=0.53$、$\alpha_b=0.20$，见表3.20，粉煤灰掺量为0，γ_f 取1.00。粒化高炉矿渣粉掺量为40%，取值范围为0.80～0.90，此处 γ_s 取0.90。$f_b=\gamma_f\gamma_s f_{ce}=1.00\times0.90\times49.3=44.37$（MPa）。

$$W/B=\frac{\alpha_a f_b}{f_{cu,0}+\alpha_a\alpha_b f_b}=\frac{0.53\times44.37}{38.2+0.53\times0.20\times44.37}=0.55$$

2) 按耐久性校核水胶比。由于混凝土结构处于寒冷地区，且设计使用年限为50年，故需按耐久性要求校核水胶比。见表3.22，可得允许最大水胶比为0.50。按强度计算的水胶比大于规范要求的最大值，不符合耐久性要求，故采用水胶比为0.50，继续下面的计算。

(3) 确定单位用水量（m_w）。根据题目，混凝土拌合物坍落度为35～50mm，碎石最大粒径为20mm，见表3.23，用水量取 $m_{w0}=195\text{kg/m}^3$。

(4) 计算胶凝材料用量（m_{b0}）。

1) 按强度计算单位混凝土的胶凝材料用量。已知混凝土单位用水量为195kg，水胶比为0.50，单位胶凝材料用量为：

$$m_{b0}=\frac{m_{w0}}{W/B}=\frac{195}{0.50}=390(\text{kg})$$

2) 按耐久性校核单位胶凝材料用量。根据混凝土所处环境条件属寒冷地区的钢筋混凝土，查表3.22，最小胶凝材料用量不低于320kg/m^3，按强度计算单位混凝土的胶凝材料用量满足耐久性要求，故取单位胶凝材料用量为390kg。

其中，矿渣粉用量：　　$m_f=390\times40\%=156(kg/m^3)$

水泥用量：　　$m_c=390\times60\%=234(kg/m^3)$

(5) 选定砂率（β_s）。

按已知骨料最大粒径20mm，水胶比0.5，见表3.25，选取砂率为35%。

(6) 计算砂、石用量（m_{s0}，m_{g0}）。

1) 按质量法计算。本例假定混凝土拌合物m_{cp}的密度为2450kg/m³，将粒化高炉矿渣粉、水泥、用水量和砂率的数据代入式（3.24）计算：

$$\begin{cases}234+156+m_{g0}+m_{s0}+195=2450\\35\%=\dfrac{m_{s0}}{m_{s0}+m_{g0}}\times100\%\end{cases}$$

解得：$m_{s0}=653kg$，$m_{g0}=1212kg$。

按质量法计算的初步配合比，可以表示如下：

1m³ 混凝土各种组成材料用量：$m_{b0}=390kg$，$m_{s0}=653kg$，$m_{g0}=1212kg$，$m_{w0}=195kg$。

换算成按比例法表示的形式为$m_{b0}:m_{s0}:m_{g0}:m_{w0}=1:1.67:3.11:0.5$。

2) 按体积法计算。

将已知数据代入式（3.25）计算：

$$\begin{cases}\dfrac{234}{3050}+\dfrac{156}{2800}+\dfrac{m_{s0}}{2650}+\dfrac{m_{g0}}{2700}+\dfrac{195}{1000}+0.01\times1=1\\35\%=\dfrac{m_{s0}}{m_{s0}+m_{g0}}\times100\%\end{cases}$$

解得：$m_{s0}=622kg$，$m_{g0}=1157kg$。

按体积法计算的初步配合比，可以表示为：

1m³ 混凝土各种组成材料用量：$m_{b0}=390kg$，$m_{s0}=622kg$，$m_{g0}=1157kg$，$m_{w0}=195kg$。

换算成按比例法表示的形式为$m_{b0}:m_{s0}:m_{g0}:m_{w0}=1:1.59:2.97:0.5$。

由上面的计算可知，分别用体积法和质量法计算出的配合比结果稍有差别，但这种差别在工程上通常是允许的。在配合比计算时，可任选一种方法进行设计，不用同时用两种方法计算。

2. 调整工作性，提出基准配合比

(1) 计算试拌材料用量。依据粗骨料的最大粒径为20mm，确定拌合物的最少搅拌量为20L。按体积法计算的初步配合比，计算试拌20L拌合物时，各种材料用量。

水泥用量：234×0.02=4.68(kg)

矿渣粉用量：156×0.02=3.12(kg)

水用量：195×0.02=3.9(kg)

砂用量：622×0.02=12.44(kg)

碎石用量：1157×0.02=23.14(kg)

（2）拌制混凝土，测定和易性，确定基准配合比。称取各种材料，按要求拌制混凝土，测定其坍落度为20mm，小于设计要求的35～50mm的坍落度值。为此保持水胶比不变，增加5%的水胶浆，即将水泥用量提高到4.91kg，矿渣粉用量提高到3.28kg，水用量提高到4.10kg，再次拌和并测定坍落度值为40mm，黏聚性和保水性均良好，满足施工和易性要求。此时测得的混凝土拌合物的表观密度为2460kg/m^3，经过调整后各种材料的用量分别是：水泥为4.91kg，矿渣粉为3.28kg，水为4.10kg，砂为12.44kg，碎石为23.14kg。

根据实测的混凝土拌合物的表观密度，计算出每立方米混凝土各种材料用量，即得出混凝土的基准配合比。

水泥：$m_c=\dfrac{4.91}{4.91+3.28+4.10+12.44+23.14}\times 2460=\dfrac{4.91}{47.87}\times 2460=252(\text{kg})$

矿渣粉：$m_f=\dfrac{3.28}{4.91+3.28+4.10+12.44+23.14}\times 2460=\dfrac{3.28}{47.87}\times 2460=169(\text{kg})$

水：$m_w=\dfrac{4.10}{4.91+3.28+4.10+12.44+23.14}\times 2460=\dfrac{4.10}{47.87}\times 2460=211(\text{kg})$

砂：$m_s=\dfrac{12.44}{4.91+3.28+4.10+12.44+23.14}\times 2460=\dfrac{12.44}{47.87}\times 2460=639(\text{kg})$

石：$m_c=\dfrac{23.14}{4.91+3.28+4.10+12.44+23.14}\times 2460=\dfrac{23.14}{47.87}\times 2460=1189(\text{kg})$

则混凝土1m^{3}混凝土各种组成材料用量：$m_b=252+169=421(\text{kg})$，$m_s=639\text{kg}$，$m_g=1189\text{kg}$，$m_w=211\text{kg}$。

换算成按比例法表示的形式为$m_b:m_s:m_g:m_w=1:1.52:2.82:0.5$。

3. 求施工配合比

将设计配合比换算成现场施工配合比，用水量应扣除砂、石所含水量，而砂石则应增加砂、石的含水量。施工配合比计算如下：

$m_c'=m_c=252\text{kg}$

$m_f'=169\text{kg}$

$m_s'=m_s(1+a\%)=639\times(1+4\%)=665(\text{kg})$

$m_g'=m_g(1+b\%)=1189\times(1+1.5\%)=1207(\text{kg})$

$m_w'=m_w-m_sa\%-m_gb\%=211-639\times 4\%-1189\times 1.5\%=168(\text{kg})$

项　目　小　结

混凝土是当今世界用量最大、用途最广的工程材料之一。水泥混凝土的基本组成材料是水泥、砂、石和水，外加剂和掺合料的使用改善了混凝土性能。混凝土原材料的质量直接影响混凝土的性能，必须满足国家有关规范、标准规定的质量要求。

混凝土拌合物的和易性包括流动性、黏聚性和保水性三个方面，常采用坍落度或维勃稠度试验进行判别。

混凝土的强度有抗压强度、抗拉强度、抗折强度等。混凝土强度等级采用立方体抗压强度标准值确定。

混凝土的耐久性包括抗渗性、抗冻性、抗腐蚀性、抗碳化能力、碱骨料反应等。混凝土的耐久性与混凝土的密实度关系密切，也与水泥用量、水胶比密切相关。

混凝土配合比设计主要围绕四个基本要求进行，即满足设计强度要求、适应工程施工条件下的和易性要求、满足使用条件下的耐久性要求、最大限度地降低工程造价。配合比设计要正确确定水胶比、砂率和单位用水量三个参数，再确定各种材料的比例关系。

为了保证混凝土结构的可靠性，必须对混凝土进行质量控制，要对混凝土各个施工环节进行质量控制和检查，另外还要用数理统计方法对混凝土的强度进行检验评定。

随着现代水泥工业、水泥加工工艺和施工技术飞快发展，混凝土材料品种不断增多，因此新型混凝土材料在工程建设中的地位显得日益重要。未来的新型混凝土一定具有比传统混凝土更高的强度和耐久性，能满足结构物力学性能、使用功能以及使用年限的要求。

技 能 考 核 题

一、填空题

1. 混凝土拌合物的和易性包括________、________和________等三个方面的含义。

2. 水泥混凝土的基本组成材料有________、________、________和________。

3. 混凝土配合比设计的基本要求是满足________、________、________和________。

4. 混凝土配合比设计的三大参数是________、________和________。

5. 砂子的筛分曲线表示砂子的________，砂子的细度模数表示砂子的________，配制混凝土用砂，应同时考虑________和________。

二、判断题

1. 卵石混凝土相比同条件配合比拌制的碎石混凝土的流动性好，但强度则低了一些。(　　)

2. 混凝土拌合物中水泥浆越多，和易性越好。(　　)

3. 在混凝土中掺入引气剂，则混凝土密实度降低，因而其抗冻性降低。(　　)

4. 普通水泥混凝土配合比设计计算中，可以不考虑耐久性的要求。(　　)

5. 混凝土外加剂是一种能使混凝土强度大幅度提高的填充材料。(　　)

6. 在混凝土施工中，统计得出混凝土强度标准差越大，则表明混凝土生产质量不稳定，施工水平越差。(　　)

7. 因水资源短缺，所以应尽可能采用污水和废水养护混凝土。(　　)

8. 测定混凝土拌合物流动性时，坍落度法比维勃稠度法更准确。(　　)

9. 水灰比在0.4～0.8范围内，且当混凝土中用水量一定时，水灰比变化对混凝

土拌合物的流动性影响不大。(　　)

10. 选择坍落度的原则应当是在满足施工要求的条件下，尽可能采用较小的坍落度。(　)

11. 流动性大的混凝土比流动性小的混凝土强度低。(　)

12. 在混凝土拌合物中，保持 W/C 不变增加水泥浆量，可增大拌合物的流动性。(　)

13. 水泥石中的 $Ca(OH)_2$ 与含碱高的骨料反应，形成碱-骨料反应。(　　)

14. 水泥混凝土的养护条件对其强度有显著影响，一般是指湿度、温度、龄期。(　)

15. 当混凝土坍落度达不到要求时，在施工中可适当增加用水量。(　　)

三、不定项选择题

1. 坍落度小于(　　)的新拌混凝土，采用维勃稠度仪测定其工作性。

A. 20mm　　B. 15mm　　C. 10mm　　D. 5mm

2. 集料中有害杂质包括(　　)。

A. 含泥量和泥块含量　　B. 硫化物和硫酸盐含量

C. 轻物质含量　　D. 云母含量

3. 混凝土配合比设计时必须按耐久性要求校核(　　)。

A. 砂率　　B. 单位水泥用量　　C. 浆集比　　D. 水胶比

4. 在混凝土中掺入(　　)对混凝土抗冻性有明显改善。

A. 引气剂　　B. 减水剂　　C. 缓凝剂　　D. 早强剂

5. 混凝土立方体抗压强度标准值是指具有(　　)%强度保证率的立方体抗压强度。

A. 100　　B. 95　　C. 90　　D. 85

6. 混凝土对砂子的技术要求是(　　)。

A. 空隙率小　　B. 总表面积小

C. 总表面积小，尽可能粗　　D. 空隙率小，尽可能粗

7. 影响混凝土强度的因素有(　　)。

A. 水泥强度　　B. 水灰比

C. 砂率　　D. 骨料的品种

E. 养护条件

8. 在普通混凝土中掺入引气剂，能(　　)。

A. 改善拌合物的和易性　　B. 切断毛细管通道，提高混凝土抗渗性

C. 使混凝土强度有所提高　　D. 提高混凝土的抗冻性

E. 用于制作预应力混凝土

9. 缓凝剂主要用于(　　)。

A. 大体积混凝土　　B. 高温季节施工的混凝土

C. 远距离运输的混凝土　　D. 喷射混凝土

E. 冬季施工混凝土工程

10. 提高混凝土耐久性的措施有（　　）。

A. 采用高强度水泥　　B. 选用质量良好的砂、石骨料

C. 适当控制混凝土水灰比　　D. 掺引气剂

E. 改善施工操作，加强养护

11. 普通混凝土配合比设计的基本要求是（　　）。

A. 达到混凝土强度等级　　B. 满足施工的和易性

C. 满足耐久性要求　　D. 掺外加剂、外掺料

E. 节约水泥、降低成本

12. 测定混凝土强度的标准试件尺寸为（　　）。

A. 100mm×100mm×100mm　　B. 150mm×150mm×150mm

C. 200mm×200mm×200mm　　D. 70.7mm×70.7mm×70.7mm

13. 配制混凝土用的石子不需要测定（　　）。

A. 含泥量　　B. 泥块含量　　C. 细度模数　　D. 针状、片状颗粒含量

14. 下列用水，（　　）为符合规范的混凝土用水。

A. 河水　B. 江水　C. 海水　D. 湖水　E. 饮用水　F. 工业废水　G. 生活用水

15. 普通混凝土用砂的细度模数的范围一般在（　　），以中砂为宜。

A. 3.7～3.1　　B. 3.0～2.3　　C. 2.2～1.6　　D. 3.7～1.6

四、计算题

1. 500g 干砂筛分试验结果见下表。试计算此砂的细度模数，并分析该砂的粗细程度和级配情况。

筛孔尺寸/mm	4.75	2.36	1.18	0.60	0.30	0.15	0.15 以下
分计筛余量/g	10	80	100	120	90	80	20

2. 采用矿渣水泥、卵石和天然砂配制混凝土，制作 100mm×100mm×100mm 试件三块，在标准养护条件下养护 7d 后，测得破坏荷载分别为 140kN、135kN、142kN。预测该混凝土 28d 的标准立方体抗压强度。

3. 某混凝土的实验室配合比为 1∶2.1∶4.0，$W/C=0.60$，混凝土的表观密度为 2410kg/m^3。求 1m^3 混凝土各材料用量。

4. 已知混凝土经试拌调整后，各项材料用量为：水泥 3.10kg，水 1.86kg ，砂 6.24kg ，碎石 12.8kg，并测得拌合物的表观密度为 2500kg/m^3。试计算：

（1）每方混凝土各项材料的用量为多少？

（2）如工地现场砂子含水率为 2.5%，石子含水率为 0.5%，求施工配合比。

项目4 建 筑 砂 浆

【知识目标】

1. 掌握建筑砂浆的分类和组成材料的技术要求。
2. 掌握建筑砂浆的技术性质、熟悉其配合比设计的方法和步骤。
3. 了解其他几种常用砂浆的性能特点及适用条件。

【能力目标】

1. 能根据相关标准检测砂浆拌合物的和易性及砂浆抗压强度。
2. 能根据工程特点及使用环境进行砌筑砂浆配合比设计。

建筑砂浆是由胶凝材料、细集料和水，有时也加入掺合料及外加剂，配制而成的建筑工程材料。建筑砂浆在建筑工程中用量大、用途广泛。砂浆可把散粒材料、块状材料、片状材料等胶结成整体结构，也可以装饰、保护主体材料。

例如在砌体结构中，砂浆薄层可以把单块的砖、石以及砌块等胶结起来构成砌体；大型墙板和各种构件的接缝也可用砂浆填充；墙面、地面及梁柱结构的表面都可用砂浆抹面，以便满足装饰和保护结构的要求；镶贴大理石、瓷砖等也常使用砂浆。

任务4.1 砂浆的组成及技术性质

建筑砂浆按用途可分为砌筑砂浆、抹面砂浆、装饰砂浆、绝热砂浆和防水砂浆等，按制备方法的差别分为现场配制砂浆和预拌砂浆。

现场配制砂浆是由水泥、细骨料和水，以及根据需要加入石灰、活性掺合料或外加剂在现场配制成的砂浆，分为水泥砂浆和水泥混合砂浆。

4-1

砂浆的组成及技术性质

预拌砂浆是由专业生产厂家生产的湿拌砂浆或干混砂浆。

4.1.1 砂浆的组成材料

4.1.1.1 水泥

1. 品种的选择

宜采用通用硅酸盐水泥或砌筑水泥。

4-2

砂浆的组成材料

2. 强度等级的选择

应根据砂浆品种及强度等级的要求进行选择。M15及以下强度等级的砌筑砂浆选用32.5级的通用硅酸盐水泥或砌筑水泥；M15以上强度等级的砌筑砂浆宜选用42.5级的通用硅酸盐水泥。

4.1.1.2 石灰膏、电石膏

砌筑砂浆用石灰膏、电石膏应符合下列规定：

（1）生石灰熟化成石灰膏时，应用孔径不大于 3mm×3mm 的网过滤，熟化时间不得少于 7d；磨细生石灰粉的熟化时间不得少于 2d。沉淀池中储存的石灰膏，应采取防止干燥、冻结和污染的措施。严禁使用脱水硬化的石灰膏。

（2）制作电石膏的电石渣应用孔径不大于 3mm×3mm 的网过滤，检验时应加热至 70℃后至少保持 20min，并应待乙炔挥发完后再使用。

（3）消石灰粉不得直接用于砌筑砂浆中。

（4）石灰膏、电石膏试配时的稠度应为（120±5）mm。

4.1.1.3　粉煤灰、粒化高炉矿渣粉、硅灰、天然沸石粉

粉煤灰、粒化高炉矿渣粉、硅灰、天然沸石粉应分别符合国家现行标准《用于水泥和混凝土中的粉煤灰》（GB/T 1596—2017）、《用于水泥、砂浆和混凝土中的粒化高炉矿渣粉》（GB/T 18046—2017）、《高强高性能混凝土用矿物外加剂》（GB/T 18736—2017）和《天然沸石粉在混凝土与砂浆中应用技术规程》（JGJ/T 112—1997）的规定。当采用其他品种矿物掺合料时，应有可靠的技术依据，并应在使用前进行试验验证。

4.1.1.4　砂

宜选用中砂，并应符合现行行业标准《普通混凝土用砂、石质量及检验方法标准》（JGJ 52—2006）的规定，且应全部通过 4.75mm 的筛孔。

4.1.1.5　水

水质应符合《混凝土用水标准》（JGJ 63—2006）的规定。

4.1.1.6　外加剂

外加剂应符合国家现行有关标准的规定，引气型外加剂还应有完整的型式检验报告。

4.1.2　砂浆的主要技术性质

砂浆的性质包括新拌砂浆的性质和硬化后砂浆的性质。砂浆拌合物与混凝土拌合物相似，应具有良好的和易性。砂浆和易性指砂浆拌合物是否便于施工操作，并能保证质量均匀的综合性质，包括流动性和保水性两个方面。对于硬化后的砂浆则要求具有所需要的强度、与底面的黏结强度及较小的变形。

4.1.2.1　流动性

砂浆稠度试验

流动性是指砂浆在自重或外力作用下流动的性能，也称稠度。

稠度是以砂浆稠度测定仪的圆锥体沉入砂浆中深度（mm）表示。圆锥沉入深度越大，砂浆的流动性越大。若流动性过大，砂浆易分层、析水；若流动性过小，则不便施工操作，灰缝不易填充，所以新拌砂浆应具有适宜的稠度。

影响砂浆稠度的因素有：所用胶结材料种类及数量，用水量，掺加料的种类与数量，砂的形状、粗细与级配，外加剂的种类与掺量，搅拌时间。

砂浆稠度的选择与砌体材料的种类、施工条件及气候条件等有关。对于吸水性强的材料和高温干燥的天气，要求砂浆稠度要大些；反之，对于密实不吸水的砌体材料和湿冷天气，砂浆稠度可小些。

4.1.2.2 保水性

保水性指砂浆拌合物保持水分的能力。保水性好的砂浆在存放、运输和使用过程中，能很好地保持其水分不致很快流失，各组分不易分离，在砌筑过程中容易铺成均匀密实的砂浆层，能使胶结材料正常水化，最终保证施工质量。

砂浆的保水性用保水率表示。可通过如下方法改善砂浆保水性：

(1) 保持一定数量的胶结材料和掺加料。1m^3 水泥砂浆不宜小于 200kg，水泥混合砂浆中水泥和掺加料总量应在 300～350kg 之间。

(2) 采用较细砂并加大掺量。

(3) 掺入引气剂。

4.1.2.3 抗压强度

砌筑砂浆的强度用强度等级来表示。砂浆强度等级是以边长为 70.7mm 的立方体试件，在标准养护条件下，用标准试验方法测得的 28d 龄期抗压强度值（MPa）确定。

影响砂浆强度的因素很多，除了砂浆的组成材料、配合比、施工工艺等因素外，砌体材料的吸水率也会对砂浆强度产生影响。

4.1.2.4 黏结强度

砂浆与砌体材料的黏结力大小，对砌体的强度、耐久性、抗震性都有较大影响。影响砂浆黏结力的因素有以下几点。

(1) 砂浆抗压强度越高，与砖石的黏结力也越大。

(2) 砖石的表面状态、清洁程度、湿润状况。如砌筑加气混凝土砌块前，表面先洒水，清扫表面，都可以提高砂浆与砌块的黏结力，提高砌体质量。

(3) 施工操作水平及养护条件。

任务 4.2 砌筑砂浆配合比设计

砌筑砂浆是将砖、石、砌块等块材经砌筑成为砌体，起黏结、衬垫和传力作用的砂浆。

4.2.1 砌筑砂浆的技术条件

(1) 按《砌筑砂浆配合比设计规程》(JGJ/T 98—2010) 的规定，水泥砂浆及预拌砌筑砂浆的强度等级可分为 M5、M7.5、M10、M15、M20、M25、M30；水泥混合砂浆的强度分为 M5、M7.5、M10、M15。

(2) 砌筑砂浆拌合物的表观密度宜符合表 4.1 的规定。

表 4.1 砌筑砂浆拌合物的表观密度

砂浆种类	表观密度/(kg/m^3)
水泥砂浆	≥1900
水泥混合砂浆	≥1800
预拌砌筑砂浆	≥1800

（3）砌筑砂浆的稠度、保水率、试配抗压强度应同时满足要求。

（4）砌筑砂浆施工时的稠度宜按表 4.2 选用。

表 4.2　砌筑砂浆的施工稠度

砌　体　种　类	施工稠度/mm
烧结普通砖砌体、粉煤灰砖砌体	70～90
混凝土砖砌体、普通混凝土小型空心砌块砌体、灰砂砖砌体	50～70
烧结多孔砖、烧结空心砖砌体、轻集料混凝土小型空心砌块砌体、蒸压加气混凝土砌块砌体	60～80
石砌体	30～50

（5）砌筑砂浆的保水率应符合表 4.3 的规定。

表 4.3　砌筑砂浆的保水率

砂　浆　种　类	保水率/%
水泥砂浆	≥80
水泥混合砂浆	≥84
预拌砌筑砂浆	≥88

（6）有抗冻要求的砌体工程，砌筑砂浆应进行冻融试验。砌筑砂浆的抗冻性应符合表 4.4 的规定，且当设计对抗冻性有明确要求时，尚应符合设计规定。

表 4.4　砌筑砂浆的抗冻性

使用条件	抗冻指标	质量损失率	强度损失率
夏热冬暖地区	F15	≤5%	≤25%
夏热冬冷地区	F25		
寒冷地区	F35		
严寒地区	F50		

（7）砌筑砂浆中的水泥和石灰膏、电石膏等材料的用量可按表 4.5 选用。

表 4.5　砌筑砂浆的材料用量

砂　浆　种　类	用量/(kg/m^3)
水泥砂浆	≥200
水泥混合砂浆	≥350
预拌砌筑砂浆	≥200

注　1. 水泥砂浆中的材料用量是指水泥用量。
2. 水泥混合砂浆中的材料用量是指水泥和石灰膏、电石膏的材料总量。
3. 预拌砌筑砂浆中的材料用量是指胶凝材料用量、包括水泥和替代水泥的粉煤灰等活性矿物掺合料。

（8）砌筑砂浆中可掺入保水性增稠材料、外加剂等，掺量应经试配后确定。

（9）砌筑砂浆试配时应采用机械搅拌，搅拌时间应自开始加水算起，并应符合下列规定：

1）对水泥砂浆和水泥混合砂浆，搅拌时间不得少于 120s。

2）对预拌砌筑砂浆和掺有粉煤灰、外加剂、保水增稠材料等的砂浆，搅拌时间不得少于180s。

4.2.2 现场配制砌筑砂浆的试配要求

4.2.2.1 现场配制水泥混合砂浆的试配

1. 确定试配强度

砂浆的试配强度可按下式确定：

$$f_{m,0}=kf_2 \tag{4.1}$$

式中 $f_{m,0}$——砂浆的试配强度，精确至0.1MPa；

f_2——砂浆强度等级值，精确至0.1MPa；

k——系数，按表4.6取值。

表4.6 强度标准差σ及k值

强度等级／施工水平	强度标准差σ/MPa							k
	M5	M7.5	M10	M15	M20	M25	M30	
优良	1.00	1.50	2.00	3.00	4.00	5.00	6.00	1.15
一般	1.25	1.88	2.50	3.75	5.00	6.25	7.50	1.20
较差	1.50	2.25	3.00	4.50	6.00	7.50	9.00	1.25

当有统计资料时，可计算砂浆现场强度标准差σ。

$$\sigma=\sqrt{\frac{\sum_{i=1}^{n}f_{m,i}^{2}-n\mu_{fm}^{2}}{n-1}} \tag{4.2}$$

式中 $f_{m,i}$——统计周期内同一品种砂浆第i组试件的强度，MPa；

μ_{fm}——统计周期内同一品种砂浆n组试件强度的平均值，MPa；

σ——砂浆现场强度标准差，精确至0.01MPa；

n——统计周期内同一品种砂浆试件的总组数，$n\geqslant 25$。

当无统计资料时，砂浆现场强度标准差σ可按表4.6取用。

2. 计算每立方米砂浆中水泥用量

$$Q_c=\frac{1000(f_{m,0}-\beta)}{\alpha f_{ce}} \tag{4.3}$$

式中 Q_c——每立方米砂浆中的水泥用量，kg，精确至1kg；

$f_{m,0}$——砂浆的试配强度，MPa，精确至0.1MPa；

f_{ce}——水泥的实测强度，MPa，精确至0.1MPa；

α、β——砂浆的特征系数，其中$\alpha=3.03$，$\beta=-15.09$。

在无法取得水泥的实测强度f_{ce}时，可按式（4.4）计算：

$$f_{ce}=\gamma_c f_{ce,k} \tag{4.4}$$

式中 $f_{ce,k}$——水泥强度等级值，MPa；

γ_c——水泥强度等级值的富裕系数，该值应按实际统计资料确定，无统计资料时取1.0。

3. 计算石灰膏用量

$$Q_d = Q_a - Q_c \tag{4.5}$$

式中　Q_d——每立方米砂浆中计算石灰膏用量，kg，精确至 1kg；石灰膏使用时的稠度宜为（120±5）mm；

Q_c——每立方米砂浆中水泥用量，kg，精确至 1kg；

Q_a——每立方米砂浆中水泥和计算石灰膏的总量，kg，精确至 1kg；可为 350kg/m³。

4. 确定砂子用量

每立方米砂浆中砂子用量 Q_s(kg/m³)，应以干燥状态（含水率小于 0.5%）的堆积密度作为计算值（kg）。

5. 确定用水量

每立方米砂浆中用水量 Q_w(kg/m³)，可根据砂浆稠度等要求选用 210～310kg。

注意：(1) 混合砂浆中的用水量，不包括石灰膏中的水。

(2) 当采用细砂或粗砂时，用水量分别取上限或下限。

(3) 稠度小于 70mm 时，用水量可小于下限。

(4) 施工现场气候炎热或干燥季节，可酌量增加用水量。

4.2.2.2　水泥砂浆的现场试配

(1) 水泥砂浆各种材料用量可按照表 4.7 选用。

表 4.7　1m³ 水泥砂浆材料用量　单位：kg

强度等级	水泥用量	砂子用量	用水量
M5	200～230	砂的堆积密度值	270～330
M7.5	230～260		
M10	260～290		
M15	290～330		
M20	340～400		
M25	360～410		
M30	430～480		

注　1. M15 及以下强度等级的砂浆，水泥强度等级为 32.5 级，M15 以上强度等级的砂浆，水泥强度等级为 42.5 级。
2. 当采用细砂或粗砂时，用水量分别取上限或下限。
3. 稠度小于 70mm 时，用水量可小于下限。
4. 施工现场气候炎热或干燥季节时，可酌量增加用水量。

(2) 水泥粉煤灰砂浆材料用量可按表 4.8 选用。

4.2.3　配合比的试配、调整与确定

(1) 砂浆试配时应采用机械搅拌。水泥砂浆和水泥混合砂浆搅拌时间不得少于 120s，预拌砌筑砂浆和掺有粉煤灰、外加剂、保水增稠材料等的砂浆，搅拌时间不得少于 180s。

表4.8　　每立方米水泥粉煤灰砂浆材料用量　　单位：kg

<table>
<tr><th>强度等级</th><th>水泥和粉煤灰总量</th><th>粉煤灰</th><th>砂</th><th>用水量</th></tr>
<tr><td>M5</td><td>210～240</td><td rowspan="4">粉煤灰掺量可占胶凝材料总量的15%～25%</td><td rowspan="4">砂的堆积密度值</td><td rowspan="4">270～330</td></tr>
<tr><td>M7.5</td><td>240～270</td></tr>
<tr><td>M10</td><td>270～300</td></tr>
<tr><td>M15</td><td>300～330</td></tr>
</table>

注　1. 表中水泥强度等级为32.5级。
2. 当采用细砂或粗砂时，用水量分别取上限或下限。
3. 稠度小于70mm时，用水量可小于下限。
4. 施工现场气候炎热或干燥季节时，可酌量增加用水量。

(2) 按计算或查表选用的配合比进行试拌，应测定其拌合物的稠度和保水率，当不能满足要求，则应调整材料用量，直至符合要求为止。然后确定为试配时的砂浆基准配合比。

(3) 为了使砂浆强度能在计算范围内，试配时至少采用3个不同的配合比，其中一个为基准配合比，另外两个配合比的水泥用量按基准配合比分别增加及减少10%，在保证稠度和保水率合格的条件下，可将用水量、石灰膏、保水增稠材料或粉煤灰等活性掺合料用量作相应调整。

(4) 对三个不同的配合比进行调整后，按《建筑砂浆基本性能试验方法标准》(JGJ 70—2009) 的规定成型试件，分别测定砂浆的表观密度及强度，并选定符合试配强度及和易性要求，且水泥用量最少的配合比作为砂浆配合比。

(5) 砌筑砂浆试配配合比校正。

1) 根据确定的砂浆试配配合比材料用量，按式(4.6)计算理论表观密度值：

$$\rho_t = Q_c + Q_d + Q_s + Q_w \tag{4.6}$$

式中　ρ_t——砂浆的理论表观密度值，kg/m^3，应精确至$10kg/m^3$；
Q_c——每立方米砂浆中水泥的用量，kg；
Q_d——每立方米砂浆中石灰膏的用量，kg；
Q_s——每立方米砂浆中砂的用量，kg；
Q_w——每立方米砂浆中水的用量，kg。

2) 应按式(4.7)计算砂浆配合比校正系数δ。

$$\delta = \frac{\rho_c}{\rho_t} \tag{4.7}$$

式中　δ——砂浆配合比校正系数；
ρ_c——砂浆表观密度实测值，kg/m^3，应精确至$10kg/m^3$。

3) 当砂浆的实测表观密度值与理论表观密度值之差的绝对值不超过理论值的2%时，可将试配配合比确定为砂浆设计配合比；当超过2%时，应将试配配合比中每项材料用量均乘以校正系数δ后，确定砂浆配合比。

(6) 预拌砌筑砂浆生产前应进行试配、调整与确定，并应符合《预拌砂浆》(GB/T 25181—2010) 的规定。

4.2.4　砂浆配合比设计实例

【例 4.1】　要求设计用于砌筑砖墙的 M7.5 等级、稠度 70～100mm 的水泥石灰砂浆配合比。设计资料如下：

（1）水泥：32.5 级粉煤灰硅酸盐水泥。

（2）石灰膏：稠度 120mm。

（3）砂：中砂，堆积密度为 1450kg/m³，含水率为 2%。

（4）施工水平：一般。

［解］（1）根据式（4.1），计算试配强度 $f_{m,0}$：

$$f_{m,0}=kf_2=1.2\times7.5=9.0(\text{MPa})$$

（2）根据式（4.3），计算水泥用量 Q_c：

$$Q_c=\frac{1000\times(f_{m,0}-\beta)}{\alpha f_{ce}}=\frac{1000\times[9-(-15.09)]}{3.03\times32.5}=245(\text{kg/m}^3)$$

式中，$\alpha=3.03$，$\beta=-15.09$。

（3）根据式（4.5），计算石灰膏用量 Q_d：

$$Q_d=Q_a-Q_c=350-245=105(\text{kg/m}^3)$$

石灰膏稠度 120mm，无须换算。

（4）根据砂子堆积密度和含水率，计算砂用量 Q_s：

$$Q_s=1450\times(1+2\%)=1479(\text{kg/m}^3)$$

（5）选择用水量 Q_w。由于使用中砂，稠度要求大，取 300kg/m³。

（6）得到砂浆初步配合比：

水泥：石灰膏：砂：水＝245：105：1479：300＝1：0.43：6.03：1.22

【工程实例分析 4.1】　砂浆质量问题。

现象：某工地现配制 M10 砂浆砌筑砖墙，把水泥直接倒在砂堆上，再人工搅拌。该砌体灰缝饱满度及黏结性均差。请分析原因。

原因分析：

（1）砂浆的均匀性可能有问题。把水泥直接倒入砂堆上，采用人工搅拌的方式往往导致混合不够均匀，使强度波动大，宜加入搅拌机中搅拌。

（2）仅以水泥与砂配制砂浆，使用少量水泥虽可满足强度要求，但往往流动性及保水性较差，而使砌体饱满度及黏结性较差，影响砌体强度，可掺入少量石灰膏、石灰粉或微沫剂等以改善砂浆和易性。

任务 4.3　抹　灰　砂　浆

抹面砂浆和特种砂浆

一般抹灰工程用砂浆是指大面积涂抹于建筑物墙、顶棚、柱等表面的砂浆，包括水泥抹灰砂浆、水泥粉煤灰抹灰砂浆、水泥石灰抹灰砂浆、掺塑化剂水泥抹灰砂浆、聚合物水泥抹灰砂浆及石膏抹灰砂浆等，也称抹灰砂浆。

4.3.1　基本规定

《抹灰砂浆技术规程》（JGJ/T 220—2010）对其配制及应用作出了相关规定。

（1）一般抹灰工程用砂浆宜选用预拌抹灰砂浆，抹灰砂浆应采用机械搅拌。

（2）抹灰砂浆强度不宜比基体材料强度高出两个及以上强度等级，并应符合以下规定：

1）对于无黏结饰面砖的外墙，底层抹灰砂浆宜比基体材料高一个强度等级或等于基体材料强度。

2）对于无黏结饰面砖的内墙，底层抹灰砂浆宜比基体材料低一个强度等级。

3）对于有黏结饰面砖的内墙和外墙，中层抹灰砂浆宜比基体材料高一个强度等级且不宜低于M15，并宜选用水泥抹灰砂浆。

4）孔洞填补和窗台、阳台抹面等宜采用M15或M20水泥抹灰砂浆。

（3）配制强度等级不大于M20的抹灰砂浆，宜用32.5级通用硅酸盐水泥或砌筑水泥；配制强度等级大于M20的抹灰砂浆，宜用强度等级不低于42.5级通用硅酸盐水泥。通用硅酸盐水泥宜采用散装的。

（4）用通用硅酸盐水泥拌制抹灰砂浆时，可掺入适量的石灰膏、粉煤灰、粒化高炉矿渣、沸石粉等，不应掺入消石灰粉。用砌筑水泥拌制抹灰砂浆时，不得再掺加粉煤灰等矿物掺合料。

（5）拌制抹灰砂浆，可根据需要掺入改善砂浆性能的添加剂。

（6）抹灰砂浆的品种宜根据使用部位或基体种类按表4.9选用。

表4.9 抹灰砂浆的品种选用

使用部位或基体种类	抹灰砂浆的品种
内墙	水泥抹灰砂浆、水泥石灰抹灰砂浆、水泥粉煤灰抹灰砂浆、掺塑化剂水泥抹灰砂浆、聚合物水泥抹灰砂浆、石膏抹灰砂浆
外墙、门窗洞口外侧壁	水泥抹灰砂浆、水泥粉煤灰抹灰砂浆
温（湿）度较高的车间和房屋、地下室、屋檐、勒脚等	水泥抹灰砂浆、水泥粉煤灰抹灰砂浆
混凝土板和墙	水泥抹灰砂浆、水泥石灰抹灰砂浆、聚合物水泥抹灰砂浆、石膏抹灰砂浆
混凝土顶棚、条板	聚合物水泥抹灰砂浆、石膏抹灰砂浆
加气混凝土砌块（板）	水泥石灰抹灰砂浆、水泥粉煤灰抹灰砂浆、掺塑化剂水泥抹灰砂浆、聚合物水泥抹灰砂浆、石膏抹灰砂浆

（7）抹灰砂浆的施工稠度宜为底层90～110mm、中层70～90mm、面层70～80mm。聚合物水泥抹灰砂浆的施工稠度宜为50～60mm，石膏抹灰砂浆的施工稠度宜为50～70mm。

（8）抹灰砂浆的搅拌时间应自加水开始计算，并应符合下列规定：

1）水泥抹灰砂浆和混合砂浆，搅拌时间不得小于120s。

2）预拌砂浆和掺有粉煤灰、添加剂等的抹灰砂浆，搅拌时间不得小于180s。

（9）抹灰砂浆施工应在主体结构质量验收合格后进行。

（10）抹灰层的平均厚度宜符合表4.10的规定。

表 4.10　　抹灰层的平均厚度

使用部位	抹灰层的平均厚度
内墙	不宜大于 20mm，高级抹灰不宜大于 25mm
外墙	不宜大于 20mm，勒脚抹灰不宜大于 25mm
顶棚	不宜大于 5mm（现浇混凝土），不宜大于 10mm（条板、预制混凝土）
蒸压加气混凝土砌块基层	15mm 以内

（11）抹灰应分层进行，水泥抹灰砂浆每层厚度宜为 5～7mm，水泥石灰抹灰砂浆每层宜为 7～9mm，并应待前一层达到六七成干后再涂抹后一层。

（12）强度高的水泥抹灰砂浆不应涂抹在强度低的水泥抹灰砂浆基层上。

4.3.2　材料要求

（1）通用硅酸盐水泥和砌筑水泥除应分别满足现行国家标准外，尚应满足下列要求。

1）应分批复检水泥的强度和安定性，并应以同一生产厂家、同一编号的水泥为一批。

2）当对水泥质量有怀疑或水泥出厂超过三个月时，应重新复验，复验合格的，可继续使用。

3）不同品种、不同等级、不同厂家的水泥不得混合使用。

（2）抹灰砂浆宜采用中砂。不得含有有害杂质，含泥量不应超过 5%，且不应含有 4．75mm 以上粒径的颗粒，符合现行行业标准《普通混凝土用砂、石质量及检验方法标准》(JGJ 52—2006）的规定。

（3）抹灰砂浆的拌和用水应符合现行行业标准《混凝土用水标准》（JGJ 63—2006）的规定。

4.3.3　抹灰砂浆配合比

4.3.3.1　水泥抹灰砂浆

拌合物的表观密度不宜小于 1900kg/m³。保水率不宜小于 82%，拉伸黏结强度不应小于 0.20MPa。水泥抹灰砂浆配合比的材料用量见表 4.11。

表 4.11　　水泥抹灰砂浆配合比的材料用量　　单位：kg/m³

强度等级	水泥	砂	水
M15	330～380	1m³ 砂的堆积密度值	250～300
M20	380～450		
M25	400～450		
M30	460～530		

4.3.3.2　水泥粉煤灰抹灰砂浆

胶凝材料不应使用砌筑水泥。拌合物的表观密度不宜小于 1900kg/m³，保水率不宜小于 82%，拉伸黏结强度不应小于 0.15MPa。粉煤灰取代水泥的用量不宜超过 30%。用于外墙时，水泥用量不宜少于 250kg/m³。水泥粉煤灰抹灰砂浆配合比的材料用量见表4.12。

表4.12 水泥粉煤灰抹灰砂浆配合比的材料用量 单位：kg/m³

强度等级	水泥	粉煤灰	砂	水
M5	250～290	内掺，等量取代水泥量的10%～30%	$1m^3$ 砂的堆积密度值	270～320
M10	320～350			
M15	350～400			

4.3.3.3 水泥石灰抹灰砂浆

拌合物的表观密度不宜小于1800kg/m³，保水率不宜小于88%，拉伸黏结强度不应小于0.15MPa。水泥石灰抹灰砂浆配合比的材料用量见表4.13。

表4.13 水泥石灰抹灰砂浆配合比的材料用量 单位：kg/m³

强度等级	水泥	石灰膏	砂	水
M2.5	200～230	(350～400)-C	$1m^3$ 砂的堆积密度值	180～280
M5	230～280			
M7.5	280～330			
M10	330～380			

注 表中C为水泥用量。

任务4.4 预 拌 砂 浆

预拌砂浆是指专业生产厂生产的湿拌砂浆或干混砂浆。

预拌砂浆具有品种丰富、质量稳定、性能优良、易存易用、文明施工、节能环保等优点，是大力推广使用的砂浆。

《预拌砂浆》(GB/T 25181—2019) 对湿拌砂浆和干混砂浆的类别、代号及性能要求作出了规定。

4.4.1 湿拌砂浆

湿拌砂浆是指水泥、细骨料、矿物掺合料、外加剂、添加剂和水，按一定比例，在搅拌站经计量、拌制后，运至使用地点，并在规定时间内使用的拌合物。

湿拌砂浆按用途分为湿拌砌筑砂浆（代号WM)、湿拌抹灰砂浆（代号WP)、湿拌地面砂浆（代号WS）和湿拌防水砂浆（代号WW)。

湿拌砌筑砂浆的砌体力学性能应符合《砌体结构设计规范》(GB 50003—2011）的规定，其拌合物的表观密度不应小于1800kg/m³。

4.4.2 干混砂浆

干混砂浆是指水泥、干燥骨料或粉料、添加剂以及根据性能确定的其他组分，按一定比例，在专业生产厂经计量、混合而成的混合物，在使用地点按规定比例加水或配套组分拌和使用的砂浆。

干混砂浆按用途分为干混砌筑砂浆（代号DM)、干混抹灰砂浆（代号DP)、干混地面砂浆（代号DS）、干混普通防水砂浆（代号DW）、干混陶瓷砖黏结砂浆（代号DTA）、干混界面砂浆（代号DIT）、干混保温板黏结砂浆（代号DEA）、干混保温板抹面砂浆（代号DBI）、干混聚合物水泥防水砂浆（代号DWS）、干混自流平砂浆（代号DSL）、干混耐磨地坪砂浆（代号DFH）和干混饰面砂浆（代号DDR）。

不同品种干混砂浆的技术性能应符合相关规定。采用于混砌筑砂浆砌筑的砌体力学性能应符合《砌体结构设计规范》的规定，其拌合物的表观密度不应小于1800kg/m^3。

干混聚合物水泥防水砂浆的性能应符合《聚合物水泥防水砂浆》（JC/T 984—2011）的规定；干混自流平砂浆的性能应符合《地面用水泥基自流平砂浆》（JC/T 985—2017）的规定；干混耐磨地坪砂浆的性能应符合《混凝土地面用水泥基耐磨材料》（JC/T 906—2002）的规定；干混饰面砂浆的性能应符合《墙体饰面砂浆》（JC/T 1024—2007）的规定。

干混砂浆在储存过程中不应受潮和混入杂物，并避免混杂。干混砂浆可采用袋装或散装。袋装干混砌筑砂浆、抹灰砂浆、地面砂浆、普通防水砂浆、自流平砂浆的保质期自生产日起3个月，其他袋装干混砂浆的保质期自生产日起为6个月。

任务4.5 砂浆性能检测

4.5.1 砂浆组批原则及取样规定

建筑砂浆试验用料应从同一盘砂浆或同一车砂浆中取样。取样量应不少于试验所需量的4倍。

当施工过程中进行砂浆试验时，砂浆取样方法应按相应的施工验收规范执行，并宜在现场搅拌点或预拌砂浆卸料点的至少3个不同部位及时取样，对于现场取得的试样，试验前应人工搅拌均匀。

从取样完毕到开始进行各项性能试验，不宜超过15min。

4.5.2 试验室制备砂浆

（1）试验室制备砂浆试样时，所用材料应提前24h运入室内。拌和时，试验室的温度应保持在（20±5）℃。当需要模拟施工条件下所用的砂浆时，所用原材料的温度宜与施工现场保持一致。

（2）试验所用原材料应与现场使用材料一致。砂应通过4.75mm筛。

（3）试验室拌制砂浆时，材料用量应以质量计。水泥、外加剂、掺合料等的称量精度应为±0.5%，细骨料的称量精度应为±1%。

（4）在试验室搅拌砂浆时应采用机械搅拌，搅拌机应符合现行行业标准《试验用砂浆搅拌机》（JG/T 3033—1996）的规定，搅拌的用量宜为搅拌机容量的30%～70%，搅拌时间不应少于120s。掺有掺合料和外加剂的砂浆，其搅拌时间不应少于180s。

4－10

砂浆稠度试验

4.5.3 砂浆的稠度检测

1. 检测目的

通过稠度试验，可以测得达到设计稠度时的加水量，或在施工过程中控制砂浆的稠度，以保证施工质量。掌握行业标准《建筑砂浆基本性能试验方法标准》（JGJ/T 70—2009），正确使用仪器设备并熟悉其性能。

2. 主要仪器设备

（1）砂浆稠度仪：由试锥、容器和支座三部分组成，如图4.1所示。试锥由钢材或铜材制成，试锥高度应为145mm，锥底直径应为75mm，试锥连同滑杆的质量为（300±2）g；盛浆容器由钢板制成，筒高应为180mm，锥底内径应为150mm；支座包括底座、支架及刻度显示三部分，由铸铁、钢或其他金属制成。

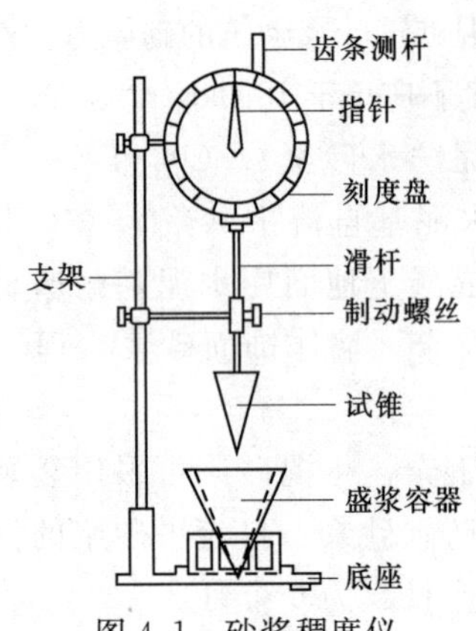

图4.1　砂浆稠度仪

（2）钢制捣棒：直径为10mm，长度为350mm，端部磨圆。

（3）秒表。

3. 试验步骤

（1）采用少量润滑油轻擦润杆，再将润杆上多余的油用吸油纸擦净，使润杆能自由滑动。

（2）先采用湿布擦净盛浆容器和试锥表面，再将砂浆拌合物一次装入容器；砂浆表面宜低于容器口10mm，用捣棒自容器中心向边缘均匀地插捣25次，然后轻轻地将容器摇动或敲击5～6次，使砂浆表面平整，随后将容器置于稠度测定仪的底座上。

（3）拧开制动螺丝，向下移动滑杆，当试锥尖端与砂浆表面刚接触时，应拧紧制动螺丝，使齿条试杆下端刚接触滑杆上端并将指针对准零点上。

（4）拧开制动螺丝，同时计时间，10s时立即拧紧螺丝将齿条测杆下端接触滑杆上端，从刻度盘上读出下沉深度（精确至1mm），即为砂浆的稠度值。

（5）盛浆容器内的砂浆，只允许测定一次稠度，重复测定时，应重新取样测定。

4. 试验结果评定要求

（1）同盘砂浆应取两次试验结果的算术平均值作为测定值，并精确至1mm。

（2）当两次试验值之差大于10mm时，应重新取样测定。

4.5.4　砂浆的分层度检测

1. 检测目的

测定砂浆拌合物在运输及停放时的保水能力及砂浆内部各组分之间的相对稳定性，以评测其和易性。掌握行业标准《建筑砂浆基本性能试验方法标准》（JGJ/T 70—2009），正确使用仪器设备并熟悉其性能。

2. 主要仪器设备

（1）砂浆分层度测定仪，如图4.2所示。

（2）砂浆分层度测定仪。

（3）振动台。

（4）其他：拌和锅、抹刀、木槌等。

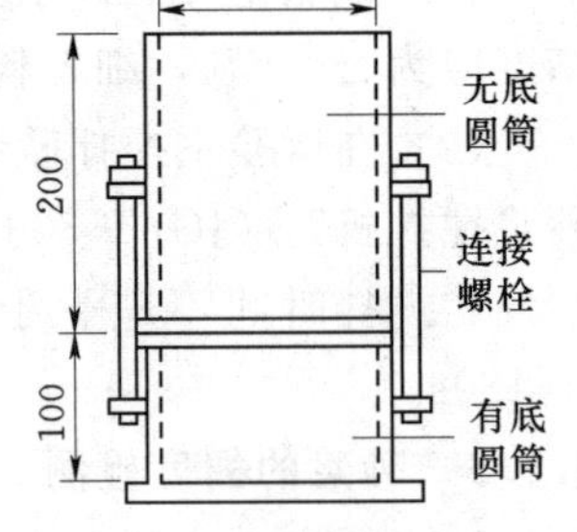

图4.2　砂浆分层度测定仪（单位：mm）

3. 试验方法

分层度的测定可采用标准法和快速法。当发生争议时，应以标准法的测定结果为准。

（1）标准法。

1）按 4.5.3 的规定测定砂浆拌合物的稠度。

2）将砂浆拌合物一次装入分层度筒内，待装满后，用木槌在容器周围距离大致相等的四个不同地方轻轻敲击 1～2 下；当砂浆沉落到低于筒口时，应随时添加，然后刮去多余砂浆并用抹刀抹平。

3）静置 30min 后，去掉上节 200mm 砂浆，将剩余的 100mm 砂浆倒在拌和锅中拌 2min，再按 4.5.3 规定测其稠度。前后测得的稠度之差即为该砂浆的分层度值。

（2）快速法。

1）按 4.5.3 的规定测定砂浆拌合物的稠度。

2）将分层度筒预先固定在振动台上，砂浆一次装入分层度筒内，振动 20s。

3）去掉上节 200mm 砂浆，将剩余的 100mm 砂浆倒在拌和锅中拌 2min，再按 4.5.3 规定测其稠度。前后测得的稠度之差即为该砂浆的分层度值。

4. 试验结果评定

（1）应取两次试验结果的算术平均值作为该砂浆的分层度值，精确至 1mm。

（2）当两次分层度之差大于 10mm 时，应重新取样测定。

4.5.5 保水性检测

1. 检测目的

测定砂浆保水性，以判定砂浆拌合物在运输及停放时内部组分的稳定性。

2. 主要仪器设备

（1）金属或硬塑料圆环试模：内径 100mm，内部高度 25mm。

（2）可密封的取样容器，应清洁、干燥。

（3）2kg 的重物。

（4）金属滤网：网格尺寸 45μm，圆形，直径为（110±1)mm。

（5）超白滤纸：符合《化学分析滤纸》（GB/T 1914）中速定性滤纸。直径 110mm，200g/m^2。

（6）2 片金属或玻璃的方形或圆形不透水片，边长或直径大于 110mm。

（7）天平：量程为 200g，感量为 0.1g；量程为 2000g，感量为 1g。

（8）烘箱。

3. 检测步骤

（1）称量底部不透水片与干燥试模质量 m_1 和 15 片中速定性滤纸质量 m_2。

（2）将砂浆拌合物一次性装入试模，并用抹刀插捣数次，当装入的砂浆略高于试模边缘时，用抹刀以 45°角一次性将试模表面多余的砂浆刮去，然后再用抹刀以较平的角度在试模表面反方向将砂浆刮平。

（3）抹掉试模边的砂浆，称量试模、底部不透水片与砂浆总质量 m_3。

（4）用金属滤网覆盖在砂浆表面，再在滤网表面放上 15 片滤纸，用上部不透水片盖在滤纸表面，以 2kg 重物把上部不透水片压住。

(5) 静置 2min 后移走重物及上部不透水片，取出滤纸（不包括滤网），迅速称量滤纸质量 m_4。

(6) 按照砂浆的配比及加水量计算砂浆的含水率。当无法计算时，可按本小节第 5 点的规定测定砂浆含水率。

4. 检测结果评定

砂浆保水率应按下式计算：

$$W=\left[1-\frac{m_4-m_2}{\alpha\times(m_3-m_1)}\right]\times100\% \tag{4.8}$$

式中　W——砂浆保水率，%；

m_1——底部不透水片与干燥试模质量，g，精确至 1g；

m_2——15 片滤纸吸水前的质量，g，精确至 0.1g；

m_3——试模、底部不透水片与砂浆总质量，g，精确至 1g；

m_4——15 片滤纸吸水后的质量，g，精确至 0.1g；

α——砂浆含水率，%。

取两次试验结果的算术平均值作为砂浆的保水率，精确至 0.1%，且第二次试验应重新取样测定。当两个测定值之差超过 2%时，此组试验结果应为无效。

5. 测定砂浆含水率

测定砂浆含水率时，应称取 (100±10)g 砂浆拌合物试样，置于一干燥并已称重的盘中，在 (105±5)℃的烘箱中烘至恒重。

砂浆含水率按式 (4.9) 计算：

$$\alpha=\frac{m_6-m_5}{m_6}\times100\% \tag{4.9}$$

式中　α——砂浆含水率，%；

m_5——烘干后砂浆样本的质量，g，精确至 1g；

m_6——砂浆样本的总质量，g，精确至 1g。

取两次试验结果的算术平均值作为砂浆的含水率，精确至 0.1%。当两个测定值之差超过 2%时，此组试验结果应为无效。

4-12

砂浆抗压强度试验

4.5.6　砂浆立方体抗压强度检测

1. 检测目的

测定建筑砂浆立方体的抗压强度，以便确定砂浆的强度等级并可判断是否达到设计要求。掌握行业标准《建筑砂浆基本性能试验方法标准》(JGJ/T 70—2009)，正确使用仪器设备并熟悉其性能。

2. 主要仪器设备

(1) 试模：应为 70.7mm×70.7mm×70.7mm 的带底试模，应符合现行行业标准《混凝土试模》(JG 237) 的规定选择，应具有足够的刚度并拆卸方便。试模的内表面应机械加工，其不平度应为每 100mm 不超过 0.05mm，组装后各相邻的不垂直度不应超过±0.5°。

（2）钢制捣棒：直径为10mm，长度为350mm，端部磨圆。

（3）压力试验机：精度应为1%，试件破坏荷载应不小于压力机量程的20%，且不应大于全量程的80%。

（4）垫板：试验机上、下压板及试件之间可垫以钢垫板，垫板的尺寸应大于试件的承压面，其不平度应为每100mm不超过0.02mm。

（5）振动台：空载中台面的垂直振幅应为（0.5±0.05)mm，空载频率应为（50±3)Hz，空载台面振幅均匀度不应大于10%，一次试验应至少能固定3个试模。

3. 试件制备

（1）采用立方体试件，每组试件应为3个。

（2）应采用黄油等密封材料涂抹试模的外接缝，试模内应涂刷薄层机油或隔离剂。应将拌制好的砂浆一次性装满砂浆试模，成型方法应根据稠度而确定。当稠度大于50mm时，宜采用人工插捣法，当砂浆稠度不大于50mm时，宜采用振动台振实成型。

1）人工插捣：应采用捣棒均匀地由边缘向中心按螺旋方式插捣25次，插捣过程中当砂浆沉落低于试模口时，应随时添加砂浆，可用油灰刀插捣数次，并用手将试模一边抬高5～10mm各振动5次，砂浆应高出试模顶面6～8mm。

2）机械振动：将砂浆一次装满试模，放置到振动台上，振动时试模不得跳动，振动5～10s或持续到表面泛浆为止，不得过振。

（3）应待表面水分稍干后，再将高出试模部分的砂浆沿试模顶面刮去并抹平。

4. 试件养护

（1）试件制作后应在温度为（20±5)℃的环境下静置（24±2)h，对试件进行编号、拆模。当气温较低时，或者凝结时间大于24h的砂浆，可适当延长时间，但不应超出2d。试件拆模后应立即放入温度为（20±2)℃，相对湿度为90%以上的标准养护室中养护。养护期间，试件彼此间隔不得小于10mm，混合砂浆、湿拌砂浆试件上面应覆盖，防止有水滴在试件上。

（2）从搅拌加水开始计时，标准养护龄期应为28d，也可根据相关标准要求增加7d或14d。

5. 立方体试件抗压强度试验

（1）试件从养护地点取出后应及时进行试验。试验前应将试件表面擦拭干净，测量尺寸，并检查其外观，并应计算试件的承压面积。当实测尺寸与公称尺寸之差不超过1mm时，可按公称尺寸进行计算。

（2）将试件安放在试验机的下压板或下垫板上，试件的承压面应与成型时的顶面垂直，试件中心应与下压板或下垫板中心对准。开动试验机，当上压板与试件或上垫板接近时，调整球座，使接触面均衡受压。承压试验应连续而均匀地加荷，加荷速度应为0.25～1.5kN/s；砂浆强度不大于2.5MPa时，宜取下限。当试件接近破坏而开始迅速变形时，停止调整试验机油门，直至试件破坏，然后记录破坏荷载。

6. 试验结果评定

（1）砂浆立方体抗压强度应按式（4.10）计算：

$$f_{m,cu}=K\frac{N_u}{A} \tag{4.10}$$

式中 $f_{m,cu}$——砂浆立方体试件抗压强度，MPa，精确至0.1MPa；

N_u——试件破坏荷载，N；

K——换算系数，取1.35；

A——试件承压面积，mm^2。

(2) 应以3个试件测值的算术平均值作为该组试件的砂浆立方体抗压强度平均值，精确至0.1MPa。

(3) 当3个测值的最大值或最小值中有一个与中间值的差值超出中间值的15%时，应把最大值及最小值一并舍去，取中间值作为该组试件的抗压强度值。

(4) 当两个测值与中间值的差值均超出中间值的15%时，该组试验结果应为无效。

项 目 小 结

砂浆是在建筑工程中是用量大、用途广泛的一种建筑材料，由胶凝材料、细集料、掺合料和水配制而成。砂浆在建筑中起黏结、传递应力、衬垫、防护和装饰等作用。建筑砂浆按其用途可分为砌筑砂浆、抹面砂浆和特种砂浆。

砂浆的和易性包括流动性和保水性两个方面的含义。其中流动性用稠度表示，用砂浆稠度仪检测，保水性用分层度和保水性试验表示，用砂浆分层度仪检测。

砂浆的强度是砂浆立方体标准试块在标准条件下养护28d测得的抗压强度。影响砂浆抗压强度的主要因素是水泥的强度等级和用量，砂的质量、掺合料的品种及用量、养护条件等对砂浆强度也有一定影响。

砂浆的配合比主要是确定每立方米砂浆中各种材料的用量。首先根据要求确定初步配合比，再在实验室进行试配、调整，确定最终配合比。

技 能 考 核 题

一、名词解释

1. 砂浆　　2. 砌筑砂浆　　3. 砂浆的和易性

4. 抹灰砂浆　　5. 流动性　　6. 保水性

二、填空题

1. 砂浆的和易性包括________和________两方面的含义。

2. 砂浆流动性指标是________，其单位是________；砂浆保水性指标是________，其单位是________。

3. 测定砂浆强度的试件尺寸是________的立方体，每组有________个试件。在________条件下养护________天，测定其________。

4. 砂浆流动性的选择，是根据________、________和________等条件来决定。

夏天砌筑红砖墙体时，砂浆的流动性应选得________些；砌筑毛石时，砂浆的流动性应选得________些。

5. 用于不吸水（密实）基层的砌筑砂浆的强度的影响因素是________和________。

6. 用于吸水底面的砂浆强度主要取决于________与________，而与________没有关系。

三、判断题

1. 影响砂浆强度的因素主要有水泥强度等级和 W/C 。（　　）

2. 砂浆的分层度越大，保水性越好。（　　）

3. 砂浆的稠度越小，流动性越好。（　　）

4. 混合砂浆的强度比水泥砂浆的强度大。（　　）

5. 砂浆的保水性用沉入度表示，沉入度越大表示保水性越好。（　　）

6. 砂浆的流动性用沉入度表示，沉入度越小表示流动性越小。（　　）

7. 采用石灰混合砂浆是为了改善砂浆的保水性。（　　）

8. 砌筑砂浆的强度，无论其底面是否吸水，砂浆的强度主要取决于水泥强度及水灰比。（　　）

9. 砂浆的和易性包括流动性、黏聚性、保水性三方面的含义。（　　）

10. 用于多孔基面的砌筑砂浆，其强度大小主要决定于水泥强度等级和水泥用量，而与水胶比大小无关。（　　）

四、不定项选择题

1. M15 及以下强度等级的砌筑砂浆选用（　　）级的通用硅酸盐水泥或砌筑水泥。

A. 32.5　　B. 42.5　　C. 52.5　　D. 均可

2. 砌筑砂浆适宜分层度一般在（　　）mm。

A. 10～20　　B. 10～30　　C. 10～40　　D. 10～50

3. 下列（　　）选项中，可以要求砂浆的流动性大些。

A. 多孔吸水的材料　　B. 干热的天气　　C. 手工操作砂浆

D. 密实不吸水砌体材料　　E. 砌筑砂浆

4. 用于外墙的抹灰砂浆，在选择胶凝材料时，应以（　　）为主。

A. 石灰　　B. 水泥　　C. 石膏　　D. 水玻璃

五、计算题

某工程需要配制 M10 的水泥石灰混合砂浆，流动性为 70～100mm。现材料供应如下：32.5 级的矿渣水泥，28d 实测强度为 38.0MPa；中砂，含水率 2%，堆积密度 1360kg/m^3。施工水平一般。求砂浆的配合比。

项目5　建　筑　钢　材

【知识目标】

1. 了解钢材的分类、优缺点及工程应用，钢材中主要元素及其对钢材性能的影响。
2. 掌握钢材的力学性能，掌握冷加工时效处理的方法、目的和应用。
3. 掌握各种钢的牌号表示方法、意义及工程应用。
4. 了解钢材验收内容、验收方法、运输及储存注意事项。

【能力目标】

1. 能根据工程性质、特点及使用环境，正确选用建筑钢材。
2. 能对施工现场进场的建筑钢材进行质量验收和管理。
3. 能根据相关标准检测和评定建筑钢材的性能。

任务5.1　建筑钢材的基本知识

5-1

生产钢铁的原材料

5-2

建筑钢材的基本知识

5.1.1　钢的定义

《钢分类　第1部分　按化学成分分类》(GB/T 13304.1—2008) 中对钢的定义如下：以铁为主要元素，含碳量一般在2%以下，并含有其他元素的材料。注：在铬钢中含碳量可能大于2%，2%通常是钢和铸铁的分界线。

5.1.2　钢的分类

5.1.2.1　按化学成分分类

《钢分类　第1部分　按化学成分分类》(GB/T 13304.1—2008) 规定了钢材按化学成分分为非合金钢、低合金钢和合金钢三类。

5.1.2.2　按主要质量等级和主要性能或使用特性分类

《钢分类　第2部分　按主要质量等级和主要性能或使用特性的分类》(GB/T 13304.2—2008) 规定：按主要质量等级，非合金钢分为普通质量非合金钢、优质非合金钢和特殊质量非合金钢三类；低合金钢分为普通质量低合金钢、优质低合金钢和特殊质量低合金钢三类；合金钢分为优质合金钢和特殊质量合金钢两类。

5.1.2.3　按冶炼时脱氧程度分类

除国家标准对钢材的分类外，根据过去习惯还可按冶炼时脱氧程度分类。

(1) 沸腾钢。当炼钢时脱氧不充分时，钢液中还有较多金属氧化物，浇铸钢锭后钢液冷却到一定的温度，其中的碳会与金属氧化物发生反应，生成大量一氧化碳气体外逸，引起钢液激烈沸腾，这种钢材称为沸腾钢。沸腾钢的冲击韧性和可焊性较差，特别是低温冲击韧性的降低更显著。

(2) 镇静钢。当炼钢时脱氧充分时，钢液中金属氧化物很少或没有，在浇铸钢锭时钢液会平静地冷却凝固，这种钢称为镇静钢。镇静钢组织致密，气泡少，偏析程度小，各种力学性能比沸腾钢优越。可用于受冲击荷载的结构或其他重要结构。

（3）特殊镇静钢。比镇静钢脱氧程度更充分彻底的钢，称为特殊镇静钢。

任务 5.2　建筑钢材的主要技术性能

钢材的技术性能主要包括力学性能（抗拉性能、塑性、冲击韧性、耐疲劳性和硬度等）和工艺性能（冷弯性能和焊接性能）两个方面。

5.2.1　力学性能

5.2.1.1　拉伸性能（抗拉性能）

拉伸是建筑钢材的主要受力形式，所以拉伸性能是表示钢材性能和选用钢材的重要指标。

将低碳钢（软钢）制成一定规格的试件，放在材料试验机上进行拉伸试验，可以绘出如图 5.1 所示的应力-应变关系曲线。从图 5.1 中可以看出，低碳钢受拉至拉断，经历了 4 个阶段：弹性阶段（*OA*）、屈服阶段(*AB*)、强化阶段（*BC*）和颈缩阶段（*CD*）。

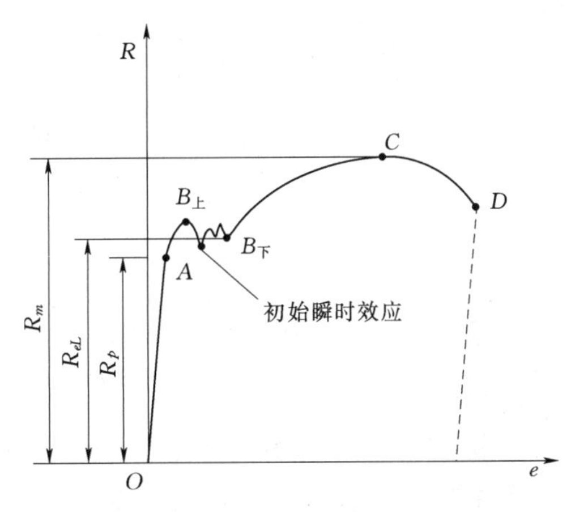

图 5.1　低碳钢受拉的应力-应变图

1. 弹性阶段（*OA* 段）

在拉伸的初始阶段，曲线（*OA* 段）为一直线，说明应力与应变成正比例关系，卸去外力，试件恢复原状，无残余变形，此阶段称为弹性阶段。弹性阶段的最高点（*A*）对应的应力称为弹性极限，弹性段的应力与应变的比值称为材料的弹性模量 *E*。弹性模量是衡量钢材抵抗变形的能力，*E* 越大，在一定应力下，产生的弹性变形越小，反之越大。工程上，弹性模量反映钢材的刚度，是钢材在受力条件下计算结构变形的重要指标。土木工程中常用钢材的弹性模量为 $(2.0 \sim 2.1) \times 10^5$ MPa。

2. 屈服阶段（*AB* 段）

超过弹性阶段后，应力几乎不变，只是在某一微小范围内上下波动，而应变却急剧增长，这种现象称为屈服。屈服强度指当金属材料呈现屈服现象时，在试验期间达到塑性变形发生而力不增加的应力点。一般采用下屈服点作为钢材的屈服强度（R_{eL}）。

钢材受力大于屈服点后，会出现较大的塑性变形，已不能满足使用要求，因此屈服强度是设计中钢材强度取值的依据，是工程结构计算中非常重要的一个参数。

3. 强化阶段（*BC* 段）

当应力超过屈服强度后，应力增加又产生应变，钢材得到强化，所以钢材抵抗塑性变形的能力又重新提高，图形呈上升曲线，称为强化阶段。对应于最高点的应力值（R_m）称为极限抗拉强度，简称抗拉强度。

显然，R_m 是钢材受拉时所能承受的最大应力值。屈服强度和抗拉强度之比（即屈强比$=R_{eL}/R_m$）能反映钢材的利用率和结构安全可靠程度。屈强比越小，其结构的安全可靠程度越高，但屈强比过小，又说明钢材强度的利用率偏低，造成钢材浪费。建筑结构钢合理的屈强比一般为0.60～0.75。

4. 颈缩阶段（CD 段）

试件受力达到最高点 C 点后，其抵抗变形的能力明显降低，变形迅速发展，应力逐渐下降，试件被拉长，在有杂质或缺陷处，断面急剧缩小，直到断裂。故 CD 段称为颈缩阶段。

硬钢（如预应力混凝土用的高强度钢筋和钢丝）在外力作用下屈服现象不明显，故采用规定塑性延伸强度。规定塑性延伸强度是指塑性延伸率等于规定的引伸计标距百分率时对应的应力，见图5.2。如 $\sigma_{0.2}$ 表示规定残余延伸率为0.2%时的应力。

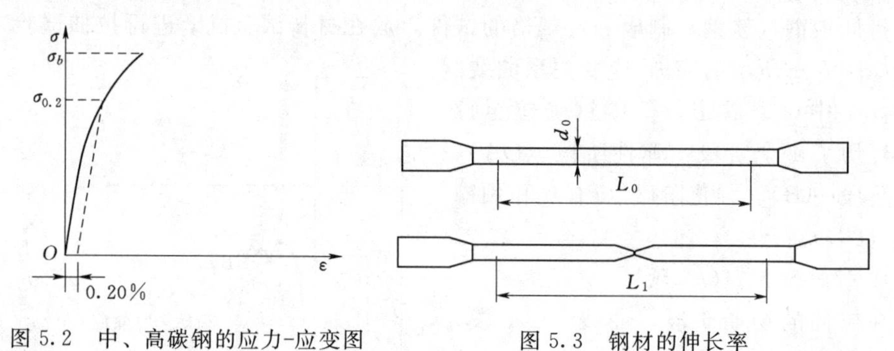

图5.2 中、高碳钢的应力-应变图

图5.3 钢材的伸长率

5.2.1.2 塑性

建筑钢材应具有很好的塑性。钢材的塑性通常用伸长率和断面收缩率表示。将拉断后的试件拼合起来，测定出标距范围内的长度 L_1(mm)，其与试件原标距 L_0(mm）之差为塑性变形值，塑性变形值与 L_0 之比称为伸长率（δ），如图5.3所示。伸长率（δ）按下式计算：

$$\delta=\frac{L_1-L_0}{L_0}\times 100\% \tag{5.1}$$

伸长率是衡量钢材塑性的一个重要指标，δ 越大说明钢材的塑性越好。而一定的塑性变形能力，可保证应力重新分布，避免应力集中，从而钢材用于结构的安全性越大。

塑性变形在试件标距内的分布是不均匀的，颈缩处的变形最大，离颈缩部位越远其变形越小。所以原标距与直径之比越小，则颈缩处伸长值在整个伸长值中的比重越大，计算出来的 δ 值就越大。通常以 δ_5 和 δ_{10} 分别表示 $L_0=5d_0$ 和 $L_0=10d_0$ 时的伸长率。对于同一种钢材，其 $\delta_5>\delta_{10}$。

5.2.1.3 冲击韧性

冲击韧性是指钢材抵抗冲击荷载而不被破坏的能力。钢材的冲击韧性是用有刻槽的标准试件，在冲击试验机的摆锤冲击下，以破坏后缺口处单位面积上所消耗的功（J/cm^2）来表示，其符号为 α_k。试验时将试件放置在固定支座上，然后以摆锤冲击试件刻槽的背面，使试件承受冲击弯曲而断裂。α_k 值越大，冲击韧性越好。对于经常受较大冲击荷载作用的结构，要选用 α_k 值大的钢材。

影响钢材冲击韧性的因素很多，如化学成分、冶炼质量、冷作及时效、环境温度等。

5.2.1.4 耐疲劳性

钢材在交变荷载的反复作用下，往往在最大应力远小于其抗拉强度时就发生破坏，这种现象称为钢材的疲劳性。疲劳破坏的危险应力用疲劳强度（或称疲劳极限）来表示，它是指疲劳试验时试件在交变应力作用下，在规定的周期基数内不发生断裂所能承受的最大应力。一般把钢材承受交变荷载 $10^6 \sim 10^7$ 次时不发生破坏的最大应力作为疲劳强度。设计承受反复荷载且需进行疲劳验算的结构时，应了解所用钢材的疲劳极限。

研究表明，钢材的疲劳破坏是由拉应力引起的，因此，钢材的内部成分的偏析、夹杂物的多少以及最大应力处的表面光洁程度、加工损伤等都是影响钢材疲劳强度的因素。疲劳破坏经常是突然发生的，往往会造成严重事故。

5.2.1.5 硬度

硬度是指金属材料在表面局部体积内，抵抗硬物压入表面的能力。亦即材料表面抵抗塑性变形的能力。测定钢材硬度采用压入法。即以一定的静荷载（压力），把一定的压头压在金属表面，然后测定压痕的面积或深度来确定硬度。按压头或压力不同，有布氏法、洛氏法等，相应的硬度试验指标称布氏硬度（HB）和洛氏硬度（HR）。较常用的方法是布氏法，其硬度指标是布氏硬度值。

各类钢材的 HB 值与抗拉强度之间有一定的相关关系。材料的强度越高，塑性变形抵抗力越强，硬度值也就越大。由试验得出，其抗拉强度与布氏硬度的经验关系式如下：当 $HB<175$ 时，$\sigma_b \approx 3.6HB$；当 $HB>175$ 时，$\sigma_b \approx 3.5HB$。根据这一关系，可以直接在钢结构上测出钢材的 HB 值，并估算该钢材的 σ_b。

5.2.2 工艺性能

钢筋冷弯试验

5.2.2.1 冷弯性能

冷弯性能是指钢材在常温下承受弯曲变形的能力，以试验时的弯曲角度 α 和弯心直径 d 为指标表示。钢材的冷弯试验是通过直径（或厚度）为 a 的试件，采用标准规定的弯心直径 d（$d=na$，n 为整数），弯曲到规定的角度时（180°或 90°），检查弯曲处有无裂纹、断裂及起层等现象。若没有这些现象则认为冷弯性能合格。钢材冷弯时的弯曲角度 α 越大，d/a 越小，则表示冷弯性能越好。

伸长率反映的是钢材在均匀变形下的塑性，而冷弯性能是钢材处于不利变形条件下的塑性，更有助于暴露钢材内部组织是否均匀、是否存在内应力和夹杂物等缺陷。而这些缺陷在拉伸试验中常因塑性变形导致应力重分布而得不到反映。

5.2.2.2 焊接性能

在建筑工程中，各种型钢、钢板、钢筋及预埋件等需用焊接加工。钢结构有90%以上是焊接结构。焊接的质量取决于焊接工艺、焊接材料及钢的焊接性能。

钢材的可焊性是指钢材是否适应通常的焊接方法与工艺的性能。可焊性好的钢材

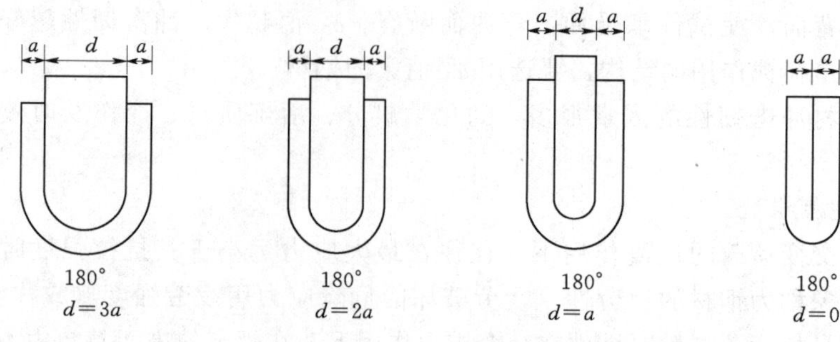

图 5.4 钢材的冷弯试验

指易于用一般焊接方法和工艺施焊，焊口处不易形成裂纹、气孔、夹渣等缺陷；焊接后钢材的力学性能，特别是强度不低于原有钢材，硬脆倾向小。钢材可焊性能的好坏，主要取决于钢的化学成分。含碳量高将增加焊接接头的硬脆性，含碳量小于0.25%的碳素钢具有良好的可焊性。

钢筋焊接注意事项：冷拉钢筋的焊接应在冷拉之前进行；钢筋焊接之前，焊接部位应清除铁锈、熔渣、油污等。

5.2.2.3 冷加工强化及时效处理

1. 冷加工强化

将钢材在常温下进行冷拉、冷拔或冷轧使其产生塑性变形，从而提高屈服强度，降低塑性韧性，这个过程称为冷加工强化处理。

钢筋的冷拔

冷拉是将钢筋拉至其应力-应变曲线的强化阶段内任一点 K 处，然后缓慢卸去荷载，当再度加载时，其屈服极限将有所提高，而其塑性变形能力将有所降低。冷拉一般可控制冷拉率。经过冷拉后，一般屈服点可提高20%～50%。

冷拔是将光圆钢筋通过硬质合金拔丝模孔强行拉拔。冷拔过程中钢筋不仅受拉，同时受到挤压作用。经过一次或多次冷拔后得到的冷拔低碳钢丝，其屈服点可提高40%～60%，但钢的塑性和韧性下降，而具有硬钢的特点。

冷轧是将圆钢在冷轧机上轧成断面形状规则的钢筋，可提高其强度及与混凝土的黏结力。钢筋在冷轧时，纵向与横向同时产生变形，故能较好地保持其塑性和内部结构均匀性。

2. 时效

钢材经冷加工后，在常温下存放15～20d或加热至100～200℃，保持2～3h左右，其屈服强度、抗拉强度及硬度进一步提高，而塑性及韧性继续降低，这种现象称为时效。前者称为自然时效，后者称为人工时效。

钢材经冷加工及时效处理后，其性质变化的规律，可明显地在应力-应变图上得到反映，如图5.5所示。该图表明冷拉时效以后，屈服强度和抗拉强度均得到提高，但塑性和韧性则相应降低。

5.2.2.4 钢材的热处理

钢材的热处理是将钢材按规定的温度，进行加热、保温和冷却处理，以改变其组织，得到所需要的性能的一种工艺。通常有以下几种基本方法。

1. 淬火

将钢材加热至基本组织改变温度以上，保温使基本组织转变成奥氏体，然后投入水中或矿物油中急冷，使晶粒细化，碳的固溶量增加，强度和硬度提高，塑性和韧性明显降低。

2. 回火

将比较硬脆、存在内应力的钢，再加热至基本组织改变温度以下（150～650℃），保温后按一定温度冷却至室温的热处理方法称为回火。回火后的钢材，内应力消除，硬度降低，塑性和韧性得到改善。

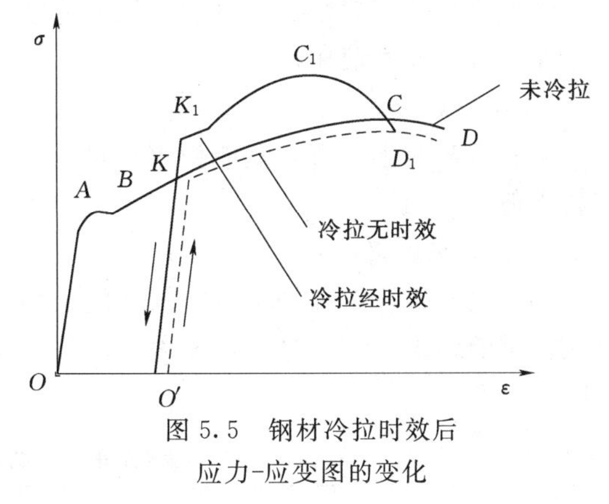

图5.5 钢材冷拉时效后应力-应变图的变化

3. 退火

将钢材加热至基本组织转变温度以下（低温退火）或以上（完全退火），适当保温后缓慢冷却，以消除内应力，减少缺陷和晶格畸变，使刚的塑性和韧性得到改善。

4. 正火

将钢材加热到基本组织改变温度以上，然后在空气中冷却，使晶格细化，钢的强度提高，塑性有所降低。

5.2.3 钢材的化学成分及其对性能的影响

钢材的化学成分主要是指碳、硅、锰、硫、磷等，在不同情况下往往还需考虑氧、氮及各种合金元素。

1. 碳

土木工程用钢材含碳量不大于0.8%。在此范围内，随着钢中碳含量的提高，强度和硬度相应提高，而塑性和韧性则相应降低，碳还可显著降低钢材的可焊性，增加钢的冷脆性和时效敏感性，降低抗大气锈蚀性。

2. 硅

当硅在钢中的含量较低（小于1%）时，可提高钢材的强度，而对塑性和韧性影响不明显。

3. 锰

锰是我国低合金钢的主要合金元素，钢中锰含量一般在1%～2%，它的作用主要是使强度提高，锰还能消减硫和氧引起的热脆性，使钢材的热加工性质改善。

4. 硫

硫是有害元素。呈非金属硫化物夹杂物存在于钢中，具有强烈的偏析作用，降低各种机械性能。硫化物造成的低熔点使钢在焊接时易于产生热裂纹，显著降低可焊性。

5. 磷

磷为有害元素，含量提高，钢材的强度提高，塑性和韧性显著下降，特别是温度越低，对韧性和塑性的影响越大，磷在钢中的偏析作用强烈，使钢材冷脆性增大，并显著降低钢材的可焊性。磷可提高钢的耐磨性和耐腐蚀性，在低合金钢中可配合其他元素作为合金元素使用。

6. 氧和氮

氧和氮为有害元素，氧能使钢材热脆，其作用比硫剧烈；氮能使钢材冷萃，作用与磷类似。

7. 铝、钒、铌、钛

铝、钒、铌、钛都是炼钢时的强脱氧剂，也是钢材中的有益元素，适量加入钢中可改善钢的组织，细化晶粒，显著提高强度和改善韧性。几种化学元素对钢材性能的影响见表5.1。

表5.1　　化学元素对钢材性能的影响

化学元素	强度	硬度	塑性	韧性	可焊性	其他
碳（C）<0.8%↑	↑	↑	↓	↓	↓	冷脆性↑
硅（Si）>1%↑			↓	↓↓	↓	冷脆性↑
锰（Mn）↑	↑	↑		↑		脱氧、脱硫剂
钛（Ti）↑	↑↑		↓	↑		强脱氧剂
钒（V）↑	↑					时效↓
铌（Nb）↑	↑		↑	↑		
磷（P）↑	↑		↓	↓	↓	偏析、冷脆↑↑
氮（N）↑	↑		↓	↓↓	↓	冷脆性↓
硫（S）↑	↓				↓	
氧（O）↑	↓				↓	

任务5.3　建筑钢材的标准与选用

5.3.1　土木工程常用钢种

5.3.1.1　碳素结构钢

5-7 建筑钢材的标准与选用

1. 碳素结构钢的牌号及其表示方法

碳素结构钢的牌号由4个部分按顺序组成：代表屈服强度的字母、屈服强度数值、质量等级符号、脱氧方法符号。碳素结构钢的质量等级是按钢中硫、磷含量由多至少划分的，随A、B、C、D的顺序质量等级逐级提高。当为镇静钢或特殊镇静钢时，则牌号表示“Z”与“TZ”符号可予以省略。

按《碳素结构钢》（GB/T 700—2006）规定，我国碳素结构钢分四个牌号，即Q195、Q215、Q235和Q275。例如Q235 A F表示：屈服点为235MPa的A级沸腾钢。

2. 碳素结构钢的技术要求

按照《碳素结构钢》（GB/T 700—2006）规定，碳素结构钢的技术要求包括化学成分、力学性能、冶炼方法、交货状态、表面质量等五个方面。各牌号碳素结构钢的化学成分及力学性能应分别符合表5.2和表5.3的要求。

表 5.2　　碳素结构钢的化学成分（GB/T 700—2006）

牌号	统一数字代号[1]	等级	厚度（或直径）/mm	脱氧方法	化学成分（质量分数）/%，不大于				
					C	Si	Mn	P	S
Q195	U11952	—	—	F、Z	0.12	0.30	0.50	0.035	0.040
Q215	U12152	A	—	F、Z	0.15	0.35	1.20	0.045	0.050
	U12155	B							0.045
Q235	U12352	A	—	F、Z	0.22	0.35	1.40	0.045	0.050
	U12355	B			0.20[2]				0.045
	U12358	C		Z	0.17			0.040	0.040
	U12359	D		TZ				0.035	0.035
Q275	U12752	A	—	F、Z	0.24	0.35	1.50	0.045	0.050
	U12755	B	≤40	Z	0.21			0.045	0.045
			>40		0.22				
	U12758	C	—	Z	0.20			0.040	0.040
	U12759	D		TZ				0.035	0.035

注　1. 表中第 2 列为镇静钢、特殊镇静钢牌号的统一数字代号，沸腾钢牌号的统一数字代号如下：Q195F—U11950；Q215AF—U12150；Q215BF—U12153；Q235AF—U12350；Q235BF—U12353；Q275AF—U12750。

2. 经需方同意，Q235B 的含碳量可不大于 0.22%。

表 5.3　　碳素结构钢的力学性能（GB/T 700—2006）

牌号	等级	屈服强度[1] R_{eH}/N/mm²，不小于						抗拉强度[2] R_m /MPa	断后伸长率 A/%，不小于					冲击试验（V 型缺口）	
		厚度（或直径）/mm							厚度（或直径）/mm					温度/℃	冲击吸收功（纵向）/J，不小于
		≤16	>16~40	>40~60	>60~100	>100~150	>150~200		≤40	>40~60	>60~100	>100~150	>150~200		
Q195	—	195	185	—	—	—	—	315~430	33	—	—	—	—	—	—
Q215	A	215	205	195	185	175	165	335~450	31	30	29	27	26	—	—
	B													+20	27
Q235	A	235	225	215	215	195	185	370~500	26	25	24	22	21	—	—
	B													+20	27[3]
	C													0	
	D													−20	
Q275	A	275	265	255	245	225	215	410~540	22	21	20	18	17	—	—
	B													+20	27
	C													0	
	D													−20	

注　1. Q195 的屈服强度值仅供参考，不作交货条件。

2. 厚度大于 100mm 的钢材，抗拉强度下限允许降低 20MPa。宽带钢（包括剪切钢板）抗拉强度上限不作交货条件。

3. 厚度小于 25mm 的 Q235B 级钢材，如供方能保证冲击吸收功值合格，经需方同意，可不作检验。

3. 碳素结构钢各类牌号的特性与用途

Q195——强度不高，塑性、韧性、加工性能与焊接性能较好，主要用于轧制薄板和盘条等；

Q215——与 Q195 钢基本相同，其强度稍高，大量用于管坯、螺栓等；

Q235——既具有较高的强度，又具有较好的塑性和韧性，可焊性也好，故能较好地满足一般钢结构和钢筋混凝土结构的用钢要求。

Q235 钢冶炼方便，成本较低，故在建筑中应用广泛。由于塑性好，在结构中能保证在超载、冲击、焊接、温度应力等不利条件下的安全，并适于各种加工，大量被用作轧制各种型钢、钢板及钢筋。其力学性能稳定，对轧制、加热、急剧冷却时的敏感性较小。其中 Q235A 级钢，一般仅适用于承受静荷载作用的钢结构，Q235B 适合用于承受动荷载焊接的普通钢结构，Q235C 适合于承受动荷载焊接的重要钢结构，Q235D 级钢适用于低温环境使用的承受动荷载焊接的重要钢结构。

Q275——强度较高，但塑性、韧性和可焊性差，不易焊接和冷加工，可用于轧制钢筋、制作螺栓配件等。

5.3.1.2　优质碳素结构钢

《优质碳素结构钢》（GB/T 699—2015）中规定，优质碳素结构钢共有 28 个牌号，表示方法与其平均含碳量（以 0.01%为单位）及含锰量相对应。如序号 6 的优质碳素结构钢统一数字代号为 U20302，牌号 30，其碳含量为 0.27～0.34%，Mn 含量为 0.50～0.80%。又如序号 14 的优质碳素结构钢统一数字代号为 U20702，牌号 70，其碳含量为 0.67～0.75%，Mn 含量为 0.50～0.80%。序号 18～28 的优质碳素结构钢 Mn 含量比序号 1～17 的优质碳素结构钢高，牌号注明 Mn。如序号 21 的优质碳素结构钢统一数字代号为 U21302，其碳含量与统一数字代号 U20302 的优质碳素结构钢碳含量相同，亦为 0.27～0.34%，但 Mn 含量为 0.70～1.00%，其牌号为 30Mn。

在建筑工程中，牌号 30～45 号钢的优质碳素结构钢主要用于重要结构的钢铸件和高强度螺栓等，牌号 65～80 号钢的优质碳素结构钢用于生产预应力混凝土用钢丝和钢绞线。

5.3.1.3　低合金高强度结构钢

低合金高强度结构钢是在碳素钢结构钢的基础上，添加少量的一种或多种合金元素（总含量小于 5%）的钢材。

1. 组成与牌号

低合金高强度结构钢是一种在碳素钢的基础上添加总量小于 5%的一种或多种合金元素的钢材。合金元素有硅、锰、钒、铌、铬、镍及稀土元素等。

《低合金高强度结构钢》（GB/T 1591—2018）规定，低合金钢牌号由代表钢材屈服强度的字母“Q”、规定的最小上屈服强度数值、交货状态代号、质量等级符号（B、C、D、E、F）四个部分组成。交货状态为热轧时，交货状态代号可省略；交货状态为正火或正火轧制状态时，交货状态代号均用 N 表示。如 Q355 ND 表示最小上屈服强度为 355MPa，交货状态为正火或正火轧制质量等级为 D 级的低合金高强度结构钢。

当需方要求钢板具有厚度方向性能时，则在上述规定的牌号后加上代表厚度方向（Z向）性能级别的符号，如：Q355NDZ25。

2. 性能与应用

低合金高强度结构钢与碳素结构钢相比，具有较高的强度，综合性能好。其强度的提高主要是靠加入的合金元素细晶强化和固溶强化来达到的。在相同的使用条件下，可比碳素结构钢节省用钢20%～30%，对减轻结构自重有利。同时还具有良好的塑性、韧性、可焊性、耐磨性、耐蚀佳、耐低温性等性能。

低合金高强度结构钢主要用于轧制各种型钢、钢板、钢管及钢筋，广泛用于钢结构和钢筋混凝土结构中，特别适用于各种重型结构、高层结构、大跨度结构及桥梁工程等。

5.3.1.4　耐候结构钢

耐候结构钢是通过添加少量合金元素如Cu、P、Cr、Ni等，使其在金属基体表面形成保护层，以提高耐大气腐蚀性能的钢。主要用于车辆、桥梁、塔架等长期暴露在大气中使用的钢结构。

《耐候结构钢》（GB/T 4171—2008）规定，其牌号由“屈服强度”“高耐候”或“耐候”的汉语拼音首位字母“Q”“GNH”或“NH”，屈服强度的下限值以及质量等级（A、B、C、D、E）组成。例如Q355GNHC表示屈服强度下限值355MPa高耐候钢，其质量等级为C级。耐候结构钢的分类及用途见表5.4。

表5.4　耐候结构钢的分类及用途

类　别	牌　号	生产方式	用　途
高耐候钢	Q295GNH、Q355GNH	热轧	车辆、集装箱、建筑、搭架或其他结构件等结构用，比焊接耐候钢具有较好的耐大气腐蚀性能
	Q265GNH、Q310GNH	冷轧	
焊接耐候钢	Q235NH、Q295NH、Q355NH、Q415NH、Q460NH、Q500NH、Q550NH	热轧	车辆、桥梁、集装箱、建筑或其他结构件等结构用，比高耐候钢具有较好的焊接性能

5.3.2　土木工程常用钢材

5.3.2.1　钢筋

钢筋图片

1. 热轧光圆钢筋

热轧光圆钢筋的牌号是由HPB＋屈服强度特征值构成。HPB为热轧光圆钢筋的英文Hot rolled Plain Bars的缩写。热轧光圆钢筋需符合《钢筋混凝土用钢　第1部分：热轧光圆钢筋》（GB/T 1499.1—2017）的规定：热轧光圆钢筋的下屈服强度R_{eL}、抗拉强度R_m、断后伸长率A、最大力总伸长率A_{gt}及冷弯试验的力学性能特征值应符合表5.5的规定。

表5.5　热轧光圆钢筋的力学性能特征值

牌号	R_{eL}/MPa	R_m/MPa	A/%	A_{gt}/%	冷弯试验180°，d为弯芯直径；a为钢筋公称直径
	不小于				
HPB300	300	420	25	10.0	$d=a$

热轧光圆钢筋的强度虽然不高，但具有塑性好、伸长率高、便于弯折成形、容易焊接等特点。它的使用范围很广，可用作中、小型钢筋混凝土结构的主要受力钢筋，

构件的箍筋，钢、木结构的拉杆等。还可作为冷轧带肋钢筋的原材料，盘条还可作为冷拔低碳钢丝的原材料。

2. 带肋钢筋

带肋钢筋指横截面通常为圆形，且表面带肋的混凝土结构用钢材。带肋钢筋包括热轧带肋钢筋和冷轧带肋钢筋。带肋钢筋表面轧有纵肋和横肋，纵肋即平行于钢筋轴线的均匀连续肋；横肋是与钢筋轴线肋不平行的其他肋。月牙肋钢筋是横肋的纵截面呈月牙形，且与纵肋不相交的钢筋。带肋钢筋加强了钢筋与混凝土之间的黏结力，可有效防止混凝土与配筋之间发生相对位移。

（1）热轧带肋钢筋。热轧带肋钢筋通常为圆形横截面，且表面通常带有两条总肋和沿长度方向均匀分布的横肋。普通热轧带肋钢筋的牌号由 HRB 和屈服强度特征值构成。有 HRB400、HRB500、HRB600、HRB400E、HRB500E 五个牌号。HRB 为 Hot rolled Ribbed Bars 的缩写。E 为 Earthquake 的首位字母。

细晶粒热轧带肋钢筋的牌号由 HRBF 和屈服强度特征值构成，HRBF 是在热轧带肋钢筋的英文缩写后加“细”的英文 Fine 的首位字母大写。有 HRBF400、HRBF500、HRBF400E、HRBF500E 四个牌号。

热轧带肋钢筋需符合《钢筋混凝土用钢　第 2 部分：热轧带肋钢筋》（GB/T 1499.2—2018）的规定：热轧带肋钢筋的下屈服强度 R_{eL}、抗拉强度 R_m、断后伸长率 A、最大力总伸长率 A_{gt} 应符合表 5.6 的规定。

表 5.6　热轧带肋钢筋力学性能

牌　号	R_{eL}/MPa	R_m/MPa	A/%	A_{gt}/%	R_m^o/R_{eL}^o	R_{eL}^o/R_{eL}
	不小于					不大于
HRB400、HRBF400	400	540	16	7.5	—	—
HRB400E、HRBF400E			—	9.0	1.25	1.30
HRB500、HRBF500	500	630	15	7.5	—	—
HRB500E、HRBF500E			—	9.0	1.25	1.30
HRB600	600	730	14	7.5	—	—

注　R_m^o 为钢筋实测抗拉强度；R_{eL}^o 为钢筋实测下屈服强度。

热轧带肋钢筋广泛用于大、中型钢筋混凝土结构的主筋。《混凝土结构设计规范》（GB 50010—2010 局部修订稿）指出，混凝土结构的钢筋应按下列规定选用：

1）纵向受力普通钢筋可采用 HRB400、HRB500、HRBF400、HRBF500、HRB335、RRB400、HRB300 钢筋，梁、柱和斜撑构件的纵向受力普通钢筋宜采用 HRB400、HRB500、HRBF400、HRBF500 钢筋。

2）箍筋宜采用 HRB400、HRBF400、HRB335、HPB300、HRB500、HRBF500 钢筋。

3）预应力筋宜采用预应力钢丝、钢绞线和预应力螺纹钢筋。

（2）冷轧带肋钢筋。冷轧带肋钢筋是由热轧圆盘条经冷轧后，在其表面带有沿长度方向均匀分布的横肋的钢筋。《冷轧带肋钢筋》（GB/T 13788—2017）规定，冷轧带肋钢筋的牌号由 CRB＋抗拉强度特征值，高延性冷轧带肋钢筋的牌号由 CRB＋抗拉强度特征值+H组成。C、R、B、H分别为冷轧（Cold rolled）、带肋（Ribbed）、钢筋（Bar）、高延性（High elongation）四个词的英文首位字母。

钢筋分为CRB550、CRB650、CRB800、CRB600H、CRB680H、CRB800H六个牌号。CRB550、CRB600H为普通钢筋混凝土用钢筋，CRB650、CRB800、CRB800H为预应力混凝土用钢筋，CRB680H既可作为普通钢筋混凝土用钢筋，也可作为预应力混凝土用钢筋使用。

CRB550、CRB600H、CRB680H钢筋的公称直径范围为4～12mm。CRB650、CRB800、CRB800H公称直径为4mm、5mm、6mm。

冷轧带肋钢筋提高了钢筋的强度，特别是锚固强度较高，而塑性下降，但伸长率一般仍较同类冷加工钢材大。

（3）冷轧扭钢筋。冷轧扭钢筋是采用低碳钢热轧圆盘条经专用钢筋冷轧扭机调直、冷轧并冷扭一次成型，具有规定截面形式和相应节距的连续螺旋状钢筋，该钢筋刚度大，不易变形，与混凝土的握裹力大，无需加工（预应力或弯钩），可直接用于混凝土工程，节约钢材30%。使用冷扎扭钢筋可减小板的设计厚度、减轻自重，施工时可按需要将成品钢筋直接供应现场铺设，免除现场加工钢筋，改变了传统加工钢筋占用场地、不利于机械化生产的弊端。《冷轧扭钢筋》（JG 190—2006）规定了其力学性能，见表5.7。

表5.7　冷轧扭钢筋的力学性能

强度级别	型号	抗拉强度σ_b/MPa	伸长率A/%	180°弯曲试验（弯心直径=$3d$）	应力松弛率/% $\sigma_{con}=0.7f_{ptk}$	
					10h	1000h
CTB550	Ⅰ	≥550	$A_{11.3}$≥4.5	受弯曲部位钢筋表面不得产生裂纹	—	—
	Ⅱ	≥550	A≥10		—	—
	Ⅲ	≥550	A≥12		—	—
CTB650	Ⅲ	≥650	A_{100}≥4		≤5	≤8

注　1. d为冷轧扭钢筋标志直径。

2. A、$A_{11.3}$分别表示以标距$5.65\sqrt{S_0}$或$11.3\sqrt{S_0}$（S_0为试样原始截面面积）的试样拉断伸长率，A_{100}表示标距为100mm的试样拉断伸长率。

3. σ_{con}为预应力钢筋张拉控制应力；f_{ptk}为预应力冷轧扭钢筋抗拉强度标准值。

预应力混凝土用钢丝和钢绞线图片

5.3.2.2　预应力混凝土用钢丝和钢绞线

1. 预应力混凝土用钢丝

《预应力混凝土用钢丝》（GB/T 5223—2014）规定，钢丝按加工状态分为冷拉钢丝和消除应力钢丝两类。冷拉钢丝应用于压力管道。冷拉钢丝代号为WCD；低松弛钢丝代号为WLR。钢丝按外形分为光圆、螺旋肋、刻痕三种。光圆钢丝代号为P，螺旋肋钢丝代号为H，刻痕钢丝代号为I。

钢丝的抗拉强度比钢筋混凝土用热轧光圆钢、热轧带肋钢筋高许多，在构件中采用预应力钢丝可起到节省钢材、减少构件截面和节省混凝土的效果，主要用作桥梁、吊车梁、大跨度屋架、管桩等预应力钢筋混凝土构件中。

2. 预应力混凝土用钢绞线

预应力混凝土用钢绞线是由冷拉光圆钢丝及刻痕钢丝捻制而成，由冷拉光圆钢丝捻制成的钢绞线称为标准型钢绞线，由刻痕钢丝捻制成的钢绞线称为刻痕钢绞线，捻制后再经冷拔成的钢绞线称为模拔型钢绞线。

《预应力混凝土用钢绞线》（GB/T 5224—2014）规定其按结构分为八类，如用两根钢丝捻制的钢绞线，代号1×2；用三根钢丝捻制的钢绞线，代号1×3；用三根刻痕钢丝捻制的钢绞线，代号1×3I；用七根钢丝捻制的钢绞线，代号1×7；用七根钢丝捻制又经模拔的钢绞线，代号（1×7）C等。产品标记包括下列内容：预应力钢绞线；结构代号；公称直径；强度级别；标准编号。示例如下：

公称直径为15.20mm，抗拉强度为1860MPa的七根钢丝捻制的标准型钢绞线标记为：预应力钢绞线1×7-15.20-1860-GB/T 5224—2014。

公称直径为8.70mm，抗拉强度为1720MPa的三根刻痕钢丝捻制的钢绞线标记为：预应力钢绞线1×3I-8.70-1720-GB/T 5224—2014。

5-10
型钢图片

预应力钢绞线主要用于预应力混凝土配筋。与钢筋混凝土中的其他配筋相比，预应力钢绞线具有强度高、柔性好、质量稳定、成盘供应无需接头等优点。适用于大型屋架、薄腹梁、大跨度桥梁等负荷大、跨度大的预应力结构。

5.3.2.3 型钢

型钢所用的母材主要是普通碳素结构钢及低合金高强度结构钢。钢结构常用的型钢有工字钢、H型钢、T型钢、槽钢、等边角钢、不等边型钢等。型钢由于截面形式合理，材料在截面上分布对受力最为有利，且构件间连接方便，所以它是钢结构中采用的主要钢材。

1. 热轧H型钢和剖分T型钢

H型钢由工字钢发展而来，优化了截面的分布，如图5.6所示。与工字钢相比，H型钢具有翼缘宽，侧向刚度大，抗弯能力强，翼缘两表面相互平行、连接构件方便、省劳力，重量轻、节省钢材等优点，常用于要求承载力大、截面稳定性好的大型建筑。

T型钢由H型钢对半剖分而成，如图5.7所示。

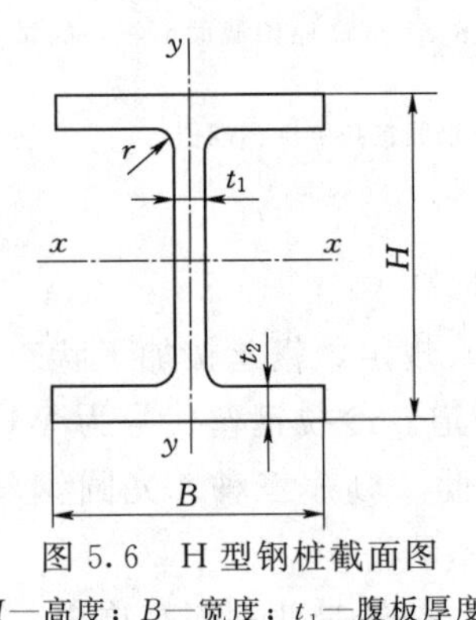

图5.6 H型钢桩截面图

H—高度；B—宽度；t_1—腹板厚度；t_2—翼缘厚度；r—圆角半径

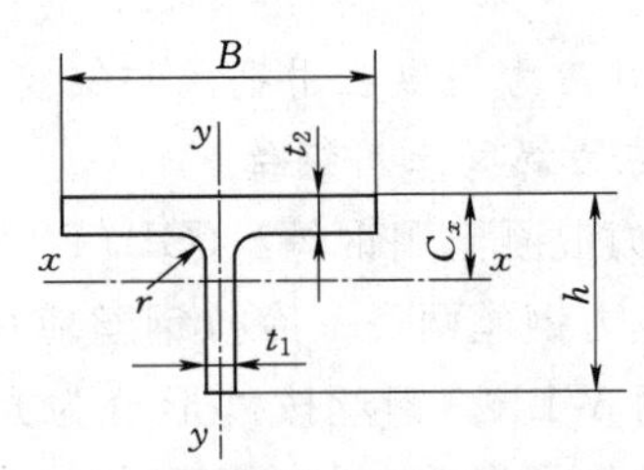

图5.7 剖分T型钢截面图

h—高度；B—宽度；t_1—腹板厚度；t_2—翼缘厚度；C_x—重心；r—圆角半径

《热轧 H 型钢和剖分 T 型钢》(GB/T 11263—2017) 规定，H 型钢分为四类：宽翼缘 H 型钢 (代号为 HW)、中翼缘 H 型钢 (代号为 HM)、薄壁 H 型钢 (代号为 HT) 和窄翼缘 H 型钢 (代号为 HN)。剖分 T 型钢分为三类：宽翼缘剖分 T 型钢 (代号为 TW)、中翼缘剖分 T 型钢 (代号为 TM) 和窄翼缘剖分 T 型钢 (代号为 TN)。

规格表示方法如下：

H 型钢：H 与高度 H 值×宽度 B 值×腹板厚度 t_1 值×翼缘厚度 t_2 值。例如：

H596×199×10×15

剖分 T 型钢：T 与高度 h 值×宽度 B 值×腹板厚度 t_1 值×翼缘厚度 t_2 值。例如：

T207×405×18×28

2. 冷弯薄壁型钢

(1) 结构用冷弯空心型钢。空心型钢是用连续辊式冷弯机组生产的，按形状可分为方形空心型钢 (代号为 F) 和矩形空心型钢 (代号为 J)。

(2) 通用冷弯开口型钢 。冷弯开口型钢是用可冷加工变形的冷轧或热轧钢带在连续辊式冷弯机组上生产的，按形状分为 9 种：冷弯等边角钢 (JD)、冷弯不等边角钢 (JB)、冷弯等边槽钢 (CD)、冷弯不等边槽钢 (CB)、冷弯内卷边槽钢 (CN)、冷弯外卷边槽钢 (CW)、冷弯 Z 型钢 (Z)、冷弯卷边 Z 型钢 (ZJ)、卷边等边角钢 (JJ)。

5-11

钢板和钢管图片

5.3.2.4　建筑结构用钢板

《建筑结构用钢板》(GB/T 19879—2015) 对制造高层建筑结构、大跨度结构及其他重要建筑结构的钢板提出了相关的规定。

建筑结构用钢板的品种有：厚度为 6～200mm 的 Q345GJ、厚度为 6～150mm 的 Q235GJ、Q390GJ、Q420GJ、Q460GJ 及厚度为 12～40mm 的 Q500GJ、Q550GJ、Q620GJ、Q690GJ。

其牌号由代表屈服强度的汉语拼音字母 (Q)、规定的最小屈服强度数值、代表高性能建筑结构用钢的汉语拼音字母 (GJ)、质量等级符号 (B、C、D、E) 组成。如 Q345GJC。

对于厚度方向性能钢板，在质量等级后加上厚度方向性能级别 (Z15、Z25 或 Z35)，如：Q345GJCZ25。

建筑结构用钢板是一种综合性能良好的结构钢板，适用于承受动力荷载、地震荷载。同时要求较高强度与延性的重要承重构件，特别是采用厚板密实性截面的构件。如超高层框架柱，转换层大梁，大吨位、大跨度重级吊车梁等。大批量建筑结构用钢板的厚板已成功地用于国家体育场 (鸟巢)、首都新机场、国家大剧院、中央电视台总部大楼等多项标志性工程，效果良好。另外，因厚度方向性能钢板需要加价，故设计选用建筑结构用钢板，应合理地要求此项性能要求。

5.3.2.5　棒材和钢管

1. 棒材

常用的棒材有六角钢、八角钢、扁钢、圆钢和方钢。

热轧六角钢和八角钢是截面为六角形和八角形的长条钢材，规格以“对边距离”表示。建筑钢结构的螺栓常以此种钢材为坯材。

热轧扁钢是截面为矩形并稍带钝边的长条钢材，规格以“厚度×宽度”表示，规格范围为3mm×10mm～60mm×150mm。扁钢在建筑上用作房架构件、扶梯、桥梁和栅栏等。

2. 钢管

钢结构中常用热轧无缝钢管和焊接钢管。钢管在相同截面积下，刚度较大，因而是中心受压杆的理想截面；流线型的表面使其承受风压小，用于高耸结构十分有利。在建筑结构上钢管多用于制作桁架、塔桅等构件，也可用于制作钢管混凝土。钢管混凝土是指在钢管内浇筑混凝土而形成的构件，可使构件承载力大大提高，且具有良好的塑性和韧性，经济效果显著，施工简单、工期短。钢管混凝土可用于厂房柱、构架柱、地铁站台柱、塔柱和高层建筑等。

【工程实例分析5.1】 钢结构屋架倒塌。

某厂的钢结构屋架用中碳钢焊接而成，使用一段时间后，屋架坍塌。

分析讨论：首先是因为钢材的选用不当，中碳钢的塑性和韧性比低碳钢差；其次是焊接性能较差，焊接时钢材局部温度高，形成了热影响区，其塑性及韧性下降较多，较易产生裂纹。建筑上常用的主要钢种是普通碳素钢中的低碳钢和合金钢中的低合金高强度结构钢。

5.3.3 钢材的选用原则

钢材的选用一般需考虑以下因素。

1. 荷载性质

对于经常承受动力或振动荷载的结构，容易产生应力集中，从而引起疲劳破坏，需要选用材质高的钢材。

2. 使用温度

对于经常处于低温状态的结构，钢材容易发生冷脆断裂，特别是焊接结构更甚，因而要求钢材具有良好的塑性和低温冲击韧性。

3. 连接方式

对于焊接结构，当温度变化和受力性质改变时，焊缝附近的母体金属容易出现冷、热裂纹，促使结构早期破坏。所以焊接结构对钢材化学成分和机械性能要求应较严。

4. 钢材厚度

钢材力学性能一般随厚度增大而降低，钢材经多次轧制后、钢的内部结晶组织更为紧密，强度更高，质量更好。故一般结构用的钢材厚度不宜超过40mm。

5. 结构重要性

选择钢材要考虑结构使用的重要性，如大跨度结构、重要的建筑物结构，须相应选用质量更好的钢材。

任务5.4 钢材的腐蚀及防护

5.4.1 钢材的腐蚀

钢材的腐蚀是指其表面与周围介质发生化学反应而遭到的破坏过程。根据腐蚀作用的机理，钢材的腐蚀可分为化学腐蚀和电化学腐蚀两种。

1. 化学腐蚀

化学腐蚀是指钢材直接与周围介质发生化学反应而产生的腐蚀。这种腐蚀多数是氧化作用，使钢材表面形成疏松的氧化物。在常温下，钢材表面能形成一薄层起保护作用的氧化膜 FeO，可以防止钢材进一步腐蚀。因而在干燥环境下，钢材腐蚀进展缓慢，但在温度和湿度较高的环境中，这种腐蚀进展加快。

2. 电化学腐蚀

电化学腐蚀是建筑钢材在存放和使用中发生腐蚀的主要形式。它是指钢材与电解质溶液接触而产生电流，形成微电池而引起的腐蚀。潮湿环境中的钢材表面会被一层电解质水膜所覆盖，而钢材含有铁、碳等多种成分，由于这些成分的电极电位不同，从而钢的表面层在电解质溶液中构成以铁素体为阳极，以渗碳体为阴极的微电池。在阳极，铁失去电子成为 Fe^{2+} 进入水膜；在阴极，溶于水膜的氧被还原生成 OH^-，随后两者生成不溶于水的 $Fe(OH)_2$，并进一步氧化成为疏松易剥落的红棕色铁锈 $Fe(OH)_3$。由于铁素体基体的逐渐腐蚀，钢组织中的渗碳体等暴露出来的越来越多，于是形成的微电池数目也越来越多，钢材的腐蚀速度也就愈益加速。

影响钢材锈蚀的主要因素是水、氧及介质中所含的酸、碱、盐等。同时钢材本身的组织成分对腐蚀影响也很大。埋于混凝土中的钢筋，由于普通混凝土的 pH 值为 12 左右，处于碱性环境，使之表面形成一层碱性保护膜，故混凝土中的钢筋一般不易锈蚀。

5.4.2 钢材的防护

1. 建筑钢结构防腐

《建筑钢结构防腐蚀技术规程》(JGJ/T 251—2011) 对建筑钢结构防腐蚀的设计、施工、验收、安全、卫生和环境保护、维护等提出了一系列技术要求。根据碳钢在不同大气环境下暴露第一年的腐蚀速率，将腐蚀环境类型分为 6 个等级：Ⅰ级无腐蚀，Ⅱ级为弱腐蚀，Ⅲ级为轻腐蚀，Ⅳ级为中腐蚀，Ⅴ级为较强腐蚀，Ⅵ级为强腐蚀。

该规程对钢材的表面处理，以及防腐涂层和金属热喷涂保护两种建筑钢结构防腐蚀方法提出了相应的技术要求。

钢结构在涂装之前应进行表面处理。防腐蚀设计文件应提出表面处理的质量要求，并应对表面除锈等级和表面粗糙度作出明确规定。钢结构在除锈前应按规程进行处理。

涂层保护要求其防腐蚀涂料涂层按涂层配套原则进行设计。应满足腐蚀环境、工况条件和防腐蚀年限要求，并综合考虑底涂层与基材的适应性，涂料各层之间的相容性和适应性，涂料品种与施工方法的适应性。选用的底漆、中间漆和面漆因使用功能不同，对主要性能的要求也有所差异。一般宜选用同一厂家的涂料产品。该规程规定，涂层与钢结构基层的附着力不宜低于 5MPa。

金属热喷涂是用高压空气、惰性气体或电弧等将熔融的耐腐蚀金属喷射到被保护结构物表面，从而形成保护性涂层的工艺过程。热喷涂金属材料宜选用铝、铝镁合金或锌铝合金。其工艺灵活，可现场施工。也可同时采用两种防腐蚀技术措施。

另外，钢材的腐蚀既有内因（材质），又有外因（环境介质的作用）。因此要防止或减少钢材的腐蚀可以采用耐候结构钢。

2. 混凝土用钢筋的防锈

正常的混凝土的pH值约为12，在钢材表面能形成碱性氧化膜（钝化膜），对钢筋起保护作用。若混凝土碳化后，由于碱度降低（中性化）会失去对钢筋的保护作用。此外，混凝土中氯离子达到一定浓度，也会严重破坏钢筋表面的钝化膜。

为防止钢筋锈蚀，应保证混凝土的密实度以及钢筋外侧混凝土保护层的厚度，在二氧化碳浓度高的工业区采用硅酸盐水泥或普通硅酸盐水泥，限制含氯盐外加剂掺量并使用混凝土用钢筋防锈剂。预应力混凝土应禁止使用含氯盐的集料和外加剂。钢筋涂覆环氧树脂或镀锌也是一种有效的防锈措施。

3. 钢材的防火性能

钢是不燃性材料，但这并不表明钢材能够抵抗火灾。耐火实验与火灾案例表明：以失去支持能力为标准，无保护层时钢柱和钢屋架的耐火极限只有0.25h，而裸露钢梁的耐火极限为0.15h。温度在200℃以下时，可以认为钢材的性能基本不变；超过300℃以后，弹性模量、屈服点和极限强度均开始显著下降，应变急剧增大；达到600℃时已经失去承载能力，结构发生很大的形变，导致钢柱、钢梁弯曲变形而不能正常使用。所以，没有防火保护层的钢结构是不耐火的。

钢结构防火保护的基本原理是采用绝热或吸热材料，阻隔火焰和热量，降低热量传递的速度，推迟钢结构的升温速率。防火方法以包覆法为主，即以防火涂料、不燃性板材或混凝土和砂浆将钢构件包裹起来。

任务5.5 钢材的验收和储运

5.5.1 钢材的验收

钢筋的检查验收按《钢及钢产品交货一般技术要求》（GB/T 17505—2016）的规定进行。

1. 钢筋出厂质量合格证的验收

（1）钢筋出厂时其出厂质量合格证和试验报告必须项目齐全、真实、字迹清楚，不允许涂抹、伪造。

（2）钢筋出厂质量合格证中应包括钢筋品种、规格、强度等级、出厂日期、出厂编号、试验数据（包括屈服强度、抗拉强度、伸长率、冷弯性能、化学成分等内容）、试验标准等内容和性能指标，合格证编号、检验机构盖章。各项应填写齐全，不得错漏。

2. 常用钢筋的进场验收

钢筋或预应力用钢丝或钢绞线进场时应按批号及直径分批验收，检查内容包括对钢筋标志、外观形状、钢筋的各项技术性能等。

（1）审查钢筋的外观质量。

热轧钢筋：表面不得有裂缝、结疤、分层和折叠；盘条钢筋如有凹块、凸块、划痕，不得超过横肋高度，表面不得沾有油污。

热处理钢筋：表面不得有裂缝、结疤、夹杂、分层和折叠；如有凹块、凸块、划痕和超过横肋高度，表面不得沾有油污。

钢绞线：不得有折断、横裂相互交叉的钢丝，表面不得有油渍，不得有麻锈坑。

碳素钢丝：表面不得有裂缝、结疤、机械损伤、分层、氧气铁皮（铁锈）和油迹；允许有浮锈。

冷拉钢筋：不得有局部颈缩现象。

（2）对钢筋的屈服强度、抗拉强度、伸长率、冷弯性能、屈服负荷、弯曲次数等指标的检验方法按相关规范规定进行。

以上各项验收合格后，方可由技术员、材料管理员等在合格证上签字以入库储存。同时也可以在钢筋质量合格证备注栏上由施工单位的技术人员注明单位工程名称、工程使用部位，交现场材料管理员和资料员进行归档和保管。

5.5.2　钢材的储运

1. 运输

钢材在运输中要求不同钢号、炉号、规格的钢材分别装卸，以免混淆。装卸中钢材不许扔掷，以免损坏。在运输过程中，其一端不能悬空及伸出车身的外边。同时，装车时要注意荷重限制，不许超过规定，并注意装卸负荷的均衡，使钢材重量分布于几个轮轴上。

2. 堆放

钢材的堆放要减少钢材的变形和锈蚀，节约用地，也要便于提取钢材。

（1）钢材进入现场必须分规格堆放在指定地点，并在每种规格钢筋上挂上钢筋规格标识牌。

（2）钢材堆放处要有防雨设施，以免生锈。

（3）堆放钢筋的架子下面要垫上石子，将石子夯实，并在上面垫上木方，并将其架子四周的立杆固定住，要保证外架的刚度，同时保持场地排水畅通。

（4）钢筋加工厂电焊机、配电箱等设备安装应平衡、牢固，要有接地或接零保护装置和可靠的安全操作防护装置，并有专人负责操作定期维护保养，当班人作业完毕后，及时清理干净场地内的钢筋头及杂物。

任务5.6　钢材的检测

5.6.1　钢筋拉伸性能检测

钢筋拉伸试验

1. 检测目的、原理与依据

检测试验是用拉力拉伸试样，一般拉至断裂，测定金属材料的屈服强度、抗拉强度与伸长率等一项或几项力学性能。

检测试验方法依据《金属材料　拉伸试验　第1部分：室温试验方法》（GB/T

228.1—2010）进行。除非另有规定，试验一般在室温 10～35℃进行。对温度要求严格的试验，试验温度应为（23±5)℃。

2. 主要仪器设备

（1）拉伸试验机：应为1级或优于1级准确度。

（2）游标卡尺。

（3）钢筋打印机或画线笔。

3. 试件形状与尺寸

拉伸试验用具有恒定横截面的钢筋试件，可以不经机加工而进行试验。原始标距 L_0 与横截面面积 S_0 有 $L_0=k\sqrt{S_0}$ 关系的试样，称为比例试样。国际上使用的比例系数 k 的值为5.65。原始标距应不小于15mm，当试样横截面面积太小，以致采用比例系数 k 为5.65的值不能符合这一最小标距要求时，可以采用较高的值（k 优先采用11.3的值）或采用非比例试样。

注：选用小于20mm标距的试样，测量不确定度可能增加。

非比例试样其原始标距 L_0 与原始横截面面积 S_0 无关。

试样的尺寸公差应符合相应规定。

4. 试样的制备

按照相关产品标准或《钢及钢产品力学性能试验取样位置及试样制备》（GB/T 2975—2018）的要求切取样坯和制备试样。

5. 试验步骤及要求

（1）设定试验力零点：在试验加载链装配完成后，试样两端被夹持之前，应设定力测量系统的零点，一旦设定了力值零点，在试验期间力测量系统不能再发生变化。上述方法一方面是为了确保夹持系统的重量在测力时得到补偿，另一方面是为了保证夹持过程中产生的力不影响力值的测量。

（2）试样夹持方法：应使用例如楔形夹头、螺纹夹头、平推夹头、套环夹具等合适的夹具夹持试样。应尽最大努力确保夹持的试样受轴向拉力的作用，尽量减少弯曲。这对试验脆性材料或测定规定塑性延伸强度、规定总延伸强度、规定残余延伸强度或屈服强度时尤为重要。

为了得到直的试样和确保试样与夹头对中，可以施加不超过规定强度或预期屈服强度的5%相应的预应力，宜对预拉力的延伸影响进行修正。

（3）开动试验机进行拉伸试验，直至钢筋被拉断。除非另有规定，只要能满足《金属材料 拉伸试验 第1部分：室温试验方法》（GB/T 228.1—2010）的要求，实验室可自行选择应变速率控制的试验速率（方法A）或应力速率控制的试验速率（方法B），以及试验速率。

如果没有其他规定，在应力达到规定屈服强度的1/2之前，可以采用任意的试验速率，超过这点以后的试验速率应满足表5.8的规定。

表5.8 应力速率

材料弹性模量 E/MPa	应力速率 R/(MPa/s)	
	最小	最大
<150000	2	20
≥150000	6	60

弹性模量小于150000MPa的典型

材料包括锰、铝合金、铜和钛。弹性模量大于150000MPa的典型材料包括铁、钢、钨和镍基合金。

（4）试验条件的表示。为了用缩略的形式报告试验控制模式和试验速率，可以使用缩写的表示形式：GB/T 228Annn或GB/T 228Bn。这里“A”指使用方法A（应变速率控制），三个字母的符号“nnn”指每个试验阶段所用速率，如GB/T 228A224表示试验为应变速率控制，不同阶段的试验速率范围分别为2、2和4。“B”指使用方法B（应力速率控制），符号“n”指在弹性阶段所选取的应力速率，如GB/T 228B30表示试验为应力速率控制，试验的名义应力速率为30MPa/s。

6. 结果计算

（1）屈服强度和拉伸强度。带自动测试系统的试验机可直接测定屈服强度和拉伸强度。指针读数的试验机可采用指针方法。

1）上屈服强度（R_{eH}）和下屈服强度（R_{eL}）。试验时，读取测力度盘指针首次回转前指示的最大力和不计初始瞬时效应时屈服阶段中指示的最小力或首次停止转动指示的恒定力。将其分别除以试样原始横截面面积（S_0）得到上屈服强度和下屈服强度。

上屈服强度（R_{eH}）和下屈服强度（R_{eL}）分别按式（5.2）和式（5.3）计算：

$$R_{eH}=\frac{F_{eH}}{S_0} \tag{5.2}$$

$$R_{eL}=\frac{F_{eL}}{S_0} \tag{5.3}$$

式中　F_{eH}——试样发生屈服而力首次下降前的最大力，kN；

F_{eL}——在屈服期间，不计初始瞬时效应的最小力，kN；

S_0——原始横截面面积，mm^2。

2）抗拉强度（R_m）对于呈现明显屈服（不连续屈服）现象的金属材料，从测力度盘读取过了屈服阶段之后的最大力；对于呈现无明显屈服（连续屈服）现象的金属材料，从测力度盘读取试验过程中的最大力。

抗拉强度（R_m）按式（5.4）计算：

$$R_m=\frac{F_m}{S_0} \tag{5.4}$$

式中　F_m——最大力，kN；

S_0——原始横截面面积，mm^2。

（2）断后伸长率（A）。为了测定断后伸长度，应将试样断裂的部分仔细地配接在一起使其轴线处于同一直线上，并采取特别措施确保试样断裂部分适当接触后测量试样断后标距。

1）断裂处与最接近的标距标记的距离不小于原始标距的1/3时，可用卡尺直接量出已被拉长的标距长度L_u（精确至0.1mm）。断后伸长率可按式（5.5）计算：

$$A=\frac{L_u-L_0}{L_0}\times100\% \tag{5.5}$$

式中 L_u——断后标距，mm；

L_0——原始标距，mm。

应使用分辨力足够的量具或测量装置测定断后伸长量（L_u-L_0），并准确到±0.25mm。

2）如断裂处与最接近的标距标记的距离小于原始标距长度的1/3时，可按下述移位法测定断后伸长率。

(a) 试验前将试样原始标距细分为5（推荐）～10mm的N等份。

(b) 试验后，以符号X表示断裂后试样短段的标距标记，以Y表示断裂试样长段的等分标记，如X与Y之间的分格数为n，按如下测定断后伸长率。

a）如$N-n$为偶数，如图5.8（a）所示，测量X与Y之间的距离l_{XY}和测量从Y至距离为（$N-n$）/2个分格的Z标记之间的距离l_{YZ}。按照式（5.6）计算断后伸长率：

$$A=\frac{l_{XY}+2l_{YZ}-L_0}{L_0}\times 100 \tag{5.6}$$

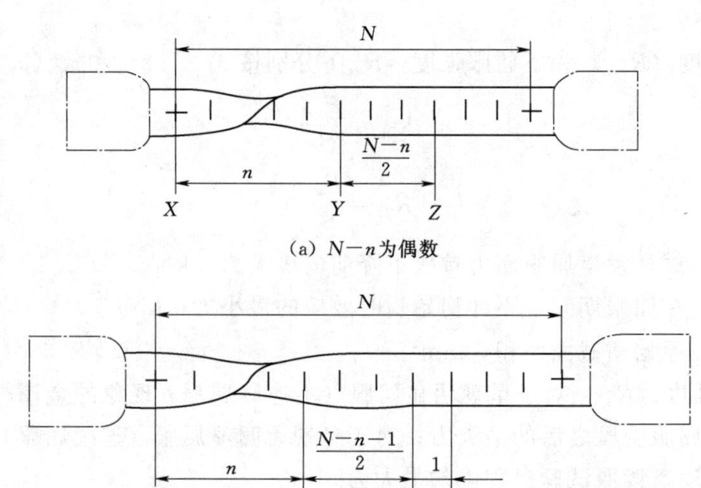

(a) $N-n$为偶数

(b) $N-n$为奇数

图5.8 用位移法确定计算简图

n—X与Y之间的分格数；N—等分的份数；Z、Z'、Z''—分度标记

b）如$N-n$为奇数，如图5.8（b）所示，测量X与Y之间的距离，以及从Y至距离分别为（$N-n-1$）/2和（$N-n+1$）/2个分格的Z'和Z''标记之间的距离$l_{YZ'}$和$l_{YZ''}$。n为X与Y之间的分格数，N为等分的份数。按照式（5.7）计算断后伸长率：

$$A=\frac{l_{XY}+l_{YZ'}+l_{YZ''}-L_0}{L_0}\times 100 \tag{5.7}$$

式中 X——试样较短部分的标距标记；

Y——试样较长部分的标距标记；

Z'、Z''——分度标记。

3）如规定的最小断后伸长率小于5%，建议采取特殊方法进行测定。

（a）试验前在平行长度的两端处做一个很小的标记，使用调节到标距的分规，分别以标记为圆心划一圆弧。

（b）拉断后，将断裂的试样置于一装置上，最好借助螺丝施加轴向力，以使其在测量时牢固地对接在一起。

（c）以最接近断裂的原圆心为圆心，以相同的半径划第二个圆弧。

（d）用工具显微镜或其他合适的仪器测量两个圆弧之间的距离，此距离即为断后伸长，准确到±0.02mm。为使划线清晰可见，试验前涂上一层染料。

钢筋弯曲试验

5.6.2　建筑钢材弯曲检测

1. 检测目的、依据与范围

检测目的是检验金属材料承受规定弯曲塑性变形能力。

检测的依据为《金属材料弯曲试验方法》（GB/T 232—2010），适用于金属材料相关产品标准规定试样的弯曲试验，但不适用于金属管材和金属焊接接头的弯曲试验。

2. 原理

弯曲试验是以圆形、方形、矩形或多边形横截面试样在弯曲装置上经受弯曲塑性变形，不改变加力方向，直至达到规定的弯曲角度。

弯曲试验时，试样两臂的轴线保持在垂直于弯曲轴的平面内。如弯曲180°的试验，按照相关产品标准的要求，可将试样弯曲至两臂直接接触或两臂相互平行且相距规定距离，可使用垫块控制规定距离。

3. 主要仪器设备

弯曲试验应在配备下列弯曲装置之一的试验机或压力机上完成：

（1）配有两个支辊和一个弯曲压头的支辊式弯曲装置。

（2）配有一个V型模具和一个弯曲压头的V型模具式弯曲装置。

（3）虎钳式弯曲装置。

4. 试样

本试验一般要求：试验使用圆形、方形、矩形或多边形横截面的试样。样坯的切取位置和方向应按照相关产品标准要求。如无具体规定，对于钢产品，应按照GB/T 2975的要求，试样应去除由于剪切或火焰切割或类似的操作而影响了材料性能的部分。如果试验结果不受影响，允许不去除试样受影响的部分。

使用钢筋冷弯试件不得进行车削加工，试件长度应根据试样厚度（或直径）和使用的试验设备确定。

5. 试验步骤

特别提示：试验过程中应采取足够的安全措施和防护装置。

试验一般在10～35℃的室温范围内进行。对温度要求严格的试验，试验温度应为（23±5）℃。具体步骤如下：

（1）按照相关产品标准规定，采用下列方法之一完成试验：

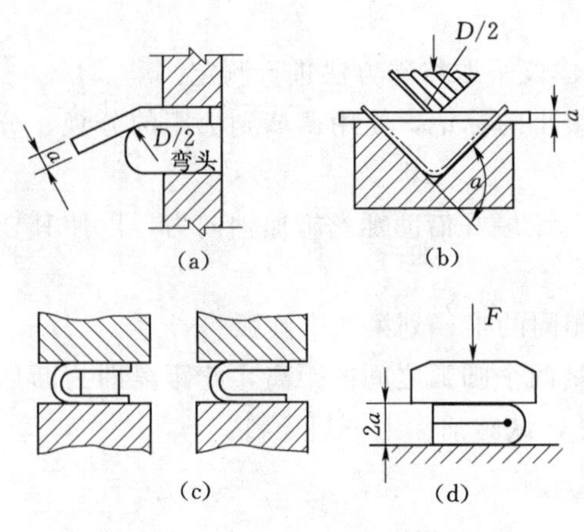

图 5.9　钢材弯曲试验示意图

1）试样在给定的条件和力作用下弯曲至规定的弯曲角度，如图 5.9（a）和图 5.9（b）所示；

2）试样在力作用下弯曲至两臂相距规定距离且相互平行，如图 5.9（c）所示；

3）试样在力作用下弯曲至两臂直接接触，如图 5.9（d）所示。

（2）试样弯曲至规定的弯曲角度的试验，应将试样放于两支辊或 V 型模具上，试样轴线应与弯曲压头轴线垂直，弯曲压头在两支座之间的中点处对试样连续施加力使其弯曲，直至达到规定的弯曲角度。弯曲角度 α 可以通过测量弯曲压头的位移计算得出。可以采用图 5.9（a）的方法进行弯曲试验，试样一端固定，绕弯曲压头进行弯曲，可以绕过弯曲压头，直至达到规定的弯曲角度。弯曲试验时，应当缓慢施加弯曲力，以使材料能够自由地进行塑性变形。

当出现争议时，试验速度应为（1±0.2)mm/s。

使用上述方法如不能直接达到规定的弯曲角度，可将试样置于两平行压板之间，连续施加力压其两端进一步弯曲，直至达到规定的弯曲角度。

（3）试样弯曲至两臂相互平行试验，首先对试样进行初步弯曲，然后将试样置于两平行压板之间，连续施加力压其两端使进一步弯曲，直至两臂平行。试验时可以加或不加内置垫块，垫块厚度等于规定的弯曲压头直径，除非产品标准中另有规定。

（4）试样弯曲至两臂直接接触的试验，首先对试样进行初步弯曲，然后将试样置于两平行压板之间，连续施加力压其两端使进一步弯曲，直至两臂直接接触。

6. 试验结果评定

（1）应按照相关产品标准的要求评定弯曲试验结果。如未规定具体要求，弯曲试验后不使用放大仪器观察，试样弯曲外表面无可见裂纹应评定为合格。

（2）以相关产品标准规定的弯曲角度作为最小值；若规定弯曲压头直径，以规定的弯曲压头直径作为最大值。

项　目　小　结

钢材是建筑工程中最重要的金属材料。钢材具有高强度，塑性及韧性好，可焊可铆，便于加工、装配等优点，广泛地应用于各个领域中。在建筑工程中，应用最多的钢材主要是碳素结构钢和低合金高强度结构钢这两种钢。钢材已成为常用的重要的结构材料，尤其在当代迅速发展的大跨度、大荷载、高层的建筑中，钢材已是不可或缺的材料。

为了更好地利用钢材，在本项目学习中，应重点掌握钢材的成分、种类及技术性能，了解各品种钢材的特性及其正确合理的应用方法，如何防止锈蚀，使建筑物经久耐用。

技能考核题

一、名词解释

1. 伸长率　2. 时效　3. CRB650　4. Q235 B F

二、填空题

1. 钢按照化学成分分为________、________和________三类；按质量分为________、________和________三种。

2. 低碳钢的拉伸过程经历了________、________、________和________四个阶段。

3. 钢材冷弯试验的指标以________和________来表示。

4. 热轧钢筋按照轧制外形式分为________和________。

5. 热轧光圆钢筋的强度等级代号为________，热轧带肋钢筋的强度等级代号为________、________和________三个。

三、选择题

1. 在低碳钢的应力应变图中，有线性关系的是（　　）阶段。

A. 弹性阶段　B. 屈服阶段　C. 强化阶段　D. 破化阶段

2. 伸长率是衡量钢材（　　）的指标。

A. 弹性　B. 塑性　C. 脆性　D. 韧性

3. 硫元素是钢材中的有害元素，易引起钢材的（　　）。

A. 冷脆性　B. 热脆性　C. 锈蚀　D. 韧性

4. 冷加工后的钢材（　　）提高。

A. 韧性　B. 屈服强度　C. 硬度　D. 弹性

四、判断题

1. 强屈比越大，钢材受力超过屈服点工作时的可靠性越大，结构的安全性越高。

2. 所有钢材都会出现屈服现象。

3. 碳素结构钢随着牌号增大，钢材的塑性增加、强度提高。

4. 钢材抵抗冲击韧性的能力称为弹性。

5. 在低碳钢的应力-应变图中，有线性关系的是屈服阶段。

6. 磷元素会增加钢材的热脆性，硫会增加钢材的冷脆性。

五、简答题

1. 结构设计时，一般以钢材的什么强度作为设计依据？

2. 低碳钢受拉时的应力应变图中，分为哪几个阶段？各阶段的指标又是什么？

3. 时效处理有几种方法？时效的目的是什么？

4. 什么是钢材的冷弯性能？怎样判定钢材冷弯性能合格？对钢材进行冷弯试验的目的是什么？

5. 什么是钢材的锈蚀？防止锈蚀的方法有哪些？

项目6 防 水 材 料

【知识目标】

1. 掌握石油沥青的技术性质及其在防水工程中的应用。

2. 掌握 SBS、APP 等改性沥青防水卷材的性能及应用。

3. 了解防水涂料的技术特性及工程应用。

4. 了解建筑密封材料的分类、技术性能和应用。

【能力目标】

掌握沥青针入度测定、沥青延度测定、沥青软化点测定的试验方法及对测定结果的评价。

随着防水技术的不断更新，防水材料也随之呈现出多样化，总体来说防止雨水、地下水、工业和民用的给排水、腐蚀性液体以及空气中的湿气、蒸气等侵入建筑物的材料基本上都可统称为防水材料。

防水材料的主要作用是防潮、防漏、防渗，避免水和盐分对建筑物侵蚀，保护建筑构件。

用于工程上的防水材料很多，其中以沥青及沥青防水制品为主要防水材料。防水材料质量的好坏直接影响到人们的居住环境、生活条件及建筑物的寿命。

6-1 ▶

沥青

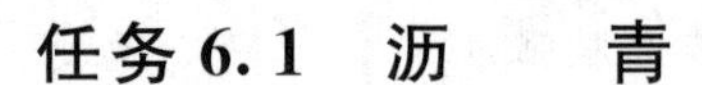

任务6.1 沥 青

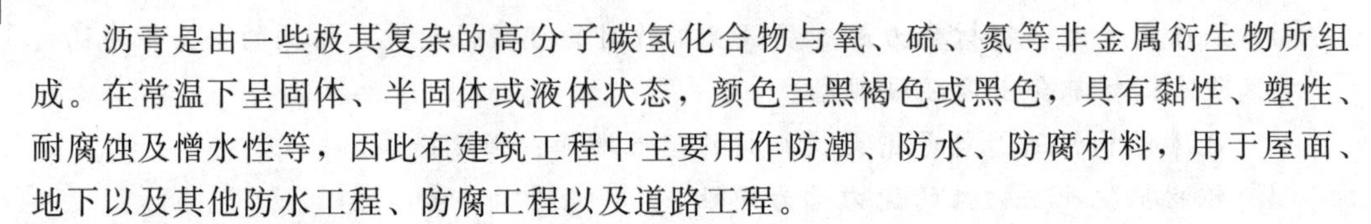

沥青是由一些极其复杂的高分子碳氢化合物与氧、硫、氮等非金属衍生物所组成。在常温下呈固体、半固体或液体状态，颜色呈黑褐色或黑色，具有黏性、塑性、耐腐蚀及憎水性等，因此在建筑工程中主要用作防潮、防水、防腐材料，用于屋面、地下以及其他防水工程、防腐工程以及道路工程。

一般用于建筑工程的有石油沥青和煤沥青两种。

6.1.1 石油沥青

石油沥青是一种有机胶凝材料，在常温下呈固体、半固体或黏性液体状态，颜色为褐色或黑褐色，由石油原油分馏提炼出汽油、煤油、柴油等各种轻质油分及润滑油后的残渣，再经过加工炼制而得到的产品。由于其化学成分复杂，不同的组分决定着石油沥青的成分和性能。

6.1.1.1 *石油沥青的组分*

通常将沥青分为油分、胶质和沥青质三个组分。

1. 油分

油分赋予沥青以流动性，油分含量的多少直接影响沥青的柔软性、抗裂性及施工难度。油分在一定条件下可以转化为胶质甚至沥青质。其含量为45％～60％。

2. 胶质

胶质是褐色黏稠状物质，以往也曾被称为树脂。它主要使沥青具塑性和黏性，分为中性胶质和酸性胶质，中性胶质使沥青具有一定塑性、可流动性和黏结性，其含量增加，沥青的黏结力和延伸性增加。沥青胶质中还含有少量的酸性胶质，它是沥青中活性最大的部分，能改善沥青对矿质材料的浸润性，特别是提高了与碳酸盐类岩石的黏附性，增加了沥青的可乳化性。其含量为15％～30％。

3. 沥青质

沥青质决定着沥青的黏结力、黏度和温度稳定性，以及沥青的硬度、软化点等。沥青质含量增加时，沥青的黏度和黏结力增加，硬度和温度稳定性提高。其含量为5％～30％。

6.1.1.2　石油沥青的技术性质

1. 黏滞性（或称黏性）

黏滞性反映沥青材料在外力作用下，其材料内部阻碍产生相对流动的能力。液态石油沥青的黏滞性用黏度表示。半固体或固体沥青的黏性用针入度表示。黏度和针入度是沥青划分牌号的主要指标。

黏度（液体沥青黏滞性的测定方法）是液体沥青材料在标准黏度计中，在规定温度条件下，通过规定孔径（3mm、5mm 或 10mm）的流出孔，测定流出 50mL 沥青所需的时间，以秒计。其测定示意图如图6.1所示。黏度常以符号 $C_{T,d}$ 表示，T 为测试温度，d 为流孔直径。在相同温度和流孔直径的条件下，流出时间越长，表示沥青黏度越大。

针入度（黏稠沥青的测定方法）是指在温度为25℃的条件下，以质量100g的标准针，经5s沉入沥青中的深度，以0.1mm为单位表示。针入度测定示意如图6.2所示。针入度值大，说明沥青越软，稠度越小。

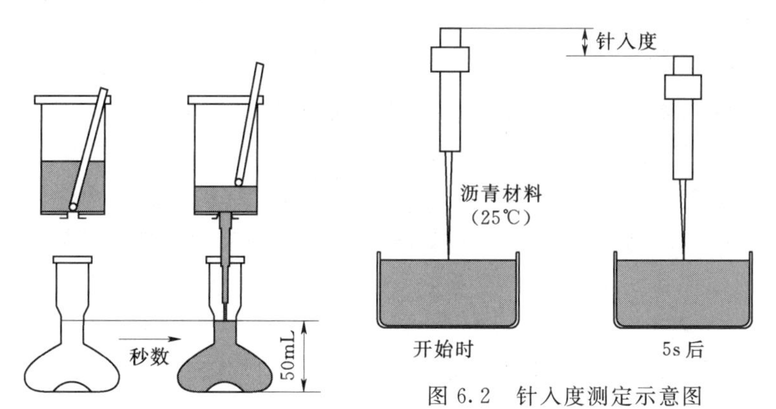

图6.1　黏度测定示意图

图6.2　针入度测定示意图

2. 延展性

沥青的延展性通常用延度作为条件延性指标来表征，是以规定形态的沥青试样在一定温度下以一定速度受拉伸至断裂时的长度，以cm计。

按照《沥青延度测定法》（GB/T 4508—2010），沥青延度是把沥青试样制成“∞”字形标准试件（试件中间最小截面积约为1cm²），在延度仪上进行拉伸至断裂时增加的长度。非经特殊说明，试验温度为（25±0.5)℃，拉伸速度为（5±0.25）cm/min。沥青的延度值越大，表示其塑性越好。延度测定示意如图6.3所示。

6-4 沥青软化点试验

3. 温度敏感性

温度敏感性是指石油沥青的黏滞性和塑性随温度升降而变化的性能。

温度敏感性常用软化点来表示。

软化点通常用环球法测定，如图6.4所示，是将熔化的沥青注入标准铜环内制成试件，冷却后表面放置标准小钢球，然后在水或甘油中按标准试验方法加热升温，使沥青软化而下垂，当沥青下垂至与底板接触点的温度（℃），即为软化点。

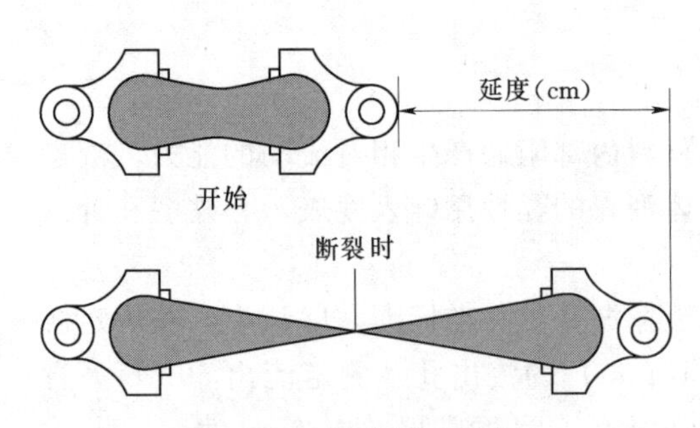

图6.3 延度测定示意图

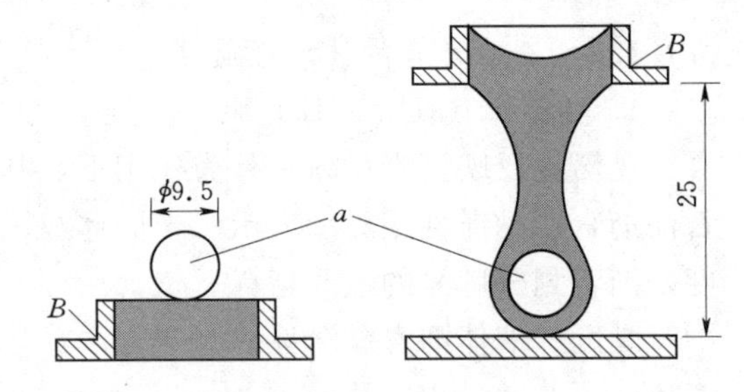

图6.4 软化点测定示意图（单位：mm）

a—钢球；B—钢球定位环

不同沥青的软化点不同，大致在25～100℃。软化点高，说明沥青的耐热性能好，但软化点过高，又不易加工；软化点低的沥青，夏季易融化发软。

针入度、延度、软化点是评价黏稠石油沥青路用性能最常用的经验指标，所以通称“三大指标”。

4. 大气稳定性

沥青大气稳定性即耐老化性能。路用沥青在使用过程中受到储运、加热、拌和、摊铺、碾压、交通荷载以及自然因素的作用，而使沥青发生一系列的物理化学变化，如蒸发、氧化、脱氢、缩合等，沥青的化学组成发生变化，使沥青老化，路面变硬、变脆。沥青性质随时间而产生“不可逆”的化学组成结构和物理力学性能变化的过程，称为沥青的“老化”。抵抗“老化”的性质称为耐老化性能，其影响因素包括温度、光和水的作用等。其中，温度是影响氧化的主要因素，温度越高，反应速度越快。

6.1.1.3 石油沥青的分类、掺配及选用标准

1. 分类

石油沥青按技术性质划分为多种牌号，按应用不同可分为建筑石油沥青和道路石油沥青两类，其技术指标见表6.1和表6.2。

表 6.1　　建筑石油沥青技术标准（GB/T 494—2010）

项　目	质量指标		
	10 号	30 号	40 号
针入度（25℃，100g，5s）/(1/10mm)	10～25	26～35	36～50
针入度（46℃，100g，5s）/(1/10mm)	报告[a]	报告[a]	报告[a]
针入度（0℃，200g，5s）/(1/10mm)，不小于	3	6	6
延度（25℃，5cm/min）/cm，不小于	1.5	2.5	3.5
软化点（环球法）/℃，不低于	95	75	60
溶解度（三氯乙烯）/%，不小于	99.0		
蒸发后质量变化（163℃，5h）/%，不大于	1		
蒸发后25℃针入度比[b]/%，不小于	65		
闪点（开口杯法）/℃，不低于	260		

a　报告应为实测值。

b　测定蒸发损失后样品的25℃针入度与原25℃针入度之比乘以100后所得的百分比，称为蒸发后针入度比。

表 6.2　　道路石油沥青技术标准（NB/SH/T 0522—2010）

项　目		质量指标				
		200 号	180 号	140 号	100 号	60 号
针入度（25℃，100g，5s）/(1/10mm)		200～300	150～200	110～150	80～110	50～80
延度（25℃）/cm，不小于		20	100	100	90	70
软化点/℃		30～48	35～48	38～51	42～55	45～58
溶解度/%，不小于		99.0				
闪点（开口）/℃，不低于		180	200	230		
密度（25℃）/(g/cm³)		报告				
蜡含量/%，不大于		4.5				
薄膜烘箱试验（163℃，5h）	质量变化/%，不大于	1.3	1.3	1.3	1.2	1.0
	针入度比/%	报告				
	延度（25℃）/cm	报告				

注　如25℃延度达不到，15℃延度达到时，也认为是合格的，指标要求与25℃延度一致。

2. 沥青的掺配

当单独使用一种牌号沥青不能满足工程的耐热性要求时，用两种或三种沥青进行掺配。掺配量用下式计算：

$$\text{较软沥青掺量}=\frac{\text{较硬沥青的软化点}-\text{要求沥青的软化点}}{\text{较硬沥青的软化点}-\text{较软沥青的软化点}}\times 100$$

$$\text{较硬沥青的掺量}(\%)=100-\text{较软沥青的掺量} \qquad (6.1)$$

经过试配，测定掺配后沥青的软化点，最终掺量以试配结果（掺量-软化点曲线）来确定满足要求软化点的配比。如用三种沥青进行掺配，可先计算两种的掺量，然后再与第三种沥青进行掺配。

3. 选用标准

原则上在满足沥青三项常规（黏度、塑性、温度稳定性）等主要性能要求的前提下，应尽量选用牌号较大的沥青，以保证其具有一定的耐久性。

建筑石油沥青主要用于屋面及地下防水、沟槽防水与防腐、管道防腐蚀等工程，还可用于制作油毡、油纸、防水涂料和沥青玛𤧛脂等建筑材料。为避免夏季流淌，用于屋面的沥青材料的软化点应比施工地区屋面最高温度高 20℃以上。

应根据气候条件、工程环境及技术要求选用石油沥青。对于屋面防水工程，需考虑沥青的高温稳定性，选用软化点较高的沥青；对于地下室防水工程，主要考虑沥青的耐老化性，可选用软化点较低的沥青。

道路石油沥青道路沥青的针入度和延度较大，但软化点较低，此类沥青较软，在常温下的弹性较好，可用来拌制沥青砂浆和沥青混凝土，用于道路路面或车间地面等工程。

6-5

煤沥青与石油沥青的简易鉴别

6.1.2 煤沥青

煤沥青是炼焦或生产煤气的副产品。烟煤干馏时所挥发的物质冷凝为煤焦油，煤焦油经分馏加工，提取出各种油质后的产品即为煤沥青，也称煤焦油沥青或柏油。

煤沥青分为低温、中温、高温煤沥青三大类。建筑中主要使用半固体的低温煤沥青。

1. 煤沥青的特性

与石油沥青相比，煤沥青的特性有以下几点：

（1）因含有蒽、酚等物质，有着特殊的臭味和毒性，故其防腐能力强。

（2）因含表面活性物质较多，故与矿物表面黏附能力强，不易脱落。

（3）因含可溶性树脂多，由固态变为液态的温度间隔小，受热易软化，受冷易脆裂，故其温度稳定性差。

（4）含挥发性和化学稳定性差的成分较多，在热、光、氧气等长期综合作用下，煤沥青的组成变化较大，易硬脆，故大气稳定性差。

（5）含有较多的游离碳，塑性差，易因变形而开裂。

煤沥青具有很好的防腐能力和良好的黏结能力，故可用于配制防腐涂料、油膏及制作油毡等。

2. 煤沥青与石油沥青的简易鉴别

由于煤沥青和石油沥青相似，使用时必须加以区别，鉴别方法见表 6.3。

6.1.3 改性沥青

为改善沥青的防水性能，提高其低温下的柔韧性、塑性、变形性和高温下的热稳

表 6.3　　石油沥青与煤沥青的鉴别方法

鉴别方法	石油沥青	煤沥青
密度/(g/cm^3)	近于 1.0	1.25～1.28
燃烧	烟少、无色、有松香味、无毒	烟多、黄色、臭味大、有毒
锤击	声哑、有弹性感、韧性好	声脆、韧性差
颜色	呈灰亮褐色	浓黑色
溶解	易溶于煤油或汽油中，呈棕黑色	难溶于煤油或汽油中，呈黄绿色

定性和机械强度，必须对沥青进行氧化、乳化、催化或掺入橡胶、树脂、矿物质等措施，对沥青材料加以改性，使沥青的性质得到不同程度的改善。经改性后的沥青称之为改性沥青。

改性沥青可分为以下几种类型：

（1）矿物填充料改性沥青。在沥青中掺入矿物填充料，用以增加沥青的黏结力和耐热性，减少沥青的温度敏感性。

（2）树脂改性沥青。用树脂改性沥青，可以改善沥青的耐寒性、耐热性、黏结性和不透水性。

（3）橡胶改性沥青。橡胶与石油沥青有很好的混溶性，用橡胶改性沥青，能使沥青具有橡胶的很多优点，如高温变形性小，低温柔韧性好，有较高的强度、延伸率和耐老化性等。

（4）橡胶和树脂改性沥青。同时用橡胶和树脂来改性石油沥青，可使沥青兼具橡胶和树脂的特性。

6.1.4　乳化沥青

乳化沥青是石油沥青与水在乳化剂、稳定剂等的作用下，经乳化加工制得的均匀沥青产品，也称沥青乳液。

乳化沥青的主要优点为：

（1）冷态施工节约能源。乳化沥青可以冷态施工，现场无需加热设备，扣除制备乳化沥青所消耗的能源后，仍可节约大量能源。

（2）施工便利，提高工作效率。由于乳化沥青和易性好、黏度低，施工方便，可提高工作效率。

（3）延长施工的季节时间，特别是在沥青道路病害较多的季节施工。在阴湿天气可采用阳离子乳化沥青筑路或修补。

（4）节约沥青。由于乳化沥青在集料表面形成的沥青膜较薄，不仅提高沥青与集料的黏附性，而且可以节约沥青用量。

（5）改善施工条件，减少污染。乳化沥青施工不需加热，既利于环保，而且减少了沥青挥发物对操作人员健康的影响。

（6）提高道路质量。例如做粘层时，洒布更均匀；做贯入式路面时，增大贯入深度。

乳化沥青主要缺点是储存期较短，一般不超过半年，且储存温度一般在0℃以上；修筑道路的成型期较长，初期还需控制车辆的车速。

任务6.2　防　水　卷　材

防水卷材是呈片状粘贴于要求防水部位的材料，因成卷供应故名卷材。主要用于建筑工程（墙体、屋面）、地下工程、铁路与隧道工程、公路工程中，起到抵御外界雨水、雪水、地下水渗漏的作用。

防水卷材应具有良好的耐水性，一定的机械强度、延伸性、柔韧性和抗断裂性，温度变化时具有一定的稳定性，高温下不流淌起泡，低温下不脆裂以及抗老化性能等。

6.2.1 沥青防水卷材

沥青防水卷材是以沥青为主要浸涂材料所制成的卷材。按有无芯材（基胎）分为有胎卷材和无胎卷材。按芯材（基胎）种类分为纸胎卷材和布胎卷材。

按照《石油沥青纸胎油毡》（GB 326—2007）规定，石油沥青纸胎油毡是由原纸、纤维织物、纤维毡等胎体浸涂石油沥青，表面撒布粉状、粒状或片状材料制成的可卷曲的片状防水卷材。按卷重和物理性能分为Ⅰ型、Ⅱ型、Ⅲ型。Ⅰ型、Ⅱ型油毡适用于辅助防水、保护隔离层、临时性建筑防水、防潮及包装等。Ⅲ型油毡适用于屋面工程的多层防水。

近年来，通过对油毡胎体材料加以改进、开发，已由最初的纸胎油毡发展成为石油沥青玻璃布胎油毡、玻璃纤维布胎沥青油毡和铝箔面卷材等一系列沥青防水卷材。玻璃布油毡的抗拉强度高，耐久性好，柔韧性好，耐腐蚀性强，耐久性比纸胎油毡高一倍以上。玻璃布油毡适用于铺设地下防水、防腐层，用于屋面作防水层及低温金属管道的防腐保护层。

6.2.2 改性沥青防水卷材

改性沥青是在沥青中添加橡胶或塑料树脂进行改性的。沥青本身有低软化点、高针入度和低温脆性等固有缺点，但在加入高分子聚合物改性之后，耐候性及与基底龟裂的适应性有明显的提高，大大改善了其性能。

改性沥青防水卷材改善了普通沥青防水卷材温度稳定性差、延伸率小等缺点，具有高温不流淌、低温不脆裂、拉伸强度高、延伸率较大等特点。

1. 弹性体改性沥青防水卷材（简称SBS防水卷材）

按照《弹性体改性沥青防水卷材》（GB 18242—2008）规定，SBS防水卷材是指以聚酯毡（PY）、玻纤毡（G）、玻纤增强聚酯毡（PYG）为胎基，以苯乙烯-丁二烯-苯乙烯（SBS）热塑性弹性体作石油改性剂，两面覆以隔离材料所制成的防水卷材。

卷材按上表面隔离材料分为聚乙烯膜（PE）、细砂（S）、矿物粒料（M），按下表面隔离材料分为聚乙烯膜（PE）、细砂（S）。按材料性能分为Ⅰ型和Ⅱ型。弹性体改性沥青防水卷材主要适用于工业与民用建筑的屋面和地下防水工程。玻纤增强聚酯毡卷材可用于机械固定单层防水，但需要通过抗风荷载试验。玻纤毡卷材适用于多层防水中的底层防水。外露使用采用上表面隔离材料为不透明的矿物粒料的防水卷材，地下防水工程采用表面隔离材料为细砂的防水卷材。

此种卷材具有良好的耐高（低）温性能，较大的弹性和延伸率，耐腐蚀、耐老化。可用热熔法或冷粘贴法施工。

2. 塑性体改性沥青防水卷材（简称APP防水卷材）

按照《塑性体改性沥青防水卷材》（GB 18243—2008）规定，App防水卷材是以聚酯毡（PY）、玻纤毡（G）、玻纤增强聚酯毡（PYG）为胎基，以无规聚丙烯（APP）或聚烯烃类聚合物（APAO、APO等）作石油沥青改性剂，两面覆以隔离材料所制成的防水材料。

卷材按上表面隔离材料分为聚乙烯膜（PE）、细砂（S）、矿物粒料（M），按下表面隔离材料分为聚乙烯膜（PE）、细砂（S）。按材料性能分为Ⅰ型和Ⅱ型。Ⅱ型具有更好的低温柔韧性和耐热性能。

与SBS防水卷材相比，APP防水卷材具有更高的耐热性和耐紫外线能力。一般情况下，APP改性沥青的老化期在20年以上，故APP改性沥青卷材具有良好的拉伸强度和延展率，还具有良好的憎水性和黏结性。可用热熔法或冷粘贴法施工，可在混凝土板、木板、塑料板、金属板上施工，适用于各类建筑防水、防潮工程，尤其适用于炎热或太阳辐射强烈的地区。

6.2.3 合成高分子防水卷材

合成高分子卷材是以合成橡胶、合成树脂等高分子材料为主材料，以挤出或压延等方法生产，用于各类工程防水、防渗、防潮、隔气、防污染、排水等的卷状防水材料，具有高弹性和高延伸性，以及良好的耐老化性、耐高温性和耐低温性等，已经成为新型防水材料发展的主导方向之一。

1. 三元乙丙（EPDM）橡胶防水卷材

三元乙丙橡胶防水卷材是以三元乙丙橡胶为主体，掺入适量的添加剂制成的防水卷材。特点是重量轻、弹性和抗拉强度高、低温柔性好、对基层变形开裂的适应性强，有良好的耐候性、耐腐蚀性、耐热性，使用寿命长、范围宽。可采用冷粘贴法施工，广泛适用于防水要求高、耐用年限长的工业与民用防水工程。

2. 聚氯乙烯（PVC）防水卷材

聚氯乙烯防水卷材是以聚氯乙烯树脂为主要原料，并加入一定量的改性剂、增塑剂等助剂和填充料，经混炼、造粒、挤出压延、冷却、分卷包装等工序制成的柔性防水卷材。具有抗渗性能好、抗撕裂强度较高、低温柔性较好的特点，与三元乙丙橡胶防水卷材相比，PVC卷材的综合防水性能略差，但其原料丰富，价格较为便宜。适用于新建或修缮工程的屋面防水，也可用于水池、地下室、堤坝、水渠等防水抗渗工程。

3. 氯化聚乙烯-橡胶共混防水卷材

氯化聚乙烯-橡胶共混防水卷材是以氯化聚乙烯树脂和合成橡胶共混物为主体，加入适量的硫化剂、促进剂、稳定剂、软化剂和填充料等，经过素炼、混炼、过滤、压延或挤出成型、硫化、分卷包装等工序制成的防水卷材。此类防水卷材兼有塑料和橡胶的特点，具有优异的耐老化性、高弹性、高延伸性及优异的耐低温性，对地基沉降、混凝土收缩的适应强，它的物理性能接近三元乙丙橡胶防水卷材，由于原料丰富，其价格低于三元乙丙橡胶防水卷材。

任务6.3 防 水 涂 料

防水涂料

防水涂料是一种流态或半流态物质，经刷、喷等工艺涂布在基体表面，形成具有一定弹性和一定厚度的连续薄膜，使基层表面与水隔绝，并能抵抗一定的水压力，从而起到防水防潮的作用。防水涂料广泛适用于工业与民用建筑的屋顶、地下室、卫生间、浴室和外墙等需要进行防水处理的基层表面防潮、防渗等。按主要成膜物质可分为乳化沥青类防水涂料、改性沥青类防水涂料、合成高分子类防水涂料和水泥基防水涂料等。

防水涂料固化前呈黏稠状液态，特别适合于各种复杂、不规则部位的防水，能形成无接缝的完整防水膜。防水涂料大多采用冷施工，既减少了环境污染，又便于施工操作，改善工作环境。固化后形成的涂膜防水层自重轻，对于轻型薄壳等异型屋面大都采用防水涂料进行施工。尤其是对于基层裂缝、施工缝，雨水斗及贯穿管周围等一些容易造成渗漏的部位，极易进行增强涂刷、贴布等作业。但防水涂膜一般依靠人工采用刷子、刮板等逐层涂刷或涂刮，施工时要严格按照操作方法进行重复多遍地涂刷，以保证单位面积内的最低使用量，确保涂膜防水层的施工质量。

6.3.1 沥青基及改性沥青基防水涂料

沥青基防水涂料是以沥青为基料配制而成的水乳型或溶剂型防水涂料。

乳化沥青涂料的常用品种是石灰乳化沥青涂料，它以石灰膏为乳化剂，在机械强力搅拌下将沥青乳化制成厚质防水涂料。乳化沥青的储存期不能过长（一般3个月左右），否则容易引起凝聚分层而变质。储存温度不得低于0℃，不宜在－5℃以下施工，以免水结冰而破坏防水层。也不宜在夏季烈日下施工，因表面水分蒸发过快而成膜，膜内水分蒸发不出而产生气泡。乳化沥青主要适用于Ⅲ级和Ⅳ级防水等级的工业与民用建筑屋面、混凝土地下室和卫生间防水、防潮；粘贴玻璃纤维毡片（或布）作屋面防水层；拌制冷用沥青砂浆和混凝土铺筑路面等。

改性沥青基防水涂料指以沥青为基料，用合成高分子聚合物进行改性，制成的水乳型或溶剂型防水涂料，如溶剂型橡胶沥青防水涂料。改性沥青基防水涂料在柔韧性、抗裂性、拉伸强度、耐高低温性能、使用寿命等方面比沥青基涂料有明显改善。这类涂料可应用于Ⅱ级、Ⅲ级、Ⅳ级防水等级的屋面、地面、混凝土地下室和卫生间等的防水工程。

6.3.2 合成高分子类防水涂料

合成高分子类防水涂料指以合成橡胶或合成树脂为主要成膜物质制成的单组分或多组分的防水涂料。这类涂料具有高弹性、高耐久性及优良的耐高低温性能。常用产品有聚氨酯防水涂料、聚合物乳液建筑防水涂料、聚氯乙烯防水涂料、有机硅防水涂料等。适用于Ⅰ级、Ⅱ级和Ⅲ级防水等级的屋面、地下室、水池及卫生间的防水工程。

聚氨酯防水涂料是常用的防水涂料。《聚氨酯防水涂料》（GB/T 19250—2013）规定，其产品按组分分为单组分（S）和双组分（M）；按基本性能分为Ⅰ型、Ⅱ型和Ⅲ型，Ⅰ型的性能指标相对较高；产品按是否暴露分为外露（E）和非外露（N）；产品按有害物质限量分为A类和B类，对人类有害的物质限量更为严格。

由于聚氨酯防水涂料是反应型防水涂料，因而固化时体积收缩很小，可形成较厚的防水涂膜，具有弹性高、延伸率大、耐高低温性好、耐酸、耐碱、耐老化等优异性能。还需说明的是，由煤焦油生产的聚氨酯防水涂料对人体有害，故这类涂料严禁用于冷库内壁及饮水池等防水工程。

任务6.4 建筑密封材料

为提高建筑物整体的防水、抗渗性能，对于工程中出现的施工缝、构件连接缝、变形缝等各种接缝，必须填充具有一定的弹性、黏结性，能够使接缝保持水密、气密性能的材料，这就是建筑密封材料。

6-9 建筑密封材料

建筑密封材料分为具有一定形状和尺寸的定型密封材料（如止水条、止水带等），以及各种膏糊状的不定型密封材料（如腻子、胶泥、各类密封膏等）。

6.4.1 建筑防水沥青嵌缝油膏

建筑防水沥青嵌缝油膏（简称油膏）是以石油沥青为基料，加入改性材料及填充料混合制成的冷用膏状材料。此类密封材料价格较低，以塑性性能为主，具有一定的延伸性和耐久性，但弹性差。其性能指标应符合《建筑防水沥青嵌缝油膏》（JC/T 207—2011）。

建筑防水沥青嵌缝油膏主要用于各种混凝土屋面板、墙板等建筑构件节点的防水密封。使用沥青油膏嵌缝时，缝内应洁净干燥，先涂刷冷底子油一道，待其干燥后即嵌填注油膏。

6.4.2 聚氯乙烯建筑防水接缝材料

聚氯乙烯建筑防水接缝材料是以聚氯乙烯树脂为基料，加以适量的改性材料及其他添加剂配制而成的（简称 PVC 接缝材料）。按施工工艺可分为热塑型（通常指 PVC 胶泥）和热熔型（通常指塑料油膏）两类。聚氯乙烯建筑防水接缝材料具有良好的弹性、延伸性及耐老化性，与混凝土基面有较好的黏结性，能适应屋面振动、沉降、伸缩等引起的变形要求。

6.4.3 聚氨酯建筑密封膏

聚氨酯建筑密封膏是以异氰酸基（—NCO）为基料和含有活性氢化物的固化剂组成的一种双组分反应型弹性密封材料。这种密封膏能够在常温下固化，并有着优异的弹性性能、耐热耐寒性能和耐久性，与混凝土、木材、金属、塑料等多种材料有着很好的黏结力。广泛用于各种装配式建筑的屋面板、楼地板阳台、窗框、卫生间等部位的接缝，施工缝的密封；给排水管道、贮水池、游泳池、引水渠及土木工程等的接缝密封、混凝土裂缝的修补。

6.4.4 聚硫建筑密封胶

聚硫建筑密封胶是由液态聚硫橡胶为基料的室温硫化双组分建筑密封胶。其性能应符合《聚硫建筑密封胶》（JC/T 483—2006）的要求。

该类密封胶有着优良的抗老化性。适用于金属幕墙、预制混凝土、玻璃窗、游泳池、窗框四周、地坪及构筑物接缝的防水处理及黏结。

6.4.5 硅酮和改性硅酮建筑密封胶

按照《硅酮和改性硅酮建筑密封胶》（GB/T 14683—2017）规定，硅酮建筑密封胶是以聚硅氧烷为主要成分、室温固化的单组分和多组分密封胶，其中 F 类适用于建筑接缝，Gn 类适用于普通装饰装修镶装玻璃（不适用于中空玻璃）、Gw 类适用于建筑幕墙非结构性装配（不适用于中空玻璃）。改性硅酮建筑密封胶是以端硅烷基聚醚为主要成分、室温固化的单组分和多组分密封胶，其中F类适用于建筑接缝，R类适用于干缩位移接缝，常用于装配式预制混凝土外挂墙板接缝。

任务6.5 沥 青 试 验

6-10

沥青针入度试验

6.5.1 沥青针入度检测

6.5.1.1 检测目的

通过测定沥青材料的针入度值，判断沥青材料的黏滞性。利用《沥青针入度测定法》(GB/T 4509—2010)，正确使用仪器设备并进行结果判定。

本标准适用于测定针入度范围在（0～500）1/10mm的固体和半固体沥青材料的针入度。

6.5.1.2 主要仪器设备及试样准备

1. 主要仪器设备

(1) 针入度仪。能使针连杆在无明显摩擦下垂直运动，并能指示穿入深度精确到0.1mm的仪器均可使用。针连杆的质量为（47.5±0.05)g，针和针连杆的总质量为（50±0.05)g，另外仪器附有（50±0.05)g和（100±0.05)g的砝码各一个，可以组成（100±0.05)g和（200±0.05)g的载荷以满足试验所需的载荷条件。仪器设有放置平底玻璃皿的平台，并有可调水平的机构，针连杆应与平台垂直。仪器设有针连杆制动按钮，紧压按钮针连杆可以自由下落，针连杆要易于拆卸，以便定期检查其质量。

(2) 标准针。由硬化回火的不锈钢制造，针长约50mm，长针长约60mm，所有针的直径为1.00～1.02mm。针箍及其附件总质量为（2.50±0.05)g。每个针箍上打印单独的标识号码。

(3) 试样皿。应使用最小尺寸符合表6.4要求的金属或玻璃的圆柱形平底容器。

表6.4 试样皿尺寸

针入度范围	直径/mm	深度/mm
小于40	33～55	8～16
小于200	55	35
200～350	55～75	45～70
350～500	55	70

(4) 恒温水浴。容量不少于10L。能保持温度在试验温度下控制在±0.1℃范围内的水浴。水浴中距水底部50mm处有一个带孔的支架，这一支架离水面至少有100mm。如果针入度测定时在水浴中进行，支架应足够支撑针入度仪。在低温下测定针入度时，水浴中装入盐水。

(5) 平底玻璃皿。容量不小于350mL，深度要没过最大的样品皿。内设有一个不锈钢三角支架，以保证试验皿稳定。

（6）其他。温度计（−8～55℃，分度值为0．1℃）、计时器（刻度为0.1s或小于0.1s，60s内的准确度达到±0.1s的任何计时装置均可）等。

2. 试样准备

（1）小心加热样品，不断搅拌以防局部过热，加热到样品易于流动。加热时焦油沥青的温度不超过软化点60℃，石油沥青不超过软化点90℃。加热时间在保证样品充分流动的基础上尽量短。加热、搅拌过程中避免试样中进入气泡。

（2）将试样倒入预先选好的试样皿中，试样深度应至少是预计锥入深度的120%。如果试样皿的直径小于65mm，而预期针入度高于200，则每个实验条件都要倒三个样品。如果样品足够，浇注的样品要达到试样皿边缘。

（3）将盛样皿松松地盖住以防灰尘落入。在15～30℃室温下，小的试样皿（ϕ33mm×16mm）中的样品冷却45min至1.5h；中等试样皿（ϕ55mm×35mm）中的样品冷却1～1.5h；较大的试样皿中的样品冷却1.5～2h，冷却结束后将试样皿和平底玻璃皿一起放入测试温度下的水浴中，水面应没过试样表面10mm以上。在规定的试验温度下恒温，小试样皿恒温45min至1.5h，中等试样皿恒温1～1.5h，更大试样皿恒温1.5～2h。

6.5.1.3　试验步骤

（1）调节针入度仪的水平，检查针连杆和导轨，确保上面没有水和其他物质。如果预测针入度超350应选择长针，否则用标准针。先用合适的溶剂将针擦干净，再用干净的布将其擦干，然后将针插入针连杆中固定。按试验条件选择合适的砝码并放好砝码。

（2）如果测试时针入度仪是在水浴中，则直接将试样皿放在浸在水中的支架上，使试样完全浸在水中。如果试验时针入度仪不在水浴中，则将已恒温到试验温度的试样皿放在平底玻璃皿中的三角支架上，用与水浴相同温度的水完全覆盖样品，将平底玻璃皿放置在针入度仪的平台上。慢慢放下针连杆，使针尖刚刚接触到试样的表面，必要时用放置在合适位置的光源观察针头位置使针尖与水中针头的投影刚刚接触为止。轻轻拉下活杆，使其与针连杆顶端相接触，调节针入度仪上的表盘读数指零或归零。

（3）在规定时间内快速释放针连杆，同时启动秒表或计时装置，使标准针自由下落穿入沥青试样中，到规定时间使标准针停止移动。

（4）拉下活杆，再使其与针连杆顶端相接触，此时表盘指针的读数即为试样的针入度，或自动方式停止锥入，通过数据显示设备直接读出锥入深度数值，得到针入度，用1/10mm表示。

（5）同一试样至少重复测定3次。每一试验点的距离和试验点与试样皿边缘的距离都不得小于10mm。每次试验前都应将试样和平底玻璃皿放入恒温水浴中，每次测定都要用干净的针。当针入度小于200时可将针取下用合适的溶剂擦净后继续使用。当针入度超过200时，每个试样皿中扎一针，3个试样皿得到3个数据。或者每个试样至少用3根针，每次试验用的针留在试样中，直到3根针扎完时再将针从试样中取出。如此，测得针入度的最高值和最低值之差。同一操作者在同一实验室用同一台仪器对同一样品测得的两次结果不超过平均值的4%。

6.5.1.4 结果计算与评定

报告3次测定针入度的平均值，取至整数，作为实验结果。3次测定的针入度值相差不应大于表6.5中的数值。

如果误差超过了表6.5的范围，利用6.5.1.2的第二个样品重复试验。

如果结果再次超过允许值，则取消所有的试验结果，重新进行试验。

表6.5 沥青针入度偏差值 单位：1/10mm

针入度	0～49	50～149	150～249	250～350	350～500
最大差值	2	4	6	8	20

6-11

沥青延度试验

6.5.2 沥青延度检测

6.5.2.1 检测目的

通过测定沥青材料的延度，判断沥青材料的延展性。利用《沥青延度测定法》(GB/T 4508—2010)，正确使用仪器设备并进行结果判定。

上述标准适用于沥青材料延度的测定。非特殊说明，试验温度为(25±0.5)℃，拉伸速度为(5±0.25)cm/min。

6.5.2.2 主要仪器设备及试样准备

1. 主要仪器设备

(1) 模具。由黄铜制造，由两个弧形端模和两个侧模组成。

(2) 水浴。能保持试验温度变化不大于0.1℃，容量至少为10L，试件浸入水中深度不得小于10cm，水浴中设置有带孔搁架以支撑试件，搁架距水浴底部不得小于5cm。

(3) 延度仪。能满足6.5.2.3中规定的将试件持续浸没于水中的要求，能按照一定的速度拉伸试件的仪器均可使用。启动时应无明显的振动。

(4) 温度计：0～50℃，分度为0.1℃和0.5℃各一支。

(5) 隔离剂：以质量计，由两份甘油和一份滑石粉调制而成。

(6) 支撑板：黄铜板，一面应磨光至表面粗糙度为Ra0.63。

2. 试样准备

(1) 将模具组装在支撑板上，将隔离剂涂于支撑板表面及侧模的内表面，以防沥青沾在模具上。板上的模具要水平放好，以便模具的底部能够充分与板接触。

(2) 小心加热样品，充分搅拌以防止局部过热，直到样品容易倾倒。石油沥青加热温度不超过预计石油沥青软化点90℃，煤焦油沥青样品加热温度不超过煤焦油沥青预计软化点60℃。样品的加热时间在不影响样品性质和在保证样品充分流动的基础上尽量短。将熔化后的样品充分搅拌之后倒入模具中，在组装模具时要小心，不要弄乱了配件。在倒样时使试样呈细流状，自模的一端至另一端往返倒入，使试样略高出模具。将试件在空气中冷却30～40min，然后放在规定温度的水浴中保持30min取出，用热的直刀或铲将高出模具的沥青刮出，使试样与模具齐平。

(3) 恒温；将支撑板、模具和试件一起放入水浴中，并在试验温度下保持85～

95min，然后从板上取下试件，拆掉侧模，立即进行拉伸试验。

6.5.2.3 试验步骤

（1）将模具两端的孔分别套在实验仪器的柱上，然后以一定的速度拉伸，直到试件拉伸断裂。拉伸速度允许误差在±5%以内，测量试件从拉伸到断裂所经过的距离，以 cm 表示。试验时，试件距水面和水底的距离不小于 2.5cm，并且要使温度保持在规定温度的±0.5℃范围内。

（2）如果沥青浮于水面或沉入槽底时，则试验不正常。应使用乙醇或氯化钠调整水的密度，使沥青材料既不浮于水面，又不沉入槽底。

（3）正常的试验应将试样拉成锥形或线形或柱形，直至在断裂时实际横断面面积接近于零或一均匀断面。如果 3 次试验得不到正常结果，则报告在该条件下延度无法测定。

6.5.2.4 结果计算与评定

若 3 个试件测定值在其平均值的 5%以内，取平行测定 3 个结果的平均值作为测定结果。若 3 个试件测定值不在其平均值的 5%以内，但其中两个较高值在平均值的 5%之内，则弃去最低测定值，取两个较高值的平均值作为测定结果，否则重新测定。

沥青软化点试验

6.5.3 沥青软化点检测

6.5.3.1 检测目的

通过测定沥青材料的软化点，判断沥青材料的温度敏感性。利用《沥青软化点测定法 环球法》（GB/T 4507—2014），正确使用仪器设备并进行结果判定。

本方法适用于环球法测定沥青材料软化点（软化点范围为 30～157℃）。适用的沥青材料包括石油沥青、煤焦油沥青、乳化沥青或改性乳化沥青残留物、改性沥青、在加热及不改变性质的情况下可以融化为流体的天然沥青、特种沥青以及沥青混合料回收得到的沥青材料等。

6.5.3.2 主要仪器设备及试样准备

1. 主要仪器设备和材料

（1）环。两只黄铜肩或锥环。

（2）支撑板。扁平光滑的黄铜板或瓷砖，尺寸约为 50mm×75mm。

（3）球。两只直径为 9.5mm 的钢球，每只质量为（3.5±0.05）g。

（4）钢球定位器。两只钢球定位器用于使钢球定位于试样中央。

（5）浴槽。可以加热的玻璃容器，其内径不小于 85mm，离加热底部的深度不小于 120mm。

（6）环支撑架和组装。一只铜支撑架用于支撑两个水平位置的环；支撑架上的肩环底部距离下支撑板的上表面为 25mm，下支撑板的下表面距离浴槽底部为（16±3）mm。

（7）刀。切沥青用。

（8）温度计。测温范围 30～180℃，最小分度值为 0．5℃的全浸式温度计。合适的温度计或测温设备应悬于支架上，使水银球底部或测温点与环底部水平，其距离在 13mm 以内，但不要接触环或支撑架。

(9) 加热介质。新煮沸过的蒸馏水。甘油。

(10) 隔离剂。以重量计，两份甘油和一份滑石粉调制而成，适合 30～157℃的沥青材料。

2. 试样准备

(1) 样品的加热时间在不影响样品性质和在保证样品充分流动的基础上尽量短。石油沥青、改性沥青、天然沥青以及乳化沥青残留物加热温度不应超过预计沥青软化点 110 ℃。煤焦油沥青样品加热温度不应超过煤焦油沥青预计软化点 55℃。

(2) 如果样品为按照《乳化沥青蒸发残留物含量测定法》(SH/T 0099.4—2005)、《乳化沥青残留物含量测定法（低温减压蒸馏法）》(SH/T 0099.16—2005)、《低温蒸发回收乳化沥青残留物试验法》(NB/SH/T 0890—2014) 方法得到的乳化沥青残留物或高聚物改性乳化沥青残留物时，可将其热残留物搅拌均匀后直接注入试模中。

如果重复试验，不能重新加热样品，应在干净的容器中用新鲜样品制备试样。

(3) 若估计软化点在 120～157℃之间，应将黄铜环与支撑板预热至 80～100℃，然后将铜环放到涂有隔离剂的支撑板上，否则会出现沥青试样从铜环中完全脱落的现象。

(4) 向每个环中倒入略过量的沥青试样，让试件在室温下至少冷却 30min。对于在室温下较软的样品，应将试件在低于预计软化点 10℃以上的环境中冷却 30min。从开始倒试样时起至完成试验的时间不得超过 240min。

(5) 当试样冷却后，用稍加热的小刀或刮刀干净地刮去多余的沥青，使得每一个圆片饱满且和环的顶部齐平。

6.5.3.3 试验步骤

(1) 选择下列一种加热介质和适合预计软化点的温度计或测温设备。

1) 新煮沸过的蒸馏水适于软化点为 30～80℃的沥青，起始加热介质温度应为 (5±1)℃。

2) 甘油适于软化点为 80～157 ℃的沥青，起始加热介质温度应为 (30±1)℃。

3) 为了进行仲裁，所有软化点低于 80℃的沥青应在水浴中测定，而软化点为 80～157℃的沥青材料在甘油浴中测定。

(2) 把仪器放在通风橱内并配置两个样品环、钢球定位器，并将温度计插入合适的位置，浴槽装满加热介质，并使各仪器处于适当位置。用镊子将钢球置于浴槽底部，使其同支架的其他部位达到相同的起始温度。

(3) 如果有必要，将浴槽置于冰水中或小心加热并维持适当的起始浴温达 15min，并使仪器处于适当位置，注意不要玷污浴液。

(4) 再次用镊子从浴槽底部将钢球夹住并置于定位器中。

(5) 从浴槽底部加热使温度以恒定的速率 5℃/min 上升。为防止通风的影响有必要时可用保护装置，试验期间不能取加热速率的平均值，但在 3min 后，升温速度应达到 (5±0.5)℃/min，若温度上升速率超过此限定范围，则此次试验失败。

(6) 当包着沥青的钢球触及下支撑板时，分别记录温度计所显示的温度。无需对温度计的浸没部分进行校正。取两个温度的平均值作为沥青材料的软化点。当软化点在 (30～157)℃时，如果两个温度的差值超过 1℃，则重新试验。

6.5.3.4 计算结果与评定

(1) 因为软化点的测定是条件性的试验方法，对于给定的沥青试样，当软化点略高于 80℃时，水浴中测定的软化点低于甘油浴中测定的软化点。

(2) 软化点高于 80℃时，从水浴变成甘油浴时的变化是不连续的。在甘油浴中所报告的沥青软化点最低可能为 84.5℃，而煤焦油沥青的软化点最低可能为 82℃。当甘油浴中软化点低于这些值时，应转变为水浴中的软化点为 80℃或更低，并在报告中注明。

1) 将甘油浴软化点转化为水浴软化点时，石油沥青的校正值为－4.5℃，对煤焦油沥青的为－2.0℃。采用此校正值只能粗略地表示出软化点的高低，欲得到准确的软化点，则应在水浴中重复试验。

2) 无论在任何情况下，如果甘油浴中所测得的石油沥青软化点的平均值为 80℃或更低，煤焦油沥青软化点的平均值为 77. 5℃或更低，则应在水浴中重复试验。

(3) 将水浴中略高于 80℃的软化点转化成甘油浴中的软化点时，石油沥青的校正值为＋4.5℃，对煤焦油沥青的校正值为＋2.0℃。采用此校正值只能粗略地表示出软化点的高低，欲得到准确的软化点，则应在甘油浴中重复试验。

在任何情况下，如果水浴中两次测定温度的平均值为 85℃或更高，则应在甘油浴中重复试验。

(4) 取两个结果的平均值作为试验结果。

(5) 报告试验结果时，同时报告浴槽中所使用加热介质种类。

项 目 小 结

防水材料是建筑工程中重要的功能材料之一。沥青的组分与结构是影响沥青主要技术性质的重要因素。

沥青的技术性质主要包括黏滞性、延展性、温度敏感性，大气稳定性等。石油沥青根据针入度、延度和软化点指标分为多种牌号。

防水卷材主要有沥青防水卷材、改性沥青防水卷材、合成高分子防水卷材。

防水涂料是一种流态或半流态物质，能起到防水防潮作用。主要有沥青基及改性沥青基防水涂料、合成高分子类防水涂料。

密封材料的合理选用，能够使工程中的施工缝、构件连接缝、变形缝等各种接缝保持水密、气密，保证建筑物的整体抗渗性、防水性能。主要有建筑防水沥青嵌缝油膏、聚氯乙烯建筑防水接缝材料、聚硫建筑密封胶等。

技 能 考 核 题

一、名称解释

1. 黏滞性 2. 针入度 3. 沥青的老化 4. SBS 改性沥青防水卷材 5. APP 改性沥青防水卷材

二、填空题

1. 石油沥青是一种________胶凝材料，在常温下呈________、________或________状态。

2. 石油沥青的组分主要包括________、________和________三种。

3. 石油沥青的黏滞性，对于液态石油沥青用________表示，单位为________；对于半固体或固体石油沥青用________表示，单位为________。

4. 防水卷材根据其主要防水组成材料分为________、________和________三大类。

三、选择题

1. 石油沥青的针入度越大，则其黏滞性（　　）。

A. 越大　　B. 越小　　C. 不变

2. 为避免夏季流淌，一般屋面用沥青材料软化点应比本地区屋面最高温度高（　　）。

A. 10℃以上　　B. 15℃以上　　C. 20℃以上

3. 下列不宜用于屋面防水工程中的沥青是（　　）。

A. 石油沥青　　B. 煤沥青　　C. SBS 改性沥青

4. 石油沥青的牌号主要根据其（　　）划分。

A. 针入度　　B. 延伸度　　C. 软化点

5. 三元乙丙橡胶（EPDM）防水卷材属于（　　）防水卷材。

A. 合成高分子　　B. 沥青　　C. 高聚物改性沥青

四、简答题

1. 煤沥青与石油沥青相比，其性能和应用有何不同？

2. 建筑石油沥青、道路石油沥青和普通石油沥青的应用各如何？

3. 简述 SBS 改性沥青防水卷材、APP 改性沥青防水卷材的应用。

4. 冷底子油在建筑防水工程中的作用如何？

项目7　其　他　材　料

【知识目标】

1. 掌握石材、砌筑材料、木材的分类、性能特点、技术要求和应用。
2. 理解石材、砌筑材料、木材的质量检测。
3. 了解石材、砌筑材料、木材的选用。

【能力目标】

1. 能判断石材品种，合理选用石材。
2. 能合理选用砌筑材料、检测砌筑材料外观质量和强度、评定砌筑材料等级。
3. 能检测木材基本性质、合理选用木材。

任务7.1　石　　材

凡是由天然岩石开采的，经加工或者未经过加工的石材，称为天然石材。天然石材作为建筑材料已具有悠久的历史，因其来源广泛、质地坚固、耐久性好，因此被广泛用于水利工程、建筑工程及其他工程中。

7.1.1　岩石的种类

天然岩石是各种不同地质作用所产生的天然矿物集合体。按地质形成条件不同，天然岩石可分为岩浆岩、沉积岩、变质岩。

7.1.1.1　*岩浆岩以及工程中常用的岩浆岩石材*

1. 岩浆岩

岩浆岩又称为火成岩，它是地壳深处熔融态岩浆，向压力低的地方运动，侵入地壳岩层，溢出地表或喷出冷却凝固而成的岩石的总称。由于冷却的温度和压力的条件不同，又分成深成岩、喷出岩和火山岩。常见的深成岩有花岗岩、正长岩等；常见的喷出岩有玄武岩、辉绿石、安山石等；火山岩是火山喷发时，喷到空中的岩浆经急剧冷却后形成的具有玻璃质结构矿物，具有化学不稳定性。

2. 常用的岩浆岩石材

花岗岩的主要矿物成分是正长石、石英，次要的矿物有云母、角闪石等。其为致密全结晶质均粒状结构，块状构造，表观密度大，孔隙率和吸水率小，抗酸侵蚀性强，表面经琢磨后色泽美观，可作为装饰材料，在工程中常用于基础、基座、闸坝、桥墩、路面等。玄武岩的主要矿物成分是斜长石和辉石，多呈斑状结构，颜色深暗，密度大，抗压强度因构造的不同而波动较大，一般为100～150MPa，材质硬脆，不容易加工。玄武岩主要用来敷设路面，铺砌堤岸边坡等，也是铸石原料和配置高强混凝土的较好的骨料。辉绿石的主要矿物成分和玄武岩相同，具有较高的耐酸性，可作为耐酸混凝土骨料。其熔点为1400～1500℃，可作为铸石的原料，铸出的材料结构均匀、密实、抗酸性能好，常用于化工设备的耐酸结构中。

火山喷发时所形成的火山灰、浮石以及火山凝灰岩均为多孔结构，表观密度小，强度比较低，导热系数小，可用做砌墙材料和轻混凝土骨料。

7.1.1.2 沉积岩以及工程中常用的沉积岩石材

1. 沉积岩

沉积岩是地表的岩石经过风化、破碎、溶解、冲刷、搬运等自然力的作用，逐渐沉积而成的岩石。它们的特点是具有较多的孔隙、明显的层理及力学性质的方向性。常见的有石灰石、砂岩、石膏等。

2. 常见的沉积岩石材

石灰岩的主要矿物成分是方解石，常含有白云石、石英、黏土矿物等。其特点是结构层理分明，构造细密，密度为2.6～2.8g/cm^3，抗压强度一般为60～80MPa，并且具有较高的耐水性和抗冻性。由于石灰石分布广，开采加工容易，所以广泛用于工程建设中。

砂岩是由粒径0.05～2mm的砂粒（多为耐风化的石英、正长石、白云母等矿物及部分岩石碎屑）经天然胶结物质胶结变硬的沉积岩。其性能与胶结物质的种类及胶结的密实程度有关。

7.1.1.3 变质岩以及工程中常用的变质岩石材

1. 变质岩

变质岩是沉积岩、岩浆岩又经过地壳运动，在压力、温度、化学变化等因素的作用下发生质变而形成的新的岩石。常见的变质岩有片麻岩、大理岩、石英岩等。

2. 常见的变质岩石材

片麻岩是由花岗岩变质而成的。矿物成分与花岗岩类似，片麻状构造，各个方向上物理力学性质不同。

大理岩是由石灰岩、白云岩变质而成的，俗称大理石，主要的矿物成分为方解石、白云石等。大理岩构造致密，抗压强度高（70～110MPa），硬度不大，易于开采、加工和磨光。

石英岩是由硅质砂岩变质而成的。砂岩变质后形成坚硬致密的变晶结构，强度高（最高达400MPa），硬度大，加工难，耐久性强，可用于各类砌筑工程、重要建筑物的贴面、铺筑道路及作为混凝土骨料。

7.1.2 石材的主要技术性质

1. 表观密度与强度等级

石材按表观密度大小分重石和轻石两类，表观密度大于1800kg/m^{3}的为重石，表观密度小于1800kg/m^{3}的为轻石。重石用于建筑的基础、贴面、地面、不采暖房屋外墙、桥梁及水工建筑物等，轻石主要用于采暖房屋外墙。

根据《砌体结构设计规范》（GB 50003—2011），石材的强度等级可分为MU100、MU80、MU60、MU50、MU40、MU30、MU20。石材的强度等级可用边长为70mm立方体试块的抗压强度表示。抗压强度取三个试件破坏强度的平均值。试件也可采用表7.1所列的其他尺寸的立方体，但应对其试验结果乘以相应的换算系数后才可作为石材的强度等级。

表7.1　　　　石材强度等级换算系数

立方体边长/mm	200	150	100	70	50
换算系数	1.43	1.28	1.14	1	0.86

2. 抗冻性

石材的抗冻性主要取决于其矿物成分、晶粒大小和分布均匀性、天然胶结构的胶结性质、孔隙率及吸水性等性质。石材应根据使用条件选择相应的抗冻性指标。

3. 耐水性

石材的耐水性根据软化系数分为高、中、低三等。高耐水性的石材，软化系数大于0.9；中耐水性的石材，软化系数为0.7～0.9；低耐水性的石材，软化系数为0.6～0.7。软化系数低于0.6的石材一般不允许用于重要的工程。

《砌体结构设计规范》(GB 50003—2011) 规定，用于稍潮湿或很潮湿基土的砌筑石材其最低强度等级为MU30；用于含饱和水场合的砌筑石材其最低强度等级为MU40。

7-3 石材的应用

7.1.3 砌筑石材

石材按其加工后的外形规则程度，可分为料石和毛石，并应符合下列规定：

1. 料石

(1) 细料石：通过细加工，外表规则，叠砌面凹入深度不应大于10mm，截面的宽度、高度不宜小于200mm，且不宜小于长度的1/4。

(2) 粗料石：规格尺寸同上，但叠砌面凹入深度不应大于20mm。

(3) 毛料石：外形大致方正，一般不加工或仅稍加修整，高度不应小于200mm，叠砌面凹入深度不应大于25mm。

料石根据加工程度分别用于建筑物的外部装饰、勒脚、台阶、砌体、石拱等。

2. 毛石

毛石是指采石场爆破后直接得到的形状不规则的石块，其中部厚度不小于150mm，挡土墙用毛石中部厚度不小于200mm。毛石分为乱毛石和平毛石，乱毛石是指形状不规则的石块，平毛石是指形状不规则、但有两个平面大致平行的石块。

毛石主要用于基础、挡土墙、毛石混凝土等。

7-4 烧结制品砌筑材料

7-5 烧结制品砌筑材料

任务7.2 烧结制品砌筑材料

7.2.1 烧结普通砖

烧结普通砖是以黏土、页岩、煤矸石、粉煤灰、建筑渣土、淤泥（江河湖淤泥）、污泥为主要原料，经焙烧而成主要用于建筑物承重部位的普通砖。

7.2.1.1 烧结普通砖的分类、强度等级、规格和产品标记

按照《烧结普通砖》(GB/T 5101—2017) 的规定，按主要原料分为黏土砖(N)、

页岩砖（Y）、煤矸石砖（M）、粉煤灰砖（F）、建筑渣土砖（Z）、淤泥砖（U）、污泥砖（W）、固体废弃物砖（G）。

砖的强度等级分为五级：MU30、MU25、MU20、MU15、MU10。

砖的外形为直角六面体，其公称尺寸为：长240mm、宽115mm、高53mm。其他规格尺寸由供需双方协商确定。

砖的产品标记根据规范按产品名称的英文缩写、类别、强度等级和标准编号顺序编写。

烧结普通砖，强度等级MU15的黏土砖，其标记为：

FCB N MU15 GB/T 5101

7.2.1.2 烧结普通砖的主要技术指标

1. 尺寸偏差

尺寸偏差应符合表7.2的要求。

表7.2 尺寸偏差（GB/T 5101—2017） 单位：mm

公称尺寸	指标	
	样本平均偏差	样本极差，≤
240	±2.0	6.0
115	±1.5	5.0
53	±1.5	4.0

2. 外观质量

外观质量应符合表7.3的要求。

表7.3 外观质量（GB/T 5101—2017）

<table>
<tr><th colspan="2">项目</th><th>指标</th></tr>
<tr><td colspan="2">两条面高度差，≤</td><td>2</td></tr>
<tr><td colspan="2">弯曲，≤</td><td>2</td></tr>
<tr><td colspan="2">杂质凸出高度，≤</td><td>2</td></tr>
<tr><td colspan="2">缺棱掉角的三个破坏尺寸，不得同时大于</td><td>5</td></tr>
<tr><td rowspan="2">裂纹宽度，≤</td><td>大面上宽度方向及其延伸至条面的长度</td><td>30</td></tr>
<tr><td>大面上长度方向及其延伸至顶面的长度或条顶面上水平裂纹的长度</td><td>50</td></tr>
<tr><td colspan="2">完整面，不得少于</td><td>一条面和一顶面</td></tr>
</table>

注 1. 为砌筑挂浆面施加的凹凸纹、槽、压花等不算作缺陷。

2. 凡有下列缺陷之一者，不得称为完整面：①缺损在条面或顶面上造成的破坏面尺寸同时大于10mm×10mm；②条面或顶面上裂纹宽度大于1mm，其长度超过30mm；③压陷、粘底、焦花在条面或顶面上的凹陷或凸出超过2mm，区域尺寸同时大于10mm×10mm。

7-6

烧结普通砖的抗压强度试验

3. 强度等级

强度等级应符合表7.4的要求。

表7.4　　**强度等级（GB/T 5101—2017）**　　单位：MPa

强度等级	抗压强度平均值$\overline{f}$，≥	强度标准值f_k，≥
MU30	30.0	22.0
MU25	25.0	18.0
MU20	20.0	14.0
MU15	15.0	10.0
MU10	10.0	6.5

强度等级试验按《砌墙砖试验方法》（GB/T 2542—2012）规定的方法进行，其中试样数量为10块，加荷速度为（5±0.5）kN/s。试验后按式（7.1）计算出强度标准差S。

$$S=\sqrt{\frac{1}{9}\sum_{i=1}^{10}(f_i-\overline{f})^2} \tag{7.1}$$

式中　S——10块试样的抗压强度标准差，MPa，精确至0.01；

$\overline{f}$——10块试样抗压强度平均值，MPa，精确至0.1；

f_i——单块试样抗压强度值，MPa，精确至0.01。

按表7.4中抗压强度平均值$\overline{f}$、强度标准值f_k评定砖的强度等级。

样本量$n=10$时的强度标准值按（7.2）计算

$$f_k=\overline{f}-1.83S \tag{7.2}$$

式中　f_k——抗压强度标准值，MPa，精确至0.1。

4. 耐久性

（1）抗风化性能。抗风化性能是烧结普通砖的重要耐久性之一，按划分的风化区不同，作出是否经抗冻性检验的规定。我国风化区的划分见表7.5。严重风化区中的1、2、3、4、5地区应进行冻融试验，其他地区砖的抗风化性能符合表7.6规定时可不进行冻融试验，否则，应进行冻融试验。淤泥砖、污泥砖、固体废弃物砖应进行冻融试验。

表7.5　　**风化区的划分（GB/T 5101—2017）**

严重风化区		非严重风化区	
1. 黑龙江省	11. 河北省	1. 山东省	11. 福建省
2. 吉林省	12. 北京市	2. 河南省	12. 台湾省
3. 辽宁省	13. 天津市	3. 安徽省	13. 广东省
4. 内蒙古自治区	14. 西藏自治区	4. 江苏省	14. 广西壮族自治区
5. 新疆维吾尔自治区		5. 湖北省	15. 海南省
6. 宁夏回族自治区		6. 江西省	16. 云南省
7. 甘肃省		7. 浙江省	17. 上海市
8. 青海省		8. 四川省	18. 重庆市
9. 陕西省		9. 贵州省	
10. 山西省		10. 湖南省	

注　未计香港特别行政区和澳门特别行政区。

表 7.6　　抗风化性能（GB/T 5101—2017）

砖种类	严重风化区				非严重风化区			
	5h沸煮吸水率/%，≤		饱和系数，≤		5h沸煮吸水率/%，≤		饱和系数，≤	
	平均值	单块最大值	平均值	单块最大值	平均值	单块最大值	平均值	单块最大值
黏土砖、建筑渣土砖	18	20	0.85	0.87	19	20	0.88	0.90
粉煤灰砖	21	23			23	25		
页岩砖	16	18	0.74	0.77	18	20	0.78	0.80
煤矸石砖								

（2）泛霜。泛霜是一种砖或砖砌体外部的直观现象，呈白色粉末、白色絮状物，严重时呈鱼鳞状的剥离、脱落、粉化。砖块的泛霜是由于砖内含有可溶性硫酸盐，遇水溶解，随着砖体吸收水分的不断增加，溶解度由大变小。当外部环境发生变化时，砖内盐形成晶体，积聚在砖的表面呈白色，称为泛霜。

每块砖不允许出现严重泛霜。

（3）石灰爆裂。当黏土原料中夹带石灰石时，焙烧砖时石灰石会煅烧成生石灰留在砖内，这时的生石灰为过烧生石灰，这些生石灰在砖内会吸收外界的水分，消化并产生体积膨胀，导致砖发生膨胀性破坏，这种现象就是石灰爆裂。

砖的石灰爆裂应符合下列规定：破坏尺寸大于2mm且小于或等于15mm的爆裂区域，每组砖不得多于15处。其中大于10mm的不得多于7处。不允许出现最大破坏尺寸大于15mm的爆裂区域。试验后抗压强度损失不得大于5MPa。

7.2.1.3　烧结普通砖的应用

烧结普通砖的应用烧结普通硅具有良好的绝热性、耐久性、透气性和热稳定性等特点，且原料来源广泛，生产和施工工艺简单，因而可用作墙体材料、基础、拱、烟囱、沟道和铺砌地面等。由于烧结黏土砖能耗高、烧砖毁田、污染环境，因此我国大力推广墙体材料改革，很多地方政府已下令逐步禁止黏土砖的生产，要求因地制宜地发展新型墙体材料，以粉煤灰、煤矸石等工业废料蒸压砖及各种砌块、板材来代替黏土砖，以减少农田的损失和对生态环境的破坏。

7.2.2　烧结多孔砖和多孔砌块

烧结多孔砖和多孔砌块是以黏土、页岩、煤矸石、粉煤灰为主要原料经焙烧而成的，主要用于承重部位。按主要原料进行划分可分为黏土砖和黏土砌块（N）、页岩砖和页岩砌块（Y）、煤矸石砖和煤矸石砌块（M）、粉煤灰砖和粉煤灰砌块（F）、淤泥砖和淤泥砌块（U）、固体废弃物砖和固体废弃物砖砌块（G）。

标准《烧结多孔砖和多孔砌块》（GB 13544—2011）对其尺寸允许偏差、外观质量、强度等级、孔型孔洞率及孔洞排列、泛霜、石灰爆裂、抗风化性能等作出了相关规定。

烧结多孔砖和多孔砌块按照抗压强度分为MU30、MU25、MU20、MU15、MU10五个强度等级，其强度等级要求与表7.4一致。

砖的密度等级分为1000级、1100级、1200级、1300级四个等级；砌块的密度等级分为900级、1000级、1100级、1200级四个等级。

砖和砌块的产品标记按产品名称、品种、规格、强度等级、密度等级和标准编号顺序编写。

标记示例：规格尺寸290mm×140mm×90mm，强度等级为MU25、密度1200级的黏土烧结多孔砖，其标记为

烧结多孔砖 N 290×140×90 MU25 1200 GB 13544—2011

同样有泛霜、石灰爆裂和抗风化性能等的技术要求。

烧结多孔砖孔洞率不小于28%，烧结多孔砌块孔洞率不小于33%。虽然多孔砖具有一定的孔洞率，使砖受压时有效受压面积减小，但因为制坯时受较大的压力，使砖孔壁致密程度提高，且对原材料要求也高，补偿了因有效面积减小而造成的强度损失，因而烧结多孔砖的强度仍然很高，可用于建筑物的承重部位。

7.2.3 烧结空心砖和空心砌块

烧结空心砖和空心砌块是以黏土、页岩、煤矸石等为主要原料经焙烧而成，主要用于建筑物非承重部位。

根据《烧结空心砖和空心砌块》(GB/T 13545—2014)，按主要原料分为黏土空心砖和空心砌块(N)、页岩空心砖和空心砌块(Y)、煤矸石空心砖和空心砌块(M)、粉煤灰空心砖和空心砌块(F)、淤泥空心砖和空心砌块(U)、建筑渣土空心砖和空心砌块(Z)、其他固体废弃物空心砖和空心砌块(G)。

烧结空心砖和空心砌块按照抗压强度分为MU10.0、MU7.5、MU5.0、MU3.5四个强度等级。

密度等级分为800级、900级、1000级、1100级四个等级。

空心砖和空心砌块的产品标记按产品名称、类别、规格(长度×宽度×高度)、强度等级和标准编号顺序编写。

示例：规格尺寸290mm×190mm×90mm，密度等级800，强度等级为MU7.5的页岩空心砖，其标记为

烧结空心砖 Y (290×190×90) 800 MU7.5 GB/T 13545—2014

同样有泛霜、石灰爆裂和抗风化性能等的技术要求。

孔洞率不小于40%，为矩形孔。

烧结空心砖和空心砌块的孔洞个数少但洞腔大，孔洞垂直于顶面平行于大面。使用时大面受压，所以这种砖的孔洞与承压面平行。烧结空心砖自重较轻，可减轻墙体自重，改善墙体的热工性能，但强度不高，多用于非承重墙。

【工程实例分析7.1】 多层建筑墙体裂缝分析。

现象：山东省泰安市某小区5号楼4单元顶层西户住宅，出现墙体裂缝如图7.1、图7.2所示，现场观察为西卧室外墙自圈梁下斜向裂至窗台，缝宽约2mm。试分析

裂缝产生的原因，采取何种补救措施。

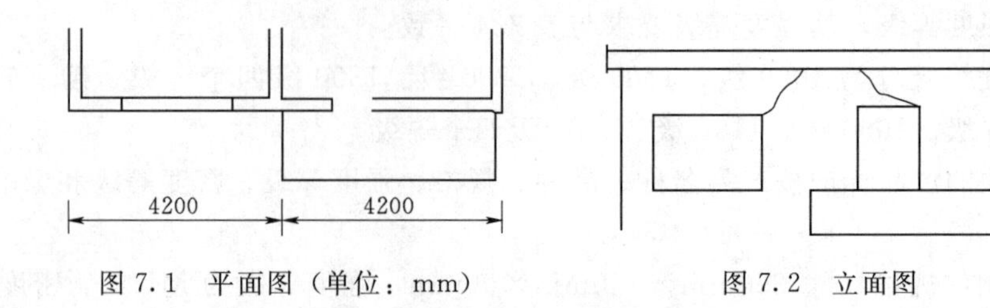

图 7.1 平面图（单位：mm） 图 7.2 立面图

原因分析：混合结构墙体上的斜裂缝多由温度变化引起。在太阳辐射热作用下，混凝土屋盖与其下的砖墙之间存在较大的正温差，且混凝土线膨胀系数又比黏土砖砌体大，当温度升高、线膨胀系数较大的混凝土板热胀时，受到温度低、线膨胀系数较小的砖墙的约束，因而在混凝土板内引起压应力，在接触面上产生剪应力。如墙体材料的抗拉强度较低时，则在墙体内产生八字形或倒八字形斜裂缝，如图 7.2 所示。

补救措施：①做好温度隔热层，以减少温差；②砌筑顶层墙体时，按规定应把砖浸湿，防止干砖上墙；③砌筑砂浆按配合比拌制，保证砌筑砂浆的强度等级，特别注意不能使用碎砖；④拉结筋放置时，必须先检测钢筋是否合格，再按照设计规定的位置放置，以保证墙体的整体性。

由于过去对砖混结构多层住宅顶层墙体温差裂缝在设计和施工中重视程度不够，使得已竣工的工程或多或少地存在着这类问题。对已发生的温差裂缝，可采取以下维修措施：将出现裂缝的整个墙面的抹灰层剔除干净，露出砖墙面及圈梁的混凝土面；在剔干净抹灰层的整个墙面上钉上钢丝网，钢丝网必须与墙体连接牢固、绷紧；在钢丝网上抹 1∶2.5 水泥砂浆，并赶实压光。

任务 7.3 蒸压制品砌筑材料

7-7

蒸压制品和混凝土制品砌筑材料

7-8

蒸压制品砌筑材料

7.3.1 蒸压灰砂实心砖和实心砌块

蒸压灰砂实心砖和实心砌块是以砂、石灰为主要原料，允许掺入颜料和外加剂，经坯料制备、压制成型、高压蒸汽养护而成的砖或砌块。

根据《蒸压灰砂实心砖和实心砌块》（GB/T 11945—2019），按抗压强度分为 MU10、MU15、MU20、MU25、MU30 等 5 个强度等级。有蒸压灰砂实心砖（代号 LSSB）、蒸压灰砂实心砌块（代号 LSSU）、大型蒸压灰砂实心砌块（代号 LLSS，指空心率小于 15%、长度不小于 500mm 或高度不小于 300mm 的砌块）三类。应考虑工程应用砌筑灰缝的宽度和厚度要求，由供需双方协商后，在订货合约中确定其标示尺寸。

按颜色可分为本色（N）和彩色（C）两类。

产品按代号、颜色、等级、规格尺寸和标准编号的顺序进行标记。

规格尺寸 240mm×115mm×53mm、强度等级 MU15 的本色实心砖（标准砖），

其标记为

LSSB-N MU15 240×115×53 GB/T 11945—2019

不应用于长期受热200℃以上，受急冷急热和有酸性介质侵蚀的建筑部位。

表7.7 蒸压灰砂实心砖和实心砌块强度指标

强度等级	抗压强度/MPa		强度等级	抗压强度/MPa	
	平均值，≥	单个最小值，≥		平均值，≥	单个最小值，≥
MU10	10.0	8.5	MU25	25.0	21.2
MU15	15.0	12.8	MU30	30.0	25.5
MU20	20.0	17.0			

7.3.2 蒸压加气混凝土砌块

蒸压加气混凝土砌块是以硅质材料和钙质材料为主要原料，掺加发气剂，经加水搅拌，由化学反应形成空隙，经浇注成型、预养切割和蒸压养护而成的多孔硅酸盐砌块。

蒸压加气混凝土砌块的规格尺寸应符合表7.8的规定。

表7.8 蒸压加气混凝土砌块的规格尺寸（GB 11968—2006） 单位：mm

长度 L	宽度 B	高度 H
600	100、120、125、150、180、200、240、250、300	200、240、250、300

蒸压加气混凝土砌块分为A1.0、A2.0、A2.5、A3.5、A5.0、A7.5、A10.0等七个强度等级，砌块的立方体抗压强度值应符合表7.9的规定。

干密度级别有B03、B04、B05、B06、B07、B08六个级别。

砌块按尺寸偏差与外观质量、干密度、抗压强度和抗冻性分为优等品（A）和合格品（B）两个等级，具体数值见表7.10和表7.11。

表7.9 蒸压加气混凝土砌块的立方体抗压强度（GB 11968—2006） 单位：MPa

强度等级	立方体抗压强度		强度等级	立方体抗压强度	
	平均值，≥	单块最小值，≥		平均值，≥	单块最小值，≥
A1.0	1.0	0.8	A5.0	5.0	4.0
A2.0	2.0	1.6	A7.5	7.5	6.0
A2.5	2.5	2.0	A10.0	10.0	8.0
A3.5	3.5	2.8			

表7.10 蒸压加气混凝土砌块的干密度 单位：kg/m^3

干密度级别		B03	B04	B05	B06	B07	B08
干密度	优等品（A），≤	300	400	500	600	700	800
	合格品（B），≤	325	425	525	625	725	825

表 7.11 蒸压加气混凝土砌块的强度级别

<table>
<tr><td colspan="2">干密度级别</td><td>B03</td><td>B04</td><td>B05</td><td>B06</td><td>B07</td><td>B08</td></tr>
<tr><td rowspan="2">强度级别</td><td>优等品（A）</td><td rowspan="2">A1.0</td><td rowspan="2">A2.0</td><td>A3.5</td><td>A5.0</td><td>A7.5</td><td>A10.0</td></tr>
<tr><td>合格品（B）</td><td>A2.5</td><td>A3.5</td><td>A5.0</td><td>A7.5</td></tr>
</table>

砌块的产品标记按产品名称（代号 ACB)、气度级别、体积密度级别、规格尺寸、产品等级和标准编号的顺序进行，如强度等级为 A3.5、干密度级别为 B05、优等品、规格尺寸为 600mm×200mm×250mm 的蒸压加气混凝土砌块，其标记为

ACB A3.5 B05 600×200×250A GB 11968－2006

蒸压加气混凝土砌块多孔轻质，具有一定的耐热性能和良好的耐火性能，有一定的吸声能力，但隔声性能相对较差，干燥收缩大，吸水导湿缓慢。广泛用于一般建筑物墙体，可用于多层建筑物的非承重墙和隔墙，也可用于低层建筑的承重墙。体积密度级别低的砌块还可用于屋面保温。

7.3.3 蒸压粉煤灰空心砖和空心砌块

蒸压粉煤灰空心砖是以粉煤灰、生石灰（或电石渣）为主要原料，可掺加适量石膏、外加剂和其他集料，经坯料制备、压制成型、高压蒸汽养护而制成的空心率不小于 35%的砖。

蒸压粉煤灰空心砌块是以粉煤灰、生石灰（或电石渣）为主要原料，可掺加适量石膏、外加剂和其他集料，经坯料制备、压制成型、高压蒸汽养护而制成的空心率不小于 45%的砌块。主要用于工业与民用建筑的非承重结构。

根据《蒸压粉煤灰空心砖和空心砌块》（GB/T 36535—2018)，强度等级分为 MU3.5、MU5.0、MU7.5，密度等级分为 600 级、700 级、800 级、900 级、1000 级、1100 级。

空心砖和空心砌块的外形为直角六面体，宜留有手抓孔和定位榫。孔洞应与空心砖和空心砌块承受压力的方向一致。孔洞宜为圆孔或者带倒角的矩形孔。

空心砖主规格尺寸长×宽×高为 240mm×190mm×90mm，空心砌块主规格尺寸长×宽×高为 390mm×190mm×190mm。

空心砖按产品代号（AFHI)、规格尺寸、密度等级、强度等级、标准编号的顺序进行标记。

空心砌块按产品代号（AFHO)、规格尺寸、密度等级、强度等级、标准编号的顺序进行标记。

规格尺寸为 240mm×190mm×90mm，密度等级 800、强度等级 MU5.0 的空心砖标记为

AFHI 240mm×190mm×90mm 800 MU5.0 GB/T 36535—2018

任务 7.4 混凝土制品砌筑材料

7.4.1 普通混凝土小型砌块

普通混凝土小型砌块是以水泥、矿物掺合料、砂、石、水为原料，经搅拌、振动

成型、养护等工艺制成的小型砌块，包括空心砌块和实心砌块。

国家标准《普通混凝土小型砌块》（GB/T 8239—2014）规定，砌块按空心率分为空心砌块（空心率不小于25%，代号：H）和实心砌块（空心率小于25%，代号：S）。

普通混凝土小型空心砌块按抗压强度划分强度等级，空心砌块与实心砌块用于承重结构和非承重结构有所差别，见表7.12。

混凝土制品砌筑材料

表7.12　砌块的强度等级　　单位：MPa

砌块种类	承重砌块（L）	非承重砌块（N）
空心砌块（H）	7.5，10.0，15.0，20.0，25.0	5.0，7.5，10.0
实心砌块（S）	15.0，20.0，25.0，30.0，35.0，40.0	10.0，15.0，20.0

砌块按下列顺序标记：砌块种类、规格尺寸、强度等级（MU）、标准代号。

标记示例：

规格尺寸为390mm×190mm×190mm，强度等级为MU15.0，承重结构用实心砌块，其标记为

LS　390×190×190 MU15.0 GB/T 8239—2014

规格尺寸为395mm×190mm×194mm，强度等级为MU5.0，非承重结构用空心砌块，其标记为

NH　395×190×194 MU5.0 GB/T 8239—2014

规格尺寸为190mm×190mm×190mm，强度等级为MU15.0，承重结构用的半块砌块，其标记为：

LH50　190×190×190 MU15.0 GB/T 8239—2014

《普通混凝土小型砌块》（GB/T 8239—2014）还对其尺寸偏差、外观质量、外壁和肋厚、吸水率、线性干燥收缩值、抗冻性、碳化系数、软化系数、放射性核数量等作出了规定。

普通混凝土小型砌块具有自重轻、热工性能好、抗震性能好、砌筑方便、墙面平整度好、施工效率高等优点。不仅可以用于非承重墙，较高强度等级的砌块也可用于多层建筑的承重墙。

7.4.2　轻集料混凝土小型空心砌块

轻集料混凝土小型空心砌块指用轻集料混凝土制成的小型空心砌块。以轻粗集料、轻砂（或普通砂）、水泥和水等原料配制而成的轻集料混凝土的干表观密度不大于1950kg/m^3。

根据《轻集料混凝土小型空心砌块》（GB/T 15229—2011）的规定，轻集料混凝土小型空心砌块按砌块孔的排数分为单排孔、双排孔、三排孔和四排孔等。按砌块密度等级分为700、800、900、1000、1100、1200、1300、1400八级，砌块强度等级分为2.5、3.5、5.0、7.5、10.0五级。

轻集料混凝土小型空心砌块（LB）按代号、类别（孔的排数）、密度等级、强度等级和标准的编号进行标记。例如：符合GB/T 15229—2011，密度等级为800级、强度等级为MU3.5、质量等级为一等品的轻集料混凝土三排孔小砌块，其标记为

LB2 800 MU3.5 GB/T 15229—2011

轻集料混凝土小型空心砌块的技术要求包括：尺寸偏差和外观质量、密度等级、强度等级、吸水率、相对含水率、干燥收缩率、碳化系数、软化系数、抗冻性和放射性。其中吸水率应不大于18%；干燥收缩率应不大于0.065%；碳化系数应不小于0.8；软化系数应不小于0.80。

轻集料混凝土小型空心砌块取材广泛，生产工艺简单，成本较低，保温性较好，得到广泛使用。以轻集料混凝土小型空心砌块砌筑的跨度较大的墙体，针对其干缩值较大的问题，往往还设置混凝土芯柱增强砌体的整体性能。

【工程实例分析7.2】 蒸压加气混凝土砌块砌体裂缝。

现象：某工程用蒸压加气混凝土砌块砌筑外墙，该蒸压加气混凝土砌块出釜一周后即砌筑，工程完工一个月后，墙体出现裂纹，试分析原因。

原因分析：该外墙属于框架结构的非承重墙，所用的蒸压加气混凝土砌块出釜仅一周，其收缩率仍很大，在砌筑完工干燥过程中继续产生收缩，墙体在沿着砌块与砌块交接处就易产生裂缝。

任务7.5 木 材

7.5.1 概述

木材是重要的建筑材料之一，由树木的树干加工而成。它具有很多优良性能，如轻质高强，有较高的弹性、韧性，耐冲击、振动，易于加工。树木总的分为针叶树（如杉木、红松、白松、黄花松等）、阔叶树（如榆木、水曲柳、柞木等）两大类。

针叶树叶子呈针状，树干直而高大，纹理顺直，木质较软，故又称软木。针叶树表观密度和胀缩变形小，防腐蚀性较强，是建筑上常用的木材，建筑工程常将松、杉、柏用于承重结构。

7-10

木材

阔叶树叶子宽大，大多材质坚硬，故又称硬木。硬木表观密度较大，加工较难，易胀缩、翘曲，产生裂缝，不宜用于承重结构，如榆木、水曲柳等适宜用于内部装饰、次要承重构件、制作胶合板等。

7.5.2 木材的组织构造

1. 木材的宏观构造

木材的宏观构造用肉眼和放大镜就能观察到，通常从树干的三个切面上来进行剖析，即横切面（垂直于树轴的面）、径切面（通过树轴的纵切面）和弦切面（平行于树轴的纵切面）。木材的宏观构造如图7.3所示。

由图7.3可知，树木是由树皮、木质部和髓心等部分组成的。一般树的树皮在建筑工程上使用价值不大，木质部是木材的主体，也是建筑材料使用的主要部分，研究木材的构造主要是指木质部的构造。许多树种的木质部接近树干中心的部分呈深色，称心材；靠近外围的部分色较浅，称边材，一般心材比边材的利用价值大些。

从木质部横切面上看到深浅相间的同心圆环，即所谓的年轮，在同一年轮内，春天生长的木质，色较浅，质松软，称为春材（早材）；夏、秋两季生长的木质，色较深，质坚硬，称为夏材（晚材）。相同树种年轮越密且均匀，材质越好，夏材部分越多，木材强度越高。

树干的中心称为髓心，其质松软，强度低，易腐朽。从髓心向外的辐射线称为髓线，它与周围联结差，干燥时易沿此开裂，年轮和髓线组成了木材美丽的天然纹理。

2. 木材的微观构造

微观构造是在显微镜下观察的木材组织，它是由无数管状细胞结合而成的，如图7.4所示。

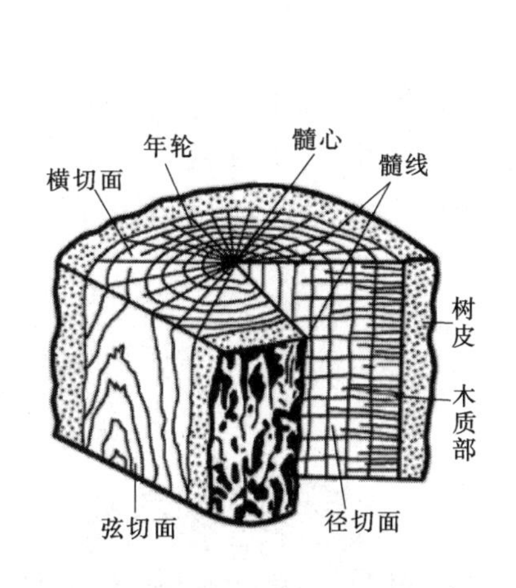

图7.3　木材的宏观构造

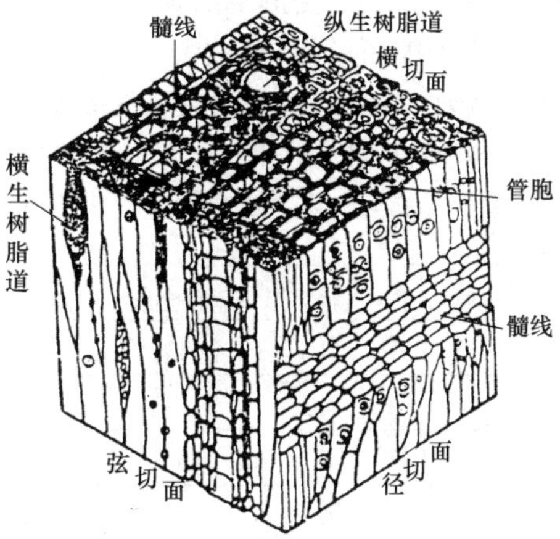

图7.4　马尾松的微观构造

它们大部分纵向排列，少数横向排列（如髓线）。每个细胞分细胞壁和细胞腔两部分，细胞壁由细纤维组成，其纵向联结较横向牢固。细纤维间具有极小的空隙，能吸附和渗透水分，木材的细胞壁越厚，腔越小，木材组织越均匀，木材越密实，表观密度大，强度也较高，但干缩率则随细胞壁厚度增大而增大。春材细胞壁薄腔大，夏材则壁厚腔小。

7.5.3　木材的物理力学性质

7.5.3.1　木材的物理性质

1. 含水率

木材的含水量以含水率表示，即木材中水分质量占干燥木材质量的百分比。木材中的水分为化学结合水、自由水和吸附水三种。化学结合水即为木材中的化合水，它在常温下不变化，故其对木材的性质无影响；自由水是存在于木材细胞腔和细胞间隙中的水，它影响木材的表观密度、抗腐蚀性、燃烧性和干燥性；吸附水是被吸附在细胞壁内细纤维之间的水，吸附水的变化影响木材强度和木材胀缩变形性能。

（1）木材的纤维饱和点。当木材中细胞壁内吸附水达到饱和时，这时的木材含水率称为纤维饱和点。木材的纤维饱和点随树种而异，一般为25%～35%，通常取其平均值，约为30%。纤维饱和点是木材物理力学性质发生变化的转折点。

（2）木材的平衡含水率。木材中所含的水分是随着环境的温度和湿度的变化而改变的，当木材长时间处于一定温度和湿度的环境中时，木材中的含水量最后会达到与周围环境湿度相平衡，这时木材的含水率称为平衡含水率。木材的平衡含水率是木材进行干燥时的重要指标，木材的平衡含水率随其所在地区不同而异，一般北方为12%左右，长江流域为15%左右，南方地区则更高些。

2. 湿胀干缩

木材具有很显著的湿胀干缩性，其规律是：当木材的含水率在纤维饱和点以下时，随着含水率的增加，木材产生体积膨胀，随着含水率的减小，木材体积收缩；而当木材含水率在纤维饱和点以上，只是自由水增减变化时，木材的体积不发生变化。木材的含水率与其胀缩变形率的关系如图7.5所示。从图中可以看出，纤维饱和点是木材发生湿胀干缩变形的转折点。

由于木材为非匀质构造，故其胀缩变形各向不同，其中以弦向最大，径向次之，纵向（即顺纤维方向）最小。木材干燥时，弦向干缩6%～12%，径向干缩为3%～6%，纵向仅为0.1%～0.35%。图7.6展示出木材干燥后其横截面上各部位的不同变化情况。

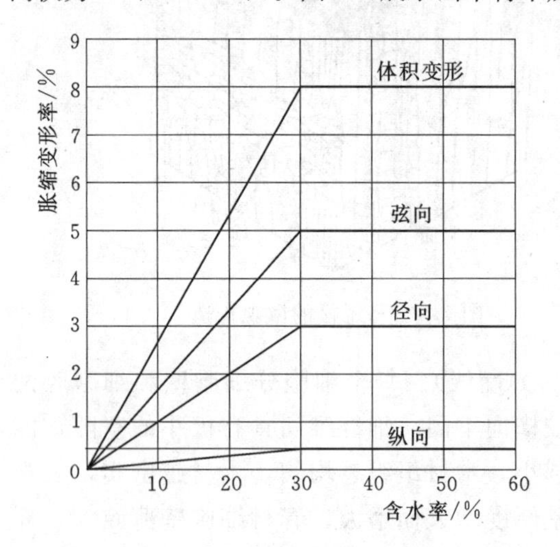

图7.5 木材含水率与胀缩变形率的关系

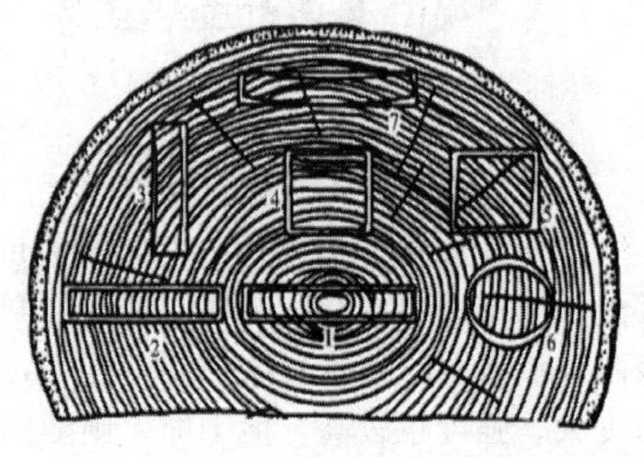

图7.6 木材干燥后横截面形状的改变

1—通过髓心的径锯板呈凸形；2—边材径锯板收缩较均匀；3—板面与年轮呈40°角发生翘曲；4—两边与年轮平行的正方形变长方形；5—与年轮成对角线的正方形变菱形；6—圆形变椭圆形；7—弦锯板呈翘曲

木材的湿胀干缩对木材的使用有严重影响，干缩使木材结构构件连接处产生缝隙而致接合松弛、拼缝不严、翘曲开裂，湿胀则造成凸起变形，强度降低。为了避免这种情况，工程上最常用的方法是预先将木材进行干燥至使用情况下的平衡含水率，或采用径向切板的方法，另外也可使用油漆涂刷防潮层等方法来降低木材的湿胀变形。

3. 密度、表观密度

各种木材的分子构造基本相同，因而木材的密度基本相等，平均约为1.55g/cm^3。木材细胞组织中的细胞壁中存在大量微小的孔隙，使得木材的表观密度较小，一般只有300～800kg/m^3，孔隙率很大，可达50%～80%。

木材的表观密度除与组织构造有关外，含水率对其影响也很大，使用时通常以含水率15%的表观密度为标准。

7.5.3.2 木材的力学性质

1. 强度

木材按受力状态分为抗拉、抗压、抗弯和抗剪四种强度，而抗拉、抗压、抗剪强度又有顺纹（作用力方向与纤维方向平行）、横纹（作用力方向与纤维方向垂直）之分。木材的顺纹与横纹强度有很大差别，木材四种强度之间的关系见表7.13。

表7.13 木材无缺陷时各强度的比例关系

抗压强度		抗拉强度		抗弯强度	抗剪强度	
顺纹	横纹	顺纹	横纹		顺纹	横纹切断
100	10～30	200～300	5～30	150～200	15～30	50～100

2. 影响木材强度的主要因素

(1) 木材纤维组织。木材受力时，主要靠细胞壁承受外力，细胞壁越均匀密实，强度就越高；当晚材率高时，木材的强度高，表观密度也大。

(2) 含水率。木材的含水率在纤维饱和点内变化时，含水量增加使细胞壁中的木纤维之间的联结力减弱，细胞壁软化，故强度降低；水分减少使细胞壁比较紧密，故强度增高。

当木材含水率在纤维饱和点以上变化时，木材强度不改变。

(3) 负荷时间。木材的长期承载能力远低于暂时承载能力。这是因为在长期承载情况下，木材会发生纤维等速蠕滑，累积后产生较大变形而降低了承载能力。

木材在长期荷载作用下不致引起破坏的最大强度，称为持久强度。木材的持久强度比其极限强度小得多，一般为极限强度的50%～60%。一切木结构都处于某一种负荷的长期作用下，因此在设计木结构时，应考虑负荷时间对木材强度的影响。

(4) 温度。木材随环境温度的升高强度会降低。当温度由25℃升到50℃时，针叶树抗拉强度降低10%～15%，抗压强度降低20%～40%。当木材长期处于60～100℃时，会引起水分和所含挥发物的蒸发而呈暗褐色，强度下降，变形增大。温度超过140℃时，木材中的纤维素发生热裂解，色渐变黑，强度明显下降。因此，长期处于高温的建筑物，不宜采用木结构。

(5) 木材的疵病。木材在生长、采伐及保存过程中，会产生内部和外部的缺陷，这些缺陷称为疵病。木材的疵病主要有木节、斜纹、腐朽及虫害等，这些疵病将影响木材的力学性质，但同一疵病对木材不同强度的影响不尽相同。

木节分为活节、死节、松软节、腐朽节等几种，活节影响较小。木节使木材顺纹抗拉强度显著降低，对顺纹抗压强度影响较小。在木材受横纹抗压和剪切时，木节反而增加其强度。

斜纹为木纤维与树轴成一定夹角，斜纹使木材严重降低其顺纹抗拉强度，抗弯强度次之，对顺纹抗压强度影响较小。裂纹、腐朽、虫害等疵病，会造成木材构造的不连续性或破坏其组织，因此严重影响木材的力学性质，有时甚至能使木材完全失去使用价值。

表7.14列举了一些建筑上常用木材的表观密度及力学性质。

表7.14　　几种常见木材的表观密度及力学性质

树种	产地	表观密度/(g/cm^3)	强　度/MPa			
			顺纹抗压强度	抗弯强度	顺纹抗拉强度	顺纹抗剪强度（径面）
杉木	湖南	0.371	37.8	63.8	77.2	4.2
红松	东北	0.440	33.4	65.3	98.1	6.3
马尾松	湖南	0.519	44.4	91.0	104.9	7.5
落叶松	东北	0.614	57.6	118.3	129.9	8.5
鱼鳞云杉	东北	0.417	35.2	69.9	96.7	6.2
杉	四川	0.433	35.2	70.0	97.3	4.9
冷杉	湖北	0.600	54.3	100.5	117.1	6.2
冷杉	东北	0.777	55.6	124.0	155.4	11.8

【工程实例分析7.3】 客厅木地板所选用的树种。

现象：某客厅采用白松实木地板装修，使用一段时间后多处磨损，请分析原因。

原因分析：白松属针叶树木，其木质软、硬度低、耐磨性差。虽受潮后不易变形，但用于走动频繁的客厅则不妥，可考虑改用质量好的复合木地板，其板面坚硬耐磨，使用寿命长。

7.5.4 木材的应用

木材是传统的建筑材料，在古建筑和现代建筑中都得到了广泛应用。在结构上，木材主要用于构架和屋顶，如梁、柱、椽、望板、斗拱等。木材在建筑工程中还常用作混凝土模板及木桩等。

在建筑工程中直接使用的木材有原木、板材和枋材三种形式。原木是指去皮、去枝梢后按一定规格锯成一定长度的木料；板材是指宽度为厚度的3倍或3倍以上的木料；枋材是指宽度不足厚度3倍的木材。为改善天然木材的不足，提高木材利用率，还有各种人造板材。

7-11

木材的应用

1. 地板

(1) 实木地板。实木地板是由未经拼接、覆贴的单块木材直接加工而成的地板。按照《实木地板 第1部分：技术要求》(GB/T 15036.1—2018) 规定，实木地板按表面形态分为平面实木地板和非平面实木地板；按表面有无涂饰分为涂饰实木地板和未涂饰实木地板；按表面涂饰类型分为漆饰实木地板和油饰实木地板；按加工工艺分为普通实木地板和仿古实木地板。

(2) 实木复合地板。实木复合地板是以实木拼板或单板为面板，以实木拼板、单板或胶合板为芯层或底层，经不同组合层加工而成的地板。

《实木复合地板》(GB/T 18103—2013) 对其外观质量作出了规定，根据产品的外观质量分为优等品、一等品和合格品；并对面板树种、面板厚度、三层实木复合地板芯层、实木复合地板用胶合板提出了材料要求。

实木复合地板适用于办公室、会议室、商场、展览厅、民用住宅等的地面装饰。

(3) 浸渍纸层压木质地板。按照《浸渍纸层压木质地板》(GB/T 18102—2007) 规定，浸渍纸层压木质地板是以一层或多层专用纸浸渍热固性氨基树脂，铺装在刨花板、中密度纤维板、高密度纤维板等人造板基材表面，背面加平衡层，正面加耐磨层，经热压而成的地板。商品名称为强化木地板。

浸渍纸层压木质地板具有耐烫、耐污、耐磨、抗压、施工方便等特点。

(4) 木塑地板。按照《木塑地板》(GB/T 24508—2009) 规定，木塑地板是由木材等纤维材料同热塑型塑料分别制成加工单元，按一定比例混合后，经成型加工制成的地板。可按照使用环境、使用场所、基材结构、基材发泡与否、表面处理状态分类。根据产品的正面外观质量可分为优等品和合格品。木塑地板具有防水、防潮、可塑性强、可加工性好、安装简单等特点，可用作室内外建筑首选绿色环保板材。

2. 人造板

按照《人造板及其表面装饰术语》(GB/T 18259—2018) 的定义，人造板为以木材或非木材植物纤维材料为主要原料，加工成各种材料单元，施加(或不施加)胶黏剂和其他添加剂，组坯胶合而成的板材或成型制品。主要包括胶合板、刨花板、纤维板及其表面装饰板等产品。

(1) 胶合板。胶合板又称层压板，是用蒸煮软化的原木旋切成大张薄片，再用胶黏剂按奇数层以各层纤维互相垂直的方向黏合热压而成的人造板材。

按照《普通胶合板》(GB/T 9846—2015) 规定，普通胶合板按使用环境分类可分为干燥条件下使用、潮湿条件下使用和室外条件下使用；按表面加工状态可分为未砂光板和砂光板。

胶合板广泛用于建筑室内隔墙板、天花板、门框、门面板以及各种家具及室内装修等。

(2) 刨花板。按照《刨花板》(GB/T 4897—2015) 规定，刨花板指将木材或非木材植物纤维材料原料加工成刨花(或碎料)，施加胶黏剂组坯成型并经热压而成的一类人造板材。按功能可分为阻燃刨花板、防虫刨花板、抗真菌刨花板等。

刨花板可用于吊顶、隔墙、家具等。

7.5.5 木材的腐朽与防腐措施

木材的腐朽是由真菌侵害引起的。它在木材中生存和繁殖，必须同时具备三个条件，即适当的水分、足够的空气、适宜的温度。当木材含水率为35%～50%，温度为15～30℃，又有足够的空气时，适宜真菌繁殖，木材最易腐朽。当木材含水率在20%以下，温度高于60 ℃时，真菌将停止生存和繁殖。

木材的防腐通常采取两种措施：一种是创造条件，使木材不适于真菌寄生和繁殖；另一种是进行药物处理，消灭或制止真菌生长。

第一种措施主要是将木材干燥，使含水率小于20%，使用时注意通风除湿。

第二种措施是用化学防腐剂对木材进行处理，这是一种比较有效的防腐措施。防腐剂的种类较多，主要有水溶性防腐剂、油质性防腐剂和膏状防腐剂。处理木材的方法有涂刷或喷涂法、压力渗透法、常压浸渍法等。

7.5.6 木材的防虫和防火

除真菌外，木材还会遭到诸如白蚁、天牛、蠹虫等昆虫的蛀蚀。木材虫蛀的防护方法，主要是采用化学药剂处理。木材防腐剂也能防止昆虫的危害。

木材属木质纤维材料，易燃烧，它是具有火灾危险性的有机可燃物。防火就是将木材经过具有阻燃性能的化学物质处理后，变成难燃的材料，以达到遇小火能自熄，遇大火能延缓或阻滞燃烧蔓延的目的，从而赢得补救的时间。

防火可通过以下几个措施达到：①抑制木材在高温下的热分解；②阻止热传递；③增加隔氧作用。常用木材防火处理方法是在木材表面涂刷或覆盖难燃材料和用防火剂浸注木材。

项 目 小 结

合理选用石材、砌筑材料、木材对建筑物的功能、造价及安全等有重要意义。

天然石材按地质条件不同分为岩浆岩、沉积岩和变质岩。其来源广泛，质地坚固，耐久性好，被广泛用于工程中。

烧结制品砌筑材料有烧结普通砖、烧结多孔砖和多孔砌块、烧结空心砖和空心砌块，蒸压制品砌筑材料有蒸压灰砂实心砖和实心砌块、蒸压加气混凝土砌块、蒸压粉煤灰空心砖和空心砌块，混凝土制品砌筑材料有普通混凝土小型砌块、轻集料混凝土小型空心砌块等。

木材是由树木的树干加工而成，它具有轻质高强，较高的弹性、韧性，耐冲击、振动，易于加工的特点，是重要的建筑材料之一。木材分为针叶树和阔叶树两类。

技 能 考 核 题

一、填空题

1. 建筑工程中的花岗岩属于________岩，大理石属于________岩，石灰石属于________岩。

2. 天然石材按体积密度大小分为________、________两类。

3. 砌筑用石材分为________和料石两类。

4. 烧结普通砖的外形为直角六面体，其标准尺寸为________。

5. 蒸压加气混凝土砌块多孔轻质，耐热性能和耐火性能________，吸声能力________，但隔声性能相对较________。

6. 木材中表观密度大，材质较硬的是________；而表观密度较小，木质较软的是________。

7. 木材的三个切面分别是________、________和________。

8. 按照树叶的________是区分阔叶树和针叶树的重要特征。

二、单选题

1. 烧结普通砖的质量等级评价依据不包括（　　）。

A. 尺寸偏差　　B. 砖的外观质量　　C. 泛霜　　D. 自重

2. 烧结空心砖抗压强度等级分为MU10、MU7.5、MU5.0和（　　）。

A. MU20　　B. MU15　　C. MU3.5　　D. MU2.0

3. 烧结空心砖是指孔洞率不小于（　　）的砖。

A. 20%　　B. 30%　　C. 35%　　D. 40%

4. A5.0表示蒸压加气混凝土砌块的（　　）。

A. 强度级别　　B. 密度级别　　C. 保温级别　　D. 隔声级别

5. 烧结多孔砖根据抗压强度可以分为（　　）。

A. 三个　　B. 四个　　C. 五个　　D. 六个

6. 混凝土实心砖制备样品用强度等级（　　）的普通硅酸盐水泥调成稠度适宜的水泥净浆。

A. 42.5　　B. 32.5　　C. 42.5R　　D. 52.5

7. 下面（　　）不是加气混凝土砌块的特点。

A. 轻质　　B. 保温隔热　　C. 干燥收缩大　　D. 韧性好

8. 我国木材的标准含水率为（　　）。

A. 12%　　B. 15%　　C. 18%　　D. 30%

9. 木材湿涨干缩沿（　　）方向最大。

A. 顺纹　　B. 径向　　C. 弦向　　D. 横纹

10. 木材在适当温度、一定量空气且含水率为（　　）时最易腐朽。

A. 10%～25%　　B. 25%～35%　　C. 35%～50%　　D. 50%～60%

三、判断题

1. 汉白玉是一种白色花岗石，因此可用作室外装饰和雕塑。（　　）

2. 烧结多孔砖是指孔洞率大于28%，孔洞数量多、尺寸小，且为竖向孔，砌筑时孔的方向垂直于承压面。（　　）

3. 加气混凝土砌块多孔，故其隔声性能好。（　　）

四、简答题

1. 为什么要限制烧结黏土砖，发展新型墙体材料？

2. 什么是砖的泛霜和石灰爆裂？他们对建筑物有什么影响？

3. 烧结多孔砖和烧结空心砖有何异同点？

4. 有不少住宅的木地板使用一段时间后出现接缝不严，但亦有一些木地板出现起拱。请分析原因。

项目8　工程质量检测基础知识

【知识目标】

1. 了解质量检验和质量检测的异同、工程质量检测的特点和分类方式，熟悉质量检测过程。

2. 了解工程质量检测管理（质量管理体系）的概念和基本要求。

3. 了解计量与数据处理的基本知识。

4. 了解行业技术标准与技术等级。

【能力目标】

对具体检验检测任务能做好前期准备工作。

任务8.1　质量检测基础概述

工程质量检验检测是评定和控制材料质量、施工质量的依据和手段，在工程施工、科研及质量控制中具有举足轻重的地位。其基础知识的普及与方法技术的提高也是推动科技进步、合理使用工程材料和工业废料、降低生产成本，增进企业效益、环境效益和社会效益的有效途径。

随着建筑业的改革与发展，新材料、新技术层出不穷，工程材料的质量优劣，越加影响着建筑物的质量和安全。当前工程材料检测技术规程规范、标准导则等修订和更新愈广愈深。因此，工程材料性能的检验检测，是从源头抓好建设工程质量管理工作，确保建设工程质量和安全的重要保证。

为了保证建设工程质量，必须设立各类工程质量检验检测机构，培养从事工程材料性能和建设工程施工质量检验检测的专门人才，我们也应该在学好理论课的基础上，重视试验理论，搞懂试验原理，学会试验方法，加强动手能力，出具公正、规范、科学的检测报告，为提高工程建设质量发挥积极作用。

8.1.1　质量检测和检验的概念

检测是对实体一种或多种性能进行检查、度量、测量和试验的活动。检测的目的是希望了解检测对象某一性能或某些性能的状况。

检验是对实体一种或多种性能进行检查、度量、测量和试验，并将结果与规定要求进行比较，以确定每项特性合格情况所进行的活动。也就是说，检验的目的是要求判定检测的对象是否合格。对所检对象性能（指标）的要求，应在技术标准、规范或经批准的设计文件中进行具体的规定。

从流程上看，检验流程包括检测，检测不一定包含判定对象合格与否，因为某些检测行为无需对结果判定，只是提供给设计或另外一项检验的行为依据。例如料场土的击实检测，其主要结果为最大干密度和最优含水率，但无须判定结果，其中最大干密度是后续土方填筑压实度检验的依据，最优含水率是土方填筑施工设计的依据。

在工程质量检验检测工作中，从业人员常常会把工程质量检验检测统称为工程质量检测。

工程质量检测应包括以下流程及内容：

（1）确定检测对象的质量标准。

（2）采用规定的方法对其进行检测。

（3）将检测结果与标准指标进行对比。

（4）作出检测对象是否合格的判断。

8.1.2　工程质量检测的作用和意义

（1）检测是施工过程质量保证的重要手段。

（2）检测是工程质量监督和监理的重要手段。

（3）检测结果是工程质量评定、工程验收和工程质量纠纷评判的依据。

（4）检测结果是质量改进的依据。

（5）检测结果是进行质量事故处理的重要依据。

8.1.3　工程质量检测的主要依据

（1）国家和行业现行有关法律、法规、规章的规定。

（2）国家标准、行业标准和经批准的设计文件。

（3）工程承包合同认定的其他标准和文件，如其他行业标准、地方标准和企业标准。

（4）经批准的设计文件，金属结构、机电设备安装等技术说明书，招标文件，合同文件等。

（5）其他特定要求，如主要设备、产品技术说明书等。

8.1.4　质量检测的特点

（1）科学性。质量检测工作涉及建筑、金属结构和机电设备、施工、材料、地质、计量、测绘、计算机、自动化等专业学科知识。也就是说，检测人员在长期检测工作实践中综合上述专业学科理论、技术，形成了检测专业的系统理论和科学技术，使得检测的技术、方法具有科学依据。

（2）公正性。检测工作以法律为准绳，以技术标准为依据，检测结果遵循以数据为准的判定原则，客观、公正。

（3）及时性。工程施工进度有严格的时间要求，需要检测工作适应施工进程，及时进行检测，保证及时向有关部门提供检测资料。

（4）权威性。工程质量检测单位具备相应的资质，工程质量检测人员持证上岗，检测流程合理合法，检测结果具有法律效力。

（5）局限性。一般来说，检测只能针对样品进行，而取样本身往往带有人员的主观选择性，很难真正做到随机性，用样品的质量特性来代替检验批产品的质量特性，也总会有一定的偏离。而且有时通过间接的手段用一个参数来推算工程或材料的某种性能，也存在一定的误差。

8.1.5　质量检测的分类

（1）按行业不同，质量检测分为建设工程质量检测、市政工程质量检测、水利工程质量检测、铁道工程质量检测、公路水运工程质量检测等。

（2）按实施单位不同，质量检测主要分为以下六种：

1）施工单位质量检测（自检）。自检是施工承包商内部进行的质量检测，包括从原材料进货直至交工全过程中的全部质量检测工作，它是监理单位、项目法人、质量监督机构、竣工验收主持单位检测的基础，是质量把关的关键。

2）监理单位质量检测（平检）。监理单位按照监理合同的约定通知发包人委托或认可的具有相应资质的工程质量检测单位进行的检测。平检是在自检的基础上，按照一定的比例独立进行的检测活动。平检是监理单位质量过程控制的重要手段，同时也是其他参建方质量控制的重要方法。除平行检测，监理还需要对自检单位或平检单位进行跟踪检测，跟踪检测仅需监理单位对检测行为进行跟踪记录，无须单独出具相应的检测报告。

3）项目法人全过程检测。项目法人全过程检测是对施工单位（含供货单位及安装单位）质量检测的复核性检验。检测对象可分为原材料、中间产品、构（部）件及工程实体（含金属结构、机电设备和水工建筑物尺寸）。项目法人在工程施工开始，应委托具有相应资质的检测单位对工程质量进行全过程检测。检测方案由项目法人提出编写原则及要求，受委托的检测单位负责编写，最后由项目法人认定，报质量监督机构备案。

检测方案应根据工程的实际情况编写，内容主要包括原材料、中间产品、构（部）件质量检测频次和数量，工程实体需明确检测的工程项目以及工程项目中的检测项目，检测单元的划分，采用的检测方法，测区、测点和测线的布置，质量评价的依据等。

4）质量监督机构质量检测。工程行政主管部门等监督部门代表政府对工程质量进行监督，它是站在第三方公正立场，依据国家的技术标准、规程以及设计文件、质量监督管理规定等对工程质量及有关各方实行的质量监督检测，是强制性执行技术标准，是确保工程质量、确保国家和人民利益、维护生命财产安全的重要手段。该类检测的主要形式有质量抽检、飞行检测、质量事故/缺陷检测等。

5）竣工验收质量抽检。竣工验收质量抽检应根据竣工验收范围，依据国家和行业有关法规、技术标准规定和设计文件要求，结合工程现场实际情况来实施。承担竣工验收质量抽检的检测单位由竣工验收主持单位择定，抽检范围应为竣工验收所包含的全部永久工程中各主要建筑物及其主要结构构件和设施设备，抽检对象应具有同类结构构件及设施设备的代表性。竣工验收质量抽检宜采用无损检测方法，减少或避免对工程及其建筑物重要部位或受力结构造成不可恢复的损坏。

6）工程主管部门质量检测。工程主管部门质量检测是指工程主管部门或工程管理单位在对工程进行安全鉴定时进行的质量检测，例如水库大坝安全鉴定工作中的安全检测等。水库大坝安全鉴定中的质量检测通常以管理单位或设计单位（安全鉴定承包单位）委托为主。

(3) 按检测对象不同，质量检测主要分为以下三种：

1) 原材料质量检测。原材料质量检测是指按照各种原材料的质量评定标准以及有关技术规程、规范的要求，对工程施工中使用的原材料（如钢材、水泥等）进行试验检测，合格产品才能用于工程施工。

2) 中间产品检测。中间产品检测即为对施工过程中产生的半成品（如混凝土拌合物及各类试块、钢筋焊接接头等）进行的检测。此类检测又被称为施工过程质量控制检测（即工序检测），它是对工程质量实行控制，进而确保工程质量的一种重要检测。只有做到一环扣一环，环环不放松，整个施工过程的质量才能得到有力的保障。一般来说，它的工作量最大，其主要作用为：评价施工单位的工序施工质量；防止质量问题积累或下流；检验施工技术措施、工艺方案及其实施的正确性；为工序能力研究和质量控制提供数据。因此，监理工程师应在承包商内部自检、互检的基础上进行工序交接检测，坚持上道工序不合格就不能转入下道工序的原则。

3) 工程设备检测。工程设备检测主要以产品合格证、设备产品参数检测报告、仪器设备检定校准报告等形式体现。

(4) 按工程建设时期不同，质量检测主要分为以下三种。

1) 施工前检测。主要有水泥、钢材、骨料、土等原材料检测，各类施工工艺检测等，为工程施工顺利进行提供前提保障。

2) 施工过程中检测。施工过程中检测为施工质量控制检测，为及时确认并更正不恰当行为提供依据，从而保证建设工程施工质量。

3) 施工后检测。主要有竣工验收检测及安全鉴定检测。

a. 竣工验收检测。是指工程项目完成后，在其竣工验收之前，按照有关规定对其进行的综合性质量检测，以进一步核实其质量等级，如堤防工程在竣工验收之前，建设单位应委托检测单位对工程质量进行一次抽检，水利枢纽工程在下闸蓄水前应进行安全检测，完工后要进行水工建筑物尺寸检测等。

b. 安全鉴定检测。是指按工程安全鉴定（评价）的要求对工程各结构进行的检测。主要内容包括混凝土结构检测、砌石结构检测、金属结构检测等。

(5) 按检测覆盖程度不同，质量检测可分为以下两种。

1) 全数检测。也称为普遍检测，是对工程产品逐个、逐项或逐段的全面检验。在建设项目施工中，全数检测主要用于关键工序及隐蔽工程的验收。

关键工序及隐蔽工程质量的好坏，将直接关系到工程的质量，有时会直接关系到工程的使用功能及效益。因此业主（或者委托的监理工程师）有必要对隐蔽工程的关键工序进行全数检测。如质量十分不稳定的工序，质量性能指标对工程项目的安全性、可靠性起决定作用的项目，质量水平要求高、对下道工序有较大影响的项目等。

2) 抽样检测。在工程产品质量检测中，由于工程产品批（如砂、石料或水泥等）的数量相当大，人们不得不进行抽样检测，即以工程产品（或原材料）中抽取少数样品进行检测，借以判断工程产品或原材料批的质量情况。在此不得不说明的是，既然是抽样检测，对检测单位和使用单位来说都存在一定的风险，抽取样品的代表性就显得相当重要，一定要按照有关规程规范的要求，采取如四分法等各种切实可行的方法来抽取样品，以保证样品的代表性，降低风险。

(6) 其他分类办法。住房和城乡建设部按检测业务内容将质量检测分为专项检测和见证取样检测，水利部按检测范围将其分为岩土工程检测、混凝土工程检测、量测检测、金属结构检测、机械电气检测，交通运输部将检验检测机构分为公路工程和水运工程专业，按检测时构筑物受损程度可分为无损检测和有损检测等。

8.1.6　质量检测的步骤和要求

(1) 签订合同。质量检测单位与委托人签订质量检测合同，委托合同应包括以下事项和内容：

1) 检测工程名称。

2) 检测具体项目内容和要求。

3) 检测依据。

4) 检测方法、检测仪器设备、检测抽样方法。

5) 完成检测的时间和检测成果的交付要求。

6) 检测费用及其支付方式。

7) 违约责任。

8) 委托方与工程质量检测单位代表签章和时间。

9) 其他必要的约定。

(2) 质量检测的准备。熟悉合同、检测标准和技术文件规定要求，明确检测项目内容，组织确定符合要求的检测人员，确定检测应依据的法规和技术标准，编制检测方案，选择精度适合检测要求的仪器设备，做好检测准备工作。

(3) 检测实施及记录。按已确定的检测方法和方案，对工程质量特性进行定量或定性的观察、度量、测量、检测和试验，得到需要的量值和结果；检测记录是证实产品质量的依据，因此数据要客观、真实，字迹要清晰、整齐，不能随意涂改，需要更改的要按规定程序和要求办理。

(4) 数据处理和检测结果的分析比较。通过数据处理将检查结果与规定要求进行比较，确定每一项质量特性是否符合规定要求，从而判定被检测的项目是否合格。

(5) 编写质量检测报告。报告须按规定编制，做到内容客观，信息完整，数据可靠，结论准确，签名齐全。

任务8.2　质量检测管理

8.2.1　质量管理体系

水利工程质量检测作为水利工程质量控制的重要手段，已经得到社会各界的充分认可并达成共识，那么作为专业从事水利工程质量检测的单位和个人又如何才能为社会提供准确、可靠、客观的检测数据呢？为此需引进国际上先进的质量管理体系，充分发挥质量体系的功能，不断完善和健全质量体系，使之有效运行，这样既可满足国家相关部门的监管要求，又能更好地实施质量管理，达到质量目标的要求，所以说质量体系是实施质量管理的核心。

体系是对有关事物相互联系、相互制约的各方面通过系统性的优化整合为相互协调的有机整体，以增强其整体的系统性、部门间的协调性和运行的有效性。质量管理体系需要通过文件的形式表述出来，就形成了质量管理体系文件，它主要由质量手册、程序文件和作业指导书、表格及质量记录等质量文件构成。

质量管理手册是阐述质量方针并描述管理体系的文件，它规定了质量体系的基本结构，是管理体系运行的纲领性文件，是实施和保持质量体系必须遵循的主要文件；程序文件是针对质量手册所提出的管理与控制要求，规定如何达到这些要求的具体实施办法，是质量手册的支持性文件；作业指导书是规定质量基层活动途径的操作性文件，是程序文件的细化；质量记录是阐明所取得的结果或提供所完成活动证据的文件，一般分为管理记录和技术记录两大类。

8.2.2 质量管理体系特性

质量体系的特性主要从系统性、全面性、有效性和适应性等四个方面体现。

(1) 系统性。检测单位建立的质量体系是为实施质量管理，根据自身的需要确定其体系要素，将质量活动中的各个方面综合起来的一个完整的系统。质量体系各要素之间不是简单的集合，而具有一定的相互依赖、相互配合、相互促进和相互制约的关系。质量体系的各要素形成了具有一定活动规律的有机整体。在建立质量体系时必须树立系统的观念，才能确保检测单位质量方针和目标的实现。

(2) 全面性。质量体系应对质量各项活动进行有效的控制。对质量检测报告的形成进行全过程、全要素、全方位（硬件、软件、物资、人员、报告质量、工作质量）的控制。

(3) 有效性。检测单位质量体系的有效性，体现在质量体系应能减少、消除和预防质量缺陷的产生，一旦出现质量缺陷能及时发现和迅速纠正并使各项质量活动都处于受控状态等方面。体现了质量体系要素和功能上的有效性。

(4) 适应性。质量体系能随着所处内外环境的变化和发展进行修订补充，以适应环境变化的需求。

8.2.3 质量管理体系的主要要求

质量体系的构成包含了硬件部分和软件部分，两者缺一不可。首先一个检测单位必须具备相应的检测条件，包括必要的、符合要求的仪器设备、试验场地及办公设施，合格的检测人员等资源，然后通过与其相适应的组织机构，分析确定各检测工作的过程，分配协调各项检测工作的职责和接口，指定检测工作的工作程序及检测依据、方法，使各项检测工作能有效、协调地进行，成为一个有机的整体。并通过采用管理评审，内外部的审核，检测单位之间验证、比对等方式，不断使质量体系完善和健全，以保证检测单位有信心、有能力为社会出具准确、可靠的检测报告。

(1) 体系的建立和学习。检验检测机构应按照以上要求建立与自身单位相适应的管理体系，制订成文件分发至有关人员，并组织相关人员培训学习，使其能正确理解并坚持执行。

(2) 管理体系内部审核和管理评审。内部审核即是自身对本单位的体系运行进行审核，以便验证其运作是否符合管理体系的要求，管理体系是否得到有效的实施和保持。内部审核通常每年一次。管理评审是最高管理者就质量方针和目标，对质量体系的现状和适应性进行的正式评价，通常12个月一次，由最高管理者负责。

（3）样品管理。样品是检验检测的对象，也是检测的源泉，在接收样品时，应记录样品的异常情况或记录对检验检测方法的偏离，并保护样品的完整性并为客户保密。应有样品的标识系统，并在整个检验检测期间保留该标识。

8.2.4　机构要求

检验检测机构应是依法成立并能够承担相应法律责任的法人或者其他组织。一般要做以下几方面的工作：

（1）设置与检测工作相适应的检测部门。

（2）确立综合协调的管理部门。

（3）确定各个部门的职责范围及相应关系。

（4）配备与各个部门开展工作所需的资源。

由于每个检验检测机构开展的检验产品项目以及检验人员素质等情况均不同，不可能存在一种普遍适用的、固定的、相同的组织机构模式，因此检验检测机构必须根据自身的具体情况进行设计。

8.2.5　人员要求

检验检测机构应具有与其从事检验检测活动相适应的技术和管理人员。

（1）人员管理。检验检测机构应建立和保持人员管理程序，对人员资格确认、任用、授权和能力保持等进行规范管理。检验检测机构应与其人员建立劳动或录用关系。

（2）人员职责。检验检测机构对最高管理者、技术负责人、质量负责人、授权负责人等关键岗位人员应制定相应的职责和任职条件，使其满足岗位要求并具有所需的权力和资源，履行建立、实施、保持和持续改进管理体系的职责。

（3）人员资质。检验检测机构应对抽样、操作设备、检验检测、签发检验检测报告或证书的人员，依据相应的教育、培训、技能和经验进行能力确认并持证上岗。《水利工程质量检测管理规定》中明确要求，从事水利工程质量检测的专业技术人员，应当具备相应的质量检测知识和能力，并按照国家职业资格管理或行业自律管理的规定取得从业资格。

8.2.6　场所环境要求

检验检测机构应具有满足相关法律法规、标准或者技术规范要求的场所，并确保其工作环境满足检验检测的要求。应保持场所的内务管理，内务管理包括清洁、卫生、文明、房屋及设施管理等内容。并考虑安全和环境的因素，如危险品管理、防爆、防火、防毒、防盗、安全保密及三废处理等。

8.2.7　设备设施要求

检验检测机构应配备满足检验检测（包括抽样、物品制备、数据处理与分析）要求的设备和设施。

（1）设备的日常管理和溯源：检验检测机构应确保设备和设施的配置、维护和使用满足检验检测工作要求。应对对检验检测结果、抽样结果的准确性或有效性有影响的设备有计划地实施检定或校准。设备在投入使用前应采用核查、检定或校准等方式，以确认其是否满足检验检测的要求。

(2) 设备的档案管理和标识：应保存对对检验检测具有影响的设备及其软件的记录。用于检验检测并对结果有影响的设备及其软件，应加以唯一性标识。检验检测设备应由经过授权的人员操作并对其进行正常维护。

8.2.8 结果报告

检验检测机构应准确、清晰、明确、客观地出具检验检测结果，并符合检验检测方法的规定。结果通常应以检验检测报告或证书的形式发出。检验检测机构应当对检验检测原始记录、报告或证书归档留存，保证其具有可追溯性。检验检测原始记录、报告或证书的保存期限不少于6年。

任务8.3 计量与数据处理

8.3.1 计量的内容、分类和特点

8.3.1.1 计量的内容

计量的内容通常可以概括为六个方面：

(1) 计量单位与单位制。

(2) 计量器具（或测量仪器），包括实现或复现计量单位的计量基准、计量标准与工作计量器具。

(3) 量值传递与溯源，包括检定、校准、测试、检验与检测。

(4) 物理常量、材料与物理特性的测定。

(5) 测量不确定度、数据处理与测量理论及其方法。

(6) 计量管理，包括计量保证与监督等。

8.3.1.2 计量的分类

计量涉及社会的各个领域。根据其作用与地位，计量可分为科学计量、工程计量和法制计量三类，分别代表计量的基础性、应用性和公益性3个方面。

8.3.1.3 计量的特点

计量的特点可以归纳为准确性、一致性、溯源性及法制性4个方面。

8.3.2 计量单位制中的国际单位制

国际单位制由国际计量大会（CGPM）通过，并用符号SI表示，SI基本单位共7个，见表8.1。

表8.1 国际单位制表

量的名称	单位名称	单位符号
长度	米	m
质量	千克	kg
时间	秒	s
电流	安（培）	A

续表

量的名称	单位名称	单位符号
热力学温度	开（尔文）	K
物质的量	摩（尔）	mol
发光强度	坎（德拉）	cd

8-1

数据修约

8.3.3　数据处理

8.3.3.1　检测原始记录的要求

（1）总体要求。原始记录是对检测结果的如实记载。应当时记录，不允许事后补记、追记；不得随意涂改和删减；记录信息应齐全，不得漏记。

（2）记录应表格化。记录表格式应根据检测的要求不同分别制定，记录表中应包括所要求记录的信息及其他必要信息，以便在必要时能够判断检测工作在哪个环节可能出现差错。同时根据原始记录提供的信息，能在一定准确度内重复所做的检测工作（复现性）。

（3）记录信息。记录信息包括产品名称、型号、规格、出产批号、批量、生产单位；样品编号、样品物态描述；检测项目、检测地点、检测依据；检测时温度、湿度；主要检测仪器名称、型号、编号；检测原始数据、计算结果；检测人、计算人、复核人；检测日期等。

（4）记录的更改。原始记录不允许用铅笔填写，内容应填写完整，应有检测人员、计算和校核人员的签名。原始记录如果确需更改，应在作废数据上划一条水平线（数据应能识别），将正确数据填在上方，盖更改人印章；不允许涂改、刮改、擦改或涂改液等方式。

（5）记录中应体现检测仪器的精度。原始记录中应体现所用仪器设备的精度或最小分度值。例如：用分度值为0.1g的天平称得水泥500g，应记录500.0g。

（6）记录的保管。检测原始记录应按国家有关规定，分类编目并妥善保管至规定的年限。

8.3.3.2　检测结果的处理与分析

（1）计算结果的修约。经计算的检测结果均应按现行国家标准《数值修约规则与极限数值的表示和判定》（GB/T 8170—2008）的有关规定修约到有关检验标准规定的修约间隔和数位。修约规则如下：

1）拟舍弃数字的最左一位数字小于5时，则舍去，即保留的各位数字不变。

2）拟舍弃数字的最左一位数字大于或者等于5，且后面的数字并非全部为0时，则进1，即保留的末位数字加1。

3）拟舍弃数字的最左一位数字等于5，且后面无数字或全部为0时，若所保留的末位数字为奇数（1，3，5，7，9）则进1，为偶数（2，4，6，8，0）则舍去。

4）修约间隔为0.5（即0.5单位修约）时，应将拟修约数值乘以2，依据前3条进舍规则修约至1（即个位），然后将修约后的数值再除以2，即为0.5的修约值。

5）修约间隔为0.2（即0.2单位修约）时，应将拟修约数值乘以5，依据前3条进舍规则修约至1，然后将修约后的数值再除以5，即为0.2的修约值。

6）负数修约时，先将其绝对值按上述5条规定进行修约，然后在修约值前面加上负号。

7）拟修约数字应在确定修约后一次修约获得结果，不得多次按进舍规则连续修约。

【例8.1】 将314.1512修约至下列指定数位。

修约至0.1时，314.1 512＝314.2。

修约至0.01时，314.15 12＝314.15。

修约至0.2时，先将314.1512×5＝1570.756，再将其修约至1（即个位）得1571，最后再将1571/5＝314.2。

修约至0.5时，先将314.1512×2＝628.302，再将其修约至1（即个位）得628，最后再将628/2＝314.0。

修约至1时，314.1512＝314。

修约至5时，先将314.1512×2＝628.302，再将其修约至10（即十位）得630，最后再将630/2＝315。

【例8.2】 将215.4500修约至下列指定数位。

修约至0.1时，215.4 500＝215.4。

修约至0.5时，215.4500×2＝430.900，再将430.900修约至1得431，最后再将431/2＝215.5。

修约至1时，215.4500＝215。

修约至10时，215.4500＝220。

注：将某数值修约至规定间隔后，其结果的末位数字必须是修约间隔的整数倍。

（2）检测结果的统计分析。

1）算术平均值：它是表示一组数据集中位置最有用的统计特征量，经常用样本的算术平均值来代表总体的平均水平。样本（指从产品总体中所抽取的一部分个体，又称子样）的算术平均值用 $\overline{x}$ 表示。如果 n 个样本数据为 x_1，x_2，…，x_n，那么，样本的算术平均值按式（8.1）计算：

$$\overline{x}=\frac{1}{n}(x_1+x_2+\cdots+x_n)=\frac{1}{n}\sum_{i=1}^{n}x_i \tag{8.1}$$

2）标准偏差：标准偏差有时也称标准差或称均方差，它是衡量样本数据波动性（离散程度）的指标。样本的标准偏差 σ 按式（8.2）计算：

$$\sigma=\sqrt{\frac{(x_1-\overline{x})^2+(x_2-\overline{x})^2+\cdots+(x_n-\overline{x})^2}{n-1}}=\sqrt{\frac{\sum_{i=1}^{n}(x_i-\overline{x})^2}{n-1}}\approx\sqrt{\frac{\sum_{i=1}^{n}x_i^2-n\cdot\overline{x}^2}{n-1}} \tag{8.2}$$

3）变异系数：标准偏差是反映样本数据的绝对波动状况，当测量较大的量值时，绝对误差一般较大；而测量较小的量值时，绝对误差一般较小。因此，用相对波动的大小，即变异系数更能反映样本数据的波动性。

变异系数是标准偏差 σ 与算术平均值 $\bar{x}$ 的比值，用 C_v 表示，按式（8.3）计算：

$$C_v=\frac{\sigma}{\bar{x}} \tag{8.3}$$

任务8.4 工程材料技术标准

技术标准主要是对产品与工程建设的质量、规格及其检验方法等所作的技术规定，是从事生产、建设、科学研究工作与商品流通的一种共同的技术依据。

8.4.1 技术标准的分类方法

1. 按照标准化对象划分

按照标准化对象通常把标准分为技术标准、管理标准和工作标准三大类。

（1）技术标准是指对标准化领域中需要协调统一的技术事项所制定的标准。技术标准包括基础技术标准、产品标准、工艺标准、检测试验方法标准及安全、卫生、环保标准等。

（2）管理标准是指对标准化领域中需要协调统一的管理事项所制定的标准。管理标准包括管理基础标准、技术管理标准、经济管理标准、行政管理标准、生产经营管理标准等。

（3）工作标准是指对工作的责任、权利、范围、质量要求、程序、效果、检查方法、考核办法等所制定的标准。工作标准一般包括部门工作标准和岗位（个人）工作标准。

2. 按标准性质划分

按标准性质可以分为强制性标准和推荐性标准两类。

保障人体健康，人身、财产安全的标准和法律、行政法规规定强制执行的标准是强制性标准，其他标准是推荐性标准。

8.4.2 技术标准的分类原则

国家标准是指由国家标准化主管机构批准发布，对全国经济、技术发展有重大意义，且在全国范围内统一执行的标准。国家标准是在全国范围内统一的技术要求，由国务院标准化行政主管部门编制计划，协调项目分工，组织制定（含修订），统一审批、编号、发布。法律对国家标准的制定另有规定的，依照法律的规定执行。国家标准的年限一般为5年，过了年限后，国家标准就要被修订或重新制定。此外，随着社会的发展，国家需要制定新的标准来满足人们生产、生活的需要。因此，标准是种动态信息。

1. 坚持企业为主原则，提高标准的适用性

以市场为主导、企业为主体，贴近经济，紧跟市场，服务企业，以满足市场需求为目标，使企业成为制定标准、实施标准的主力军。

2. 坚持国际化原则，提升我国的综合竞争力

积极采用国际标准，加快与国际接轨的步伐。加大实质性参与国际标准化活动的

力度，努力实现从“国际标准本地化”到“国家标准国际化”的转变，全面提升我国的综合竞争力。

3. 坚持重点保障原则，促进经济平衡较快发展

面向国民经济的主战场，重点加强社会急需的农业、食品、安全、卫生、环境保护、资源节约、高新技术、服务等领域的标准化工作，为国民经济和社会发展提供技术保障。

4. 坚持自主创新原则，提高我国的标准水平

加强标准化工作与科技创新活动的紧密结合，促进我国自主创新技术通过标准快速形成生产力，提高标准水平，增强产品竞争力。同时进一步完善以标准为基础的技术制度，提高我国的自主创新能力。

8.4.3　技术标准的等级

根据发布单位与适用范围，建筑材料技术标准分为国家标准、行业标准（含协会标准）、地方标准和企业标准四级。

各级标准分别由相应的标准化管理部门批准并颁布，我国国家市场监督管理总局是国家标准化管理的最高机关。国家标准和部门行业标准都是全国通用标准，分为强制性标准和推荐性标准；省（自治区、直辖市）有关部门制定的工业产品的安全、卫生要求等地方标准在本行政区域内是强制性标准；企业生产的产品没有国家标准、行业标准和地方标准的，企业应制定相应的企业标准作为组织生产的依据。企业标准由企业组织制定，并报请有关主管部门审查备案。鼓励企业制定各项技术指标均严于国家、行业、地方标准的企业标准在企业内使用。

在质量检测和评价中，当有多个技术标准可选用时，优先选用本行业标准，其次是国家标准、其他行业标准、经设计审批单位认可的地方标准和企业标准；当设计指标与技术标准不一致时，优先选用设计指标。

8.4.4　常用技术标准的代号

GB——中华人民共和国国家标准；

GBJ——国家工程建设标准；

GB/T——中华人民共和国推荐性国家标准；

ZB——中华人民共和国专业标准；

ZB/T——中华人民共和国推荐性专业标准；

JC——中华人民共和国建筑材料工业局行业标准；

JG/T——中华人民共和国住房和城乡建设部建筑工程行业推荐性标准；

JGJ——中华人民共和国住房和城乡建设部建筑工程行业标准；

YB——中华人民共和国冶金工业部行业标准；

SL——中华人民共和国水利部行业标准；

JTJ——中华人民共和国交通运输部行业标准；

CECS——中国工程建设标准化协会标准；

DB——地方标准；

Q/×××——×××企业标准。

标准的表示方法由标准名称、部门代号、编号和批准年份等组成。

项目9 结构实体常用检测方法

【知识目标】

1. 了解结构实体常用的混凝土强度现场检测方法——回弹法。

2. 了解结构实体常用的混凝土强度现场检测方法——超声波法。

3. 了解结构实体常用的混凝土强度现场检测方法——超声回弹综合法。

4. 了解结构实体常用的混凝土强度现场检测方法——钻芯法、拔出法等。

5. 了解混凝土中的钢筋检测、堤防护坡坡度及平整度检测、土方填筑压实度检测、单桩竖向抗压静载试验检测、地基及混凝土压水试验检测、水工闸门检测等的基本知识。

【能力目标】

1. 能利用回弹法检测混凝土实体的强度。

2. 能利用超声回弹综合法检测混凝土实体的强度。

任务9.1 回弹法检测混凝土抗压强度

9.1.1 回弹法定义

回弹法是以在混凝土结构和构件上测得的回弹值和碳化深度来评定混凝土结构或构件强度的一种方法，它不会对结构或构件的力学性质和承载能力产生不利影响。

利用回弹仪检测普通混凝土结构构件抗压强度的方法简称回弹法，回弹法检测混凝土强度的主要依据是《水工混凝土试验规程》（SL/T 352—2020）和《回弹法检测混凝土抗压强度技术规范》（JGJ/T 23—2011）。

9.1.2 回弹法检测混凝土抗压强度原理

回弹法检测混凝土抗压强度的原理是：在混凝土试块的抗压强度与无损检测参数（回弹值）之间建立起的关系曲线（测强曲线），在待检测的构件上测得无损检测参数（回弹值）和碳化深度，利用测强曲线计算出构件混凝土的强度值。

9.1.3 回弹法检测混凝土抗压强度适用范围

适用范围：《回弹法检测混凝土抗压强度技术规范》（JGJ/T 23—2011）适用于普通混凝土抗压强度的检测，不适用于表层与内部质量有明显差异或内部存在缺陷的混凝土强度检测。

9.1.4 回弹法检测混凝土抗压强度抽检数量

（1）单个构件的检测按选定构件检测。

（2）批量检测必须是相同施工工艺条件下的同类结构或构件，其抽检数量不得少于同批构件总数的30%且不得少于10件。

（3）对一般施工质量的检测和结构性能的检测，可按照现行国家标准《建筑结构检测技术标准》（GB/T 50344—2004）的规定抽样检测。

（4）现场检测应随机抽样并具有代表性。

9.1.5　回弹法检测混凝土抗压强度测区条件

（1）所选测区相对平整和清洁，不存在蜂窝和麻面，也没有裂缝、裂纹、剥落、层裂等现象，并避开预埋件。

（2）每一结构或构件测区数不应少于10个，对某一方向尺寸不大于4.5m且另一方向尺寸不大于0.3m的构件，其测区数量可适当减少，但不应少于5个。

（3）每个测区面积不宜大于0.04m^2，测点间距不小于20mm，相邻测区间距应控制在2m以内，测点距构件边缘或施工缝边缘不宜大于0.5m，且不宜小于0.2m；测区可对称布置，亦可布置在一侧。

（4）检测时，回弹仪的轴线始终垂直于被测区的测点所在面。

（5）对弹击时产生颤动的薄壁、小型构件，应进行固定。

9.1.6　回弹法检测混凝土抗压强度数据处理

1. 回弹值的测定

回弹测试时，应始终保持回弹仪的轴线垂直于混凝土测试面。宜首先选择混凝土浇筑方向的侧面进行水平方向测试，如不具备浇筑方向侧面水平测试条件，可采用非水平状态测试，或测试混凝土浇筑的顶面或底面。测量回弹值应在构件测区内弹击16点。每一测点的回弹值读数应精确至1。

（1）计算测区平均回弹值时，应从该测区的16个回弹值中剔除3个最大值和3个最小值，其余的10个回弹值按下式计算：

$$R_m = \frac{\sum_{i=1}^{10} R_i}{10} \tag{9.1}$$

式中　R_m——测区回弹代表值，取有效测试数据的平均值，精确至0.1；

R_i——第i个测点的有效回弹值。

（2）非水平方向检测混凝土浇筑侧面时，测区的平均回弹值应按下列公式修正：

$$R_m = R_{m\alpha} + R_{a\alpha} \tag{9.2}$$

式中　$R_{m\alpha}$——非水平方向检测时测区的平均回弹值，精确至0.1；

$R_{a\alpha}$——非水平方向检测时回弹值修正值，应按《回弹法检测混凝土抗压强度技术规范》（JGJ/T 23—2011）取值。

（3）水平方向检测混凝土浇筑表面或浇筑底面时，测区的平均回弹值应按下式修正：

$$\begin{cases} R_m = R_m^t + R_a^t \\ R_m = R_m^b + R_a^b \end{cases} \tag{9.3}$$

式中　R_m^t、R_a^t——水平方向检测混凝土浇筑表面、底面时，测区的平均回弹值，精确至0.1；

R_m^b、R_a^b——混凝土浇筑表面、底面回弹值的修正值，应按《回弹法检测混凝土抗压强度技术规范》（JGJ/T 23—2011）取值。

表 9.1　**回弹法检测混凝土抗压强度记录**

（第　页，共　页）

工程名称________　构件名称________　构件厚度/m（骨料最大粒径/mm）________　检测日期________

设备：回弹仪________　率定值________　测试面________　测试角度________°　是否泵送混凝土________　环境温度________℃

构件编号	测区	测点回弹值 R_i								碳化深度 d_m				测区回弹平均值 R_m	角度修正值 R_{aa}	角度修正后回弹值 R_{ma}	检测面修正值 R_{at}/b	检测面修正后值 $R_{ma,t}$/b	混凝土强度换算值 f_{cu}^c/MPa	计算结果
		1	2	3	4	5	6	7	8	1	2	3	平均值							
	1																			平均值 m_{fccN} /MPa
	2																			
	3																			
	4																			标准差 σ /MPa
	5																			
	6																			推定强度 $f_{cu,e}$ /MPa
	7																			
	8																			
	9																			最小值 $f_{ccN,\min}$ /MPa
	10																			

校核：　　　　　　　　检测：

2. 碳化深度值测量与计算

回弹值测量完毕后，应在有代表性的位置上测量碳化深度值，测点不应少于构件测区数的30%，取其平均值为该构件每测区的碳化深度值。当碳化深度值极差大于2.0mm时，应在每一测区测量碳化深度值。

碳化深度值测量，可采用适当的工具在测区表面形成直径约15mm的孔洞，其深度应大于混凝土的碳化深度。孔洞中的粉末和碎屑应除净，且不得用水擦洗。同时，应取浓度为1%～2%的酚酞酒精滴在孔洞内壁的边缘处，当已碳化与未碳化界线清晰时，应采用碳化深度测定仪测量已碳化与未碳化混凝土交界面到混凝土表面的垂直距离，并应测量3次，每次读数精确至0.25mm。取3次测量的平均值作为检测结果，精确至0.5mm。

3. 混凝土强度的计算

结构或构件第i个测区混凝土强度换算值，可按《回弹法检测混凝土抗压强度技术规范》(JGJ/T 23—2011) 求得平均回弹值 (R_m) 及平均碳化深度值 (d_m)，由规范附表查出。

9.1.7 回弹法检测混凝土强度记录

回弹法检测混凝土强度记录于表9.1、表9.2。

表9.2　　回弹法检测混凝土抗压强度报告

编号（　　）第________号　　第________页　共________页

委托单位________　　施工单位________

工程名称________　　混凝土类型________

强度等级________　　浇筑日期________

检测原因________　　检测依据________

环境温度________　　检测日期________

回弹仪型号________　　回弹仪检定证号________

检测结果

构件	测区混凝土抗压强度换算值/MPa				构件现龄期混凝土强度推定值/MPa	备注
名称	编号	平均值	标准差	最小值		

（有需要说明的问题或表格不够请续页）

批准：________审核：________

主检：________上岗证书号：________

报告日期：________年________月________日

任务9.2　超声波法检测混凝土抗压强度和混凝土内部缺陷

超声波法检测混凝土常用的频率为20～250kHz，它既可以检测混凝土强度，也可以用于检测混凝土缺陷。

9.2.1　超声波法检测原理

在混凝土中传播的超声波，其速度和频率反映了混凝土材料的性能、内部结构和组成情况，混凝土的弹性模量和密实度与波速和频率密切相关，即强度越高，其超声波的速度和频率也越高。因此，通过测定混凝土声速来确定其强度。检测依据是《水工混凝土试验规程》(SL/T 352—2020)、《超声波检测混凝土缺陷技术规程》(CECS 21：2000)。

9.2.2　检测项目

1. 超声波检测混凝土抗压强度和均匀性

目的是现场实测超声波在混凝土中的传播速度（简称波速）推求结构混凝土强度。根据各测点强度的离散型，评定建筑物混凝土的均匀性。

本法不宜用于抗压强度在45MPa以上或在超声传播方向上钢筋布置太密的混凝土。

2. 超声波检测混凝土裂缝深度（平测法）

本法用于测量混凝土建筑物中深度不大于50cm的裂缝。裂缝内有水或穿过裂缝的钢筋太密时本方法不适用。

垂直裂缝（图9.1裂缝CD垂直于检测面AB）情况下，将发、收换能器平置于混凝土表面上裂缝的两侧，并以裂缝为轴相对称，两换能器中心的连线应垂直于裂缝的走向，如图9.1所示。沿着同一直线，改变换能器边缘距离d'，在不同d'的值，分别读出相应的绕裂缝传播时间t_1。

垂直裂缝深度按式（9.4）计算：

$$h=\frac{d}{2}\sqrt{(t_1-t_0)^2-1} \tag{9.4}$$

式中　h——垂直裂缝深度，cm；

t_1、t_0——绕缝的传播时间、相应的无缝平测传播时间，μs；

d——相应的换能器之间声波的传播距离，cm。

倾斜裂缝情况下，如图9.2所示，先将发、收换能器分别布置在A、B位置（对称于裂缝顶)，测读出传播时间，然后A换能器固定，将B换能器移至C位置，测读出另一传播时间。以上为一组测量数据。改变AB、AC距离，即可测得不同的几组数据。

倾斜裂缝深度可用作图法求得。如图9.3所示，在坐标纸上按比例标出换能器及裂缝顶的位置，以第一次测量时两换能器位置A、B为焦点，以两动径之和作一椭圆，再以第二次测量时两换能器的位置A、C为焦点，以两动径之和作另一椭圆。两椭圆的交点E即为裂缝末端，DE为裂缝深度。

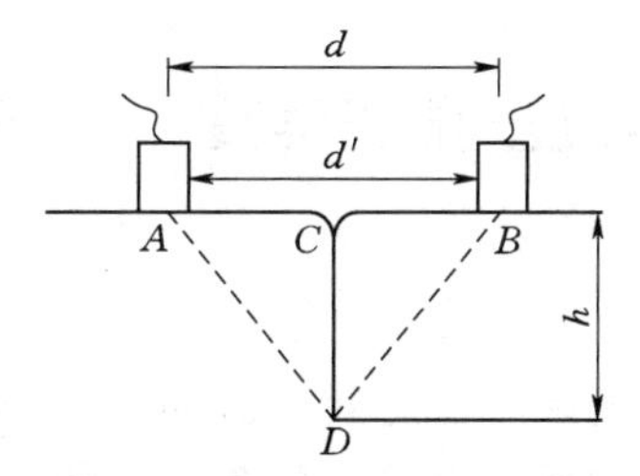

图9.1　裂缝深度测试

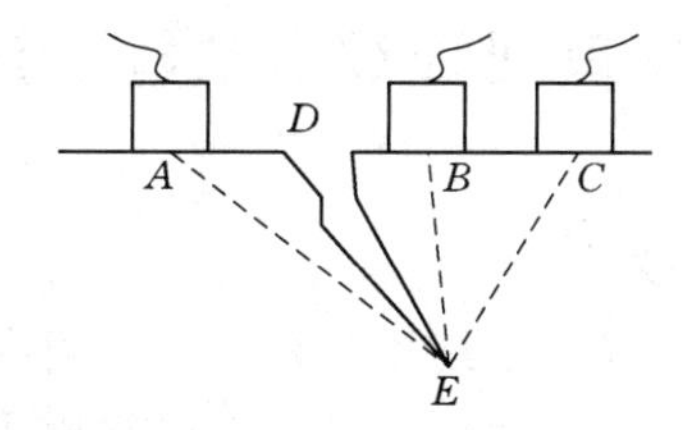

图9.2　倾斜裂缝的测试

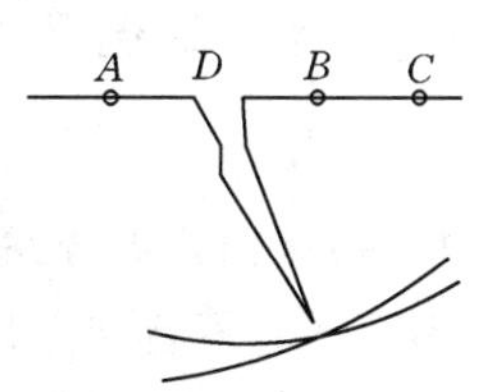

图9.3　椭圆交汇法

3. 超声波检测混凝土裂缝深度（对、斜测法）

本方法适用于有条件两面对测或可钻孔对测的混凝土建筑物。裂缝中有水时本方法不适用。

对于有条件两面对测的结构，如梁、墩、墙体，可采用两面斜测法。

对于没有条件两面对测的结构，如坝体、底板、廊道，可采用钻孔对测法。

4. 超声波检测混凝土内部缺陷

本方法是利用超声波探测构筑物混凝土内部缺陷，如蜂窝、空洞、架空、夹泥层、低强区等，适用于能进行穿透测量以及经钻孔或预埋管可进行穿透测量的构筑物或构件。

由于混凝土是由多种材料配制而成的非均质材料，对超声脉冲波的吸收、散射衰减较大，其中高频成分衰减更大，因此，超声检测混凝土缺陷一般采用较低的探测频率。当混凝土的组成材料、工艺条件、内部质量及测试距离一定时，超声波在其中传播的速度、首波的幅度和接收信号的频率等声学参数的测量值应该基本一致。如果某部分混凝土存在空洞不密实或裂缝，便破坏了混凝土的整体性，其中空气所占的几何比例相应增大。而空气的声阻抗率远小于混凝土的声阻抗率，脉冲波在混凝土中的“固气”界面传播时几乎产生全反射，只有一部分脉冲波绕过空洞或其他缺陷区，才能传播到接收换能器。于是与无缺陷混凝土相比较，测得的声时值偏长，波幅和频率值降低。超声波检测结构混凝土缺陷，正是根据这一基本原理，对同条件下的混凝土进行声速波幅或频率测量值的相对比较，从而判定混凝土的缺陷情况。因此混凝土探伤时所需测量的物理量是声程、声时、衰减量、接收波形及频谱。

混凝土超声探伤采用以下四点作为判别缺陷的基本依据：

（1）根据低频超声在混凝土中遇到缺陷时的绕射现象，按声时及声程的变化，判别和计算缺陷的大小。

（2）根据超声波在缺陷界面上产生散射，抵达接收探头时能量显著衰减的现象判断缺陷的存在及大小。

（3）根据超声波脉冲各频率成分在遇到缺陷时衰减的程度不同，接收频率明显降低，或接收波频谱与反射频谱产生的差异，也可判别内部缺陷。

（4）根据超声法在缺陷处的波形转换和叠加，造成接收波形畸变的现象判别缺陷。

以上四点可以单独运用，也可综合运用。

任务9.3　超声回弹综合法检测混凝土抗压强度

9.3.1　超声回弹综合法定义

超声回弹综合法是以在混凝土结构和构件上的同一测区测得的回弹值和波速来评定混凝土结构或构件强度的一种方法，它不会对结构或构件的力学性质和承载能力产生不利影响，是一种较为成熟的、可靠的混凝土抗压强度检测方法。

超声回弹综合法是指利用超声仪和回弹仪，在同一混凝土结构和构件上的同一测区上，测得混凝土声速平均值 ν_m 和回弹测点平均值 R_m，并以此综合推定混凝土强度。

超声和回弹法都是以材料的应力应变与强度的关系为依据的。但超声法主要反映材料的弹性性质，同时，由于它穿过材料，因而也反映材料内部构造的某些信息。回弹法反映了材料的弹性性质，同时在一定程度上也反映了材料的塑性性质，但它只能确切反映混凝土表层的状态。因此，超声与回弹法的综合，既能反映混凝土的弹性，又能反映混凝土的塑性；既能反映表层的状态，又能反映内部的构造，自然能较确切地反映混凝土的强度。这就是超声回弹综合法基本依据的一个方面。

基本依据的另一方面是，实践证明将声速 C 和回弹值 N 合理综合后，能消除原来影响 $R-C$ 与 $R-N$ 关系的许多因素。例如，水泥品种的影响、试件含水量的影响及碳化影响等，都不再像原来单一指标所造成的影响那么显著。这就使综合的混凝土抗压强度（R）-回弹值（N）-声速（C）关系有更广的适应性和更高的精度，而且使不同条件的修正大为简化。

超声回弹综合法检测混凝土强度的主要依据是《超声回弹综合法检测混凝土抗压强度技术规程》(T/CECS 02—2020)。

9.3.2　超声回弹综合法适用范围

混凝土用水泥应符合现行国家标准《通用硅酸盐水泥》(GB 175—2007) 的要求；混凝土用砂、石骨料应符合现行行业标准《普通混凝土用砂石质量标准及检验方法》(JGJ 52—2006) 的要求；可掺或不掺矿物掺合料、外加剂、粉煤灰、泵送剂；人工或一般机械搅拌的混凝土或泵送混凝土；自然养护；龄期 7～2000d；混凝土强度10～70MPa。

9.3.3　超声回弹综合法抽检数量

(1) 按单个构件检测时，应在构件上均匀布置测区，每个构件上测区数量不应少于 10 个。

(2) 同批构件按批抽样检测时，构件抽样数不应少于同批构件的 30%，且不应少于 10 个；对一般施工质量的检测和结构性能的检测，可按照现行国家标准《建筑结构检测技术标准》(GB/T 50344—2019) 的规定抽样。

(3) 对某一方向尺寸不大于 4.5m 且另一方向尺寸不大于 0.3m 的构件，其测区数量可适当减少，但不应少于 5 个。

9.3.4　超声回弹综合法数据处理

1. 回弹测试及回弹值计算

回弹测试时，应始终保持回弹仪的轴线垂直于混凝土测试面。宜首先选择混凝土浇筑方向的侧面进行水平方向测试，如不具备浇筑方向侧面水平测试条件，可采用非水平状态测试，或测试混凝土浇筑的顶面或底面。测量回弹值应在构件测区内超声波的发射和接受面各弹击8点；超声波单面平测时，可在超声波的发射和接受点之间弹击16点。每一测点的回弹值读数应精确至1。

测区回弹代表值应从该测区回弹值中剔除3个较大值和3个较小值，根据其余10个有效回弹值按下式计算：

$$R=\frac{1}{10}\sum_{i=1}^{10}R_i \tag{9.5}$$

式中　R——测区回弹代表值，取有效测试数据的平均值，精确至0.1；

R_i——第i个测点的有效回弹值。

非水平状态下测得的回弹值，应按下式修正：

$$R_a=R+R_{a\alpha} \tag{9.6}$$

式中　R_a——修正后的测区回弹代表值；

$R_{a\alpha}$——测试角度为α时的测区回弹修正值，按本节规定的规程采用。

在混凝土浇筑的顶面或底面测得的回弹值，应按下式修正：

$$R_a=R+(R_a^t+R_a^b) \tag{9.7}$$

式中　R_a^t——测量混凝土浇筑顶面时的回弹修正值，按本节规定的规程采用；

R_a^b——测量混凝土浇筑底面时的回弹修正值，按本节规定的规程采用。

2. 超声测试及声速值计算

超声测点应布置在回弹测试的同一测区内，每一测区布置3个测点。超声测试宜优先采用对测或角测，当被测构件不具备对测或角测条件时，可采用单面平测。

声时测量应精确至0.1μs，超声测距测量应精确至1.0mm，且测量误差不应超过±1%。声速计算应精确至0.01km/s。

当在混凝土浇筑方向的侧面对测时，测区混凝土中的声速代表值应根据该测区中3个测点的混凝土中的声速值，按下式计算：

$$v=\frac{1}{3}\sum_{i=1}^{3}\frac{l_i}{t_i-t_0} \tag{9.8}$$

式中　v——测区混凝土中声速代表值，km/s；

l_i——第i个测点的超声测距，mm；

t_i——第i个测点的声时读数，μs；

t_0——声时初读数，μs。

3. 结构混凝土强度推定

当无专用和地区测强曲线时，按下列全国统一测区混凝土抗压强度换算公式计算：

当粗骨料为卵石时：

$$f_{cu,i}^{c}=0.0056v_{ai}^{1.439}R_{ai}^{1.769} \tag{9.9}$$

当粗骨料为碎石时　　$f^c_{cu,i}=0.0162v_{ai}^{1.656}R_{ai}^{1.410}$　　(9.10)

以上两式中　$f^c_{cu,i}$——结构或构件第 i 个测区混凝土抗压强度换算值，MPa，精确至0.1MPa。

当结构或构件中的测区数不少于10个时，各测区混凝土抗压强度换算值的平均值和标准差应按下列公式计算：

$$m_{f^c_{cu}}=\frac{1}{n}\sum_{i=1}^{n}f^c_{cu,i} \tag{9.11}$$

$$s_{f^c_{cu}}=\sqrt{\frac{\sum_{i=1}^{n}(f^c_{cu,i})^2-n(m_{f^c_{cu}})^2}{n-1}} \tag{9.12}$$

式中　$f^c_{cu,i}$——结构或构件第 i 个测区的混凝土抗压强度换算值，MPa；

$m_{f^c_{cu}}$——结构或构件测区混凝土抗压强度换算值的平均值，MPa，精确至0.1MPa；

$s_{f^c_{cu}}$——结构或构件测区混凝土抗压强度换算值的标准差，MPa，精确至0.01MPa；

n——测区数，对单个检测的构件，取一个构件的测区数；对批量检测的构件，取被抽检构件测区数的总和。

当结构或构件所采用的材料及其龄期与制定强度测强曲线所采用的材料及其龄期有较大差异时，应采用同条件立方体试件或从结构或构件测区中钻取的混凝土芯样试件的抗压强度进行修正。试件数量不应少于4个。此时，采用测区混凝土抗压强度换算值乘以下列修正系数 η。

采用同条件立方体试件修正时：$\eta=\frac{1}{n}\sum_{i=1}^{n}f^o_{cu,i}/f^c_{cu,i}$　　(9.13)

采用混凝土芯样试件修正时：$\eta=\frac{1}{n}\sum_{i=1}^{n}f^o_{cor,i}/f^c_{cu,i}$　　(9.14)

以上两式中　η——修正系数，精确至小数点后两位；

$f^c_{cu,i}$——对应第 i 个立方体试件或芯样试件的混凝土抗压强度换算值，MPa，精确至0.1MPa；

$f^o_{cu,i}$——第 i 个混凝土立方体（边长150mm）试件的抗压强度实测值，MPa，精确至0.1MPa；

$f^o_{cor,i}$——第 i 个混凝土芯样（ϕ100×100mm）试件的抗压强度实测值，MPa，精确至0.1MPa；

n——试件数。

当结构或构件中测区数不少于10个或批量检测时，混凝土抗压强度推定值 $f_{cu,e}$ 按下列公式计算：

$$f_{cu,e}=m_{f^c_{cu}}-1.645s_{f^c_{cu}} \tag{9.15}$$

9.3.5　超声回弹综合法检测混凝土强度原始记录

超声回弹综合法检测混凝土强度原始记录见表9.3。

表 9.3 **超声回弹综合法检测混凝土强度原始记录表**

工程名称：__________ 构件名称：__________ 检测日期：________

设备：回弹仪________ 率定值________ 超声仪________ 换能器________kHz t_0________ 环境温度________℃

回弹测试面________ 测试角度________° 超声测试方式________（侧面对测、顶-底对测、侧面平侧、顶面平测、底面平测、角测）

构件编号	测区	测点回弹值 R_i								测区回弹代表值 R	测点测距 l_i/声时 t_i /(mm/μs)			测区声速代表值 v /(km/s)	备注
		1	2	3	4	5	6	7	8		1	2	3		
	1														
	2														
	3														
	4														
	5														
	6														
	7														
	8														
	9														
	10														

校核： 检测：

任务9.4　钻芯法检测混凝土抗压强度

9.4.1　钻芯法定义

钻芯法是利用专用钻机和人造金刚石空心薄壁钻头，在结构混凝土上钻取芯样，按有关规范加工处理后，进行抗压试验，根据芯样抗压强度推定结构混凝土立方体抗压强度的一种局部破损的检测方法。检测标准依据是《钻芯法检测混凝土强度技术规程》（CECS 03：2007）。

9.4.2　钻芯法适用条件

钻芯法适用于检测抗压强度不大于80MPa的混凝土。可用于确定检测批或单个构件的混凝土强度推定值，也可用于钻芯修正方法修正间接强度检测方法得到的混凝土抗压强度换算值。

9.4.3　钻芯法取样数量

芯样试件的数量应根据检验批的容量确定，标准芯样试件的最小样本量不宜少于15个，小直径芯样试件的最小样本量应适当增加；钻芯确定单个构件的混凝土强度推定值时，有效芯样试件的数量不应少于3个；对于较小构件，有效芯样试件的数量不得少于2个。单个构件的混凝土强度推定值不再进行数据的舍弃，而应按有效芯样试件混凝土抗压强度值中的最小值确定；当采用修正量的方法时，标准芯样的数量不应少于6个，小直径芯样的试件数量宜适当增加。

9.4.4　钻芯法数值处理

（1）芯样试件应在自然干燥状态下进行抗压试验。

（2）当结构工作条件比较潮湿，需要确定潮湿状态下混凝土的强度时，芯样试件宜在（20±5）℃的清水中浸泡40～48h，从水中取出后立即进行试验。

（3）芯样试件的抗压试验的操作应符合现行国家标准《混凝土物理力学性能试验方法标准》（GB/T 50081—2019）中对立方体试块抗压试验的规定。

（4）混凝土的抗压强度值，应根据混凝土原材料和施工工艺通过试验确定，也可按《钻芯法检测混凝土强度技术规程》（CECS 03：2007）第7.0.5条的规定确定。

（5）芯样试件的混凝土抗压强度可按下式计算：

$$f_{cu,cor}=f_c/A \tag{9.15}$$

式中　$f_{cu,cor}$——芯样试件的混凝土抗压强度值，MPa；

f_c——芯样试件的抗压试验测得的最大压力，N；

A——芯样试件抗压截面面积，mm^2。

芯样强度试验记录见表9.4。

（6）不同高径比的换算系数。我国允许使用高径比为1～2的芯样进行抗压试验，并以高径比为1的芯样作为标准芯样，即高径比为1时试验强度值的尺寸修正系数a为1，当高径比为其他值时，应采用表9.5所列的尺寸修正系数。

表 9.4

芯样强度试验记录表

混凝土芯样抗压强度检测记录（第　页，共　页）

<table>
<tr><td>样品编号</td><td colspan="7"></td><td colspan="2">设计强度等级</td><td colspan="7"></td></tr>
<tr><td>检测依据</td><td colspan="16"></td></tr>
<tr><td>主要仪器设备</td><td colspan="16"></td></tr>
<tr><td rowspan="8">实验结果</td><td rowspan="2">试验编号</td><td rowspan="2">浇筑日期</td><td rowspan="2">试压日期</td><td rowspan="2">龄期/d</td><td colspan="2">磨平后芯样长度/mm</td><td colspan="2">磨平后芯样直径 D/mm</td><td rowspan="2">最大不垂直度端面与母线夹角/(°)</td><td rowspan="2">端面最大不平整度/mm</td><td rowspan="2">破坏载荷 P/N</td><td rowspan="2">单个抗压强度/MPa</td><td rowspan="2">高径比换算系数/$A_{h/d}$</td><td rowspan="2">芯样与立方体换算系数 A</td><td rowspan="2">立方体抗压强度 f_{cc}/MPa</td><td rowspan="2">备注</td></tr>
<tr><td>单个测值</td><td>平均值</td><td>单个测值</td><td>平均值</td></tr>
<tr><td rowspan="2"></td><td rowspan="2"></td><td rowspan="2"></td><td rowspan="2"></td><td></td><td rowspan="2"></td><td rowspan="2"></td><td rowspan="2"></td><td rowspan="2"></td><td rowspan="2"></td><td rowspan="2"></td><td rowspan="2"></td><td rowspan="2"></td><td rowspan="2"></td><td rowspan="2"></td><td rowspan="2"></td></tr>
<tr><td></td></tr>
<tr><td rowspan="2"></td><td rowspan="2"></td><td rowspan="2"></td><td rowspan="2"></td><td></td><td rowspan="2"></td><td rowspan="2"></td><td rowspan="2"></td><td rowspan="2"></td><td rowspan="2"></td><td rowspan="2"></td><td rowspan="2"></td><td rowspan="2"></td><td rowspan="2"></td><td rowspan="2"></td><td rowspan="2"></td></tr>
<tr><td></td></tr>
<tr><td rowspan="2"></td><td rowspan="2"></td><td rowspan="2"></td><td rowspan="2"></td><td></td><td rowspan="2"></td><td rowspan="2"></td><td rowspan="2"></td><td rowspan="2"></td><td rowspan="2"></td><td rowspan="2"></td><td rowspan="2"></td><td rowspan="2"></td><td rowspan="2"></td><td rowspan="2"></td><td rowspan="2"></td></tr>
<tr><td></td></tr>
<tr><td>说明</td><td colspan="16"></td></tr>
</table>

校核：　　　　　　　　　　　　　　　　检测：

表 9.5　芯样试件混凝土换算系数

高径比（h/d）	1.0	1.1	1.2	1.3	1.4	1.5	1.6	1.7	1.8	1.9	2.0
系数/a	1.00	1.04	1.07	1.10	1.13	1.15	1.17	1.19	1.21	1.22	1.24

任务 9.5　拔出法检测混凝土抗压强度

拔出法是一种半破损检测方法，通过拔出安装在混凝土体内的锚固件，测定其极限抗拔力，然后根据预先建立的极限抗拔力与其抗压强度之间的相关关系确定其强度。拔出法可分为预埋拔出法和后装拔出法。预埋拔出法是指预先将锚固件埋入混凝土内的拔出法；后装拔出法是指在已硬化的混凝土上钻孔，然后在其上安装锚固件的拔出法。前者主要适用于成批、连续生产的混凝土结构构件的强度检测，后者可用于构件新、旧混凝土界面的连接强度检测。拔出法一般不宜直接用于遭受冻害、化学腐蚀、火灾等损伤混凝土的检测。检测标准依据为《拔出法检测混凝土强度技术规程》(CECS 69：2011)。

9.5.1　预埋拔出法

1. 拔出试验装置

拔出试验装置如图 9.4 所示。

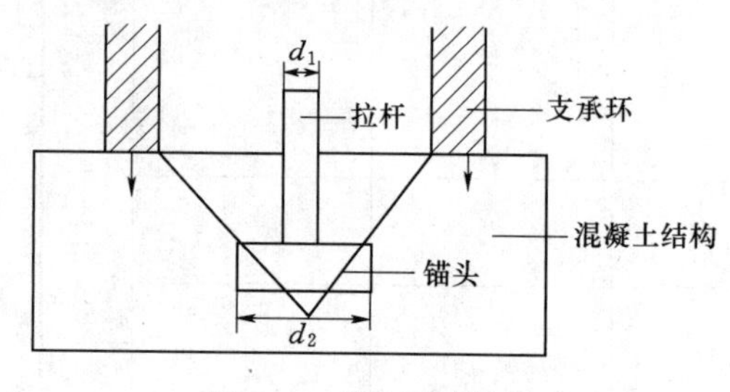

图 9.4　拔出试验装置

2. 拔出仪分类

拔出仪分圆环反力支承、三点反力支承。

当锚固深度一定时，拔出力随反力支承尺寸的增加而减少；同一锚固深度和反力支承尺寸下，圆环支承拔出力比三点支承拔出力大；同一反力支承尺寸时，拔出力随锚固深度增加而有较大幅度的增加。

3. 拔出试验装置与步骤

(1) 预埋拔出装置包括锚头、拉杆和支承环。其中拉杆直径 $d_1=7.5\text{mm}$，锚固件直径 $d_2=25\text{mm}$，支承环内径 $d_3=55\text{mm}$，锚固深度 $h=25\text{mm}$。

(2) 拔出试验步骤：安装预埋件、浇筑混凝土、拆除连接件、拉拔锚头等，如图 9.5 所示。

1) 安装预埋件时，将锚头定位杆组装在一起，在外表涂上一层隔离剂，浇筑混凝土以前，将预埋件安装在模板内侧适当位置。

2) 在模板内浇筑混凝土。

3) 拆除模板和定位杆，把拉杆拧在锚头上，另一端与拔出仪相连，支承环均匀地压紧混凝土表面，并与拉杆和锚头处于同一轴线。

4) 摇动摇把，对锚固件施加拔出力，施加的拔出力应均匀和连续，加荷速度控制在 1kN/s 左右，当荷载加到峰值，记录极限拔出力，然后卸载，混凝土表面留下

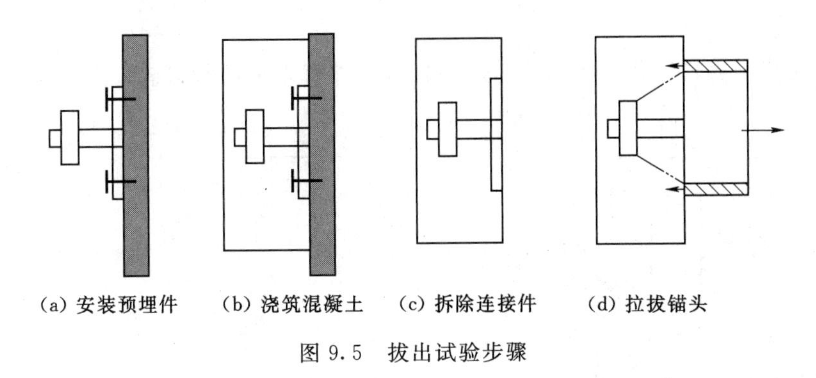

(a) 安装预埋件　(b) 浇筑混凝土　(c) 拆除连接件　(d) 拉拔锚头

图 9.5　拔出试验步骤

细微的环形裂纹。

5）由拔出力换算出混凝土抗压强度。

4. 预埋拔出法特点

预埋拔出法现场应用非常方便，试验费用低廉，尤其适用于混凝土质量现场控制，如确定拆模时间，决定施加或放松预应力的适当时间，决定吊装、运输构件的时间，决定停止湿热养护或冬季施工时保温的时间。

施工中对混凝土的强度进行控制，不仅可以保证工程质量，也是提高施工技术水平、提高企业经济效益的重要手段。如高温施工确定提前拆模时间，可以加快模板周转，缩短工期；冬季施工，确定养护可以结束的时间，避免出现质量问题，减少养护费用。

总而言之，预埋拔出法具有试验步骤简单、及时、准确、直观、试验费用低廉等优点，在混凝土质量控制中有很好的应用前景。这种方法的局限性是必须事先做好计划，不能像其他现场检测方法一样在混凝土硬化后随时进行。为克服这一缺点，另一种方法——后装拔出法应运而生。

9.5.2　后装拔出法

9.5.2.1　后装拔出法概述

在已硬化的混凝土上钻孔，然后再锚入锚固件进行拔出试验的方法叫后装拔出法。这种方法在试验时只要避开钢筋或预埋铁件即可，近一二十年才出现，是在预埋拔出法的基础上逐渐发展起来的。后装拔出法适应性很强，检测结果可靠，在许多国家成为现场混凝土强度检测方法之一。

9.5.2.2　圆环支承拔出试验

1. 试验装置参数

拔出孔槽尺寸：圆孔直径 d_1＝18mm，孔深 55～65mm，工作深度 35mm，预留 20～30mm 安装锚固件和收容粉屑，距孔口 25mm 处磨槽，槽宽 10mm，扩孔环形槽直径 25mm，拔出试验夹角 31°。

2. 试验步骤

（1）钻孔：要求孔径准确，孔轴线与混凝土表面垂直，钻一个合格的试验孔需要 3～10min。

（2）磨槽：距孔口 25mm 处磨环形槽，一般需要 1min 左右，外径 25mm，宽 10mm。

(3) 安装锚固件［图 9.6 (c)］。安装锚固件有以下两种方式：

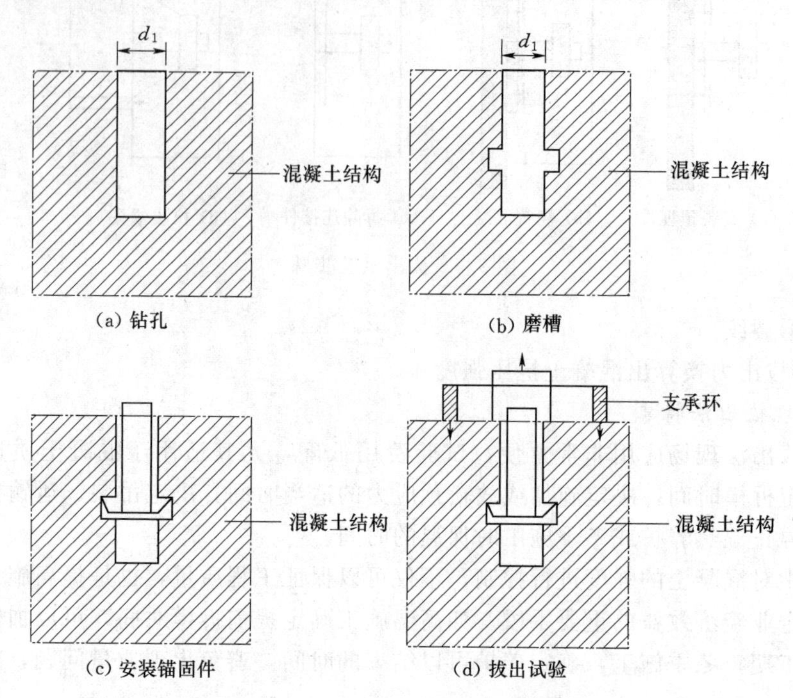

图 9.6　后装拔出法试验步骤

1) 胀圈：闭合时外径为 18mm，张开时外径为 25mm，断面为方形条钢的开口钢环。其优点是张开后为平面状圈环，拔出时与混凝土接触良好。其缺点是难以判断胀圈是否完全胀开。

2) 胀簧：4 个簧片张开，簧片平钩对槽沟部分混凝土的接触成间断的圆环状。胀簧是由我国研制成功的使用方便的锚固件。

通过试验对比，胀圈是形成全断面连续圆环，而胀簧是形成间断的圆环，从受力模式上，胀圈方式更接近于预埋拔出法。

(4) 拔出试验［图 9.6 (d)］。与预埋拔出法操作过程完全相同。

9.5.2.3　三点反力支承拔出试验

对同一种强度的混凝土，三点支承拔出力比圆环支承小，因而可以扩大拔出试验的检测范围。锚固深度为 35mm，拔出力有较大幅度增加，采用三点支承可以降低拔出力，使拔出仪能满足最大量程的要求。

9.5.3　测强曲线的建立

拔出法检测混凝土强度，一个重要的前提是预先建立极限拔出力和抗压强度的相关关系，即测强曲线。

1. 基本要求

对于 5 个强度等级的混凝土，每一强度等级的混凝土不少于 5 组数据，每组 3 对数据，用于建立测强曲线的总数据不少于 25 组。

2. 试验规定

拔出试验点布置在混凝土浇捣方向的侧面，共布置 3 个点，同一试件 3 个拔出力取平均值。当 3 个试件强度中最大值和最小值与中间值之差超过中间值的 15%时，该组试件作废。

3. 分析计算

一般采用直线回归方程进行回归分析，确定测强曲线。

9.5.4　工程检测要点

1. 试验准备工作

拔出法对遭受冻害、化学腐蚀、火灾、高温损伤等部位不适宜。若需对这些部位进行检测，首先应采取打磨、剔除等有效措施将薄弱表层清除干净后，方可进行检测。试验前应收集有关工程资料，包括工程名称及设计、施工单位，结构及构件名称，设计图纸及混凝土强度设计等级，粗骨料品种、粒径及配合比，混凝土浇筑及养护情况，结构或构件存在的质量问题等。

2. 试验测点布置

(1) 单个构件均匀布置 3 个测点，当 3 个试件强度中最大值和最小值与中间值之差均小于中间值的 15%时，3 个测点即可。当 3 个试件强度中最大值和最小值与中间值之差大于中间值的 15%时，需在最小拔出力测点附近加测两个测点，使检测结果偏于安全。

(2) 按批抽样检测：抽检数量不少于同批构件总数的 30%，且不少于 10 个，每个构件不少于 3 个测点。

(3) 测点一般布置在构件混凝土成型的侧面。相邻测点间距不小于 10 倍锚固件的锚固深度，测点距构件边缘不小于 4 倍锚固深度。测试面要求清洁、平整、干燥，清除饰面层及浮浆；测点应避开接缝、蜂窝、麻面部位及混凝土表层的钢筋和预埋件。

3. 混凝土强度推定

(1) 单个构件强度推定：当 3 个试件强度中最大值和最小值与中间值之差均小于中间值的 15%时，取最小值作为拔出力计算值；需加测时，加测拔出力值与最小值一起算平均值，再与中间值比较，取较小值作为计算值。根据测强曲线，推算混凝土构件强度。

(2) 按批抽测，将每个拔出力值换算成抗压强度值。

任务 9.6　混凝土中的钢筋检测

1. 检测项目

混凝土中的钢筋检测可分成钢筋间距、混凝土保护层厚度、钢筋直径、钢筋力学性能及钢筋锈蚀状况等检测项目。

2. 检测方法

混凝土中钢筋检测方法有非破损方法——电磁感应法、局部破损方法——钻孔法和凿除法、采用非破损方法并用局部破损方法校准的综合法。

3. 检测原理

根据电磁场理论，线圈是严格磁偶极子，当信号源供给交变电流时，它向外界辐射出电磁场；钢筋是一个电偶极子，它接收外界电场，从而产生大小沿钢筋分布的感应电流。钢筋的感应电流重新向外界辐射出电磁场（即二次场），使原激励线圈产生感生电动势，从而使线圈的输出电压产生变化，钢筋位置测定仪正是根据这一变化来确定钢筋所在位置及其保护层厚度的。因为在钢筋的正上方，线圈的输出电压受钢筋所产生的二次磁场的影响最大，所以在测试中，探头移动的过程中，可以自动锁定这个受影响最大的点，即信号值最大的点。根据保护层厚度和信号之间的对应关系得出厚度值。

4. 检测要求

钢筋保护层厚度检验的结构部位和构件数量，应符合下列要求：

（1）钢筋保护层厚度检验的结构部位，应由监理（建设）、施工等各方根据结构构件的重要性共同选定。

（2）对梁类、板类构件，应各抽构件数量的2%且不少于5个构件进行检验；当有悬挑构件时，抽取的构件中悬挑梁类、板类构件所占比例均不宜小于50%。

（3）对选定的梁类构件，应对全部纵向受力钢筋的保护层厚度进行检验；对选定的板类构件，应抽取不少于6根纵向受力钢筋的保护层厚度进行检验。对每根钢筋，选有代表性的部位测量1点。

（4）钢筋保护层厚度的检验，可采用非破损或局部破损的方法，也可采用非破损方法并用局部破损方法进行校准。当采用非破损方法检验时，所使用的检测仪器应经过计量检验，检测操作应符合相关规程的规定。

（5）钢筋保护层厚度检验的检测误差不应大于1mm。

（6）钢筋保护层厚度检验时，纵向受力钢筋保护层厚度的允许偏差，对梁类构件为＋10mm，－7mm；对板类构件为＋8mm，－5mm。

（7）对梁类、板类构件纵向受力钢筋的保护层厚度应分别进行验收。

任务9.7　堤防护坡坡度及平整度检测

9.7.1　检测项目

堤防护坡几何尺寸检测主要项目是坡度及平整度。

9.7.2　检测方法

坡度可采用直接测量法（坡度尺）和间接测量法（通过测量水平和数值参数经过计算求得），平整度采用平整度尺直接测量（单位长度内最大凹凸偏差）。

9.7.3　检测原理

坡度间接测量的检测原理主要为空间几何基础知识。堤防护坡坡度及平整度现场检验检测记录见表9.6。

表 9.6　　结构构件几何尺寸（堤防护坡坡度、平整度）现场检验检测记录

<table>
<tr><td colspan="2">工程名称</td><td colspan="7"></td><td colspan="2">检测单元/部位</td><td colspan="5"></td></tr>
<tr><td colspan="2">结构/构件名称</td><td colspan="7"></td><td>等级</td><td colspan="6"></td></tr>
<tr><td colspan="2">检测依据</td><td colspan="14"></td></tr>
<tr><td colspan="2">主要仪器设备</td><td colspan="14"></td></tr>
<tr><td rowspan="3">序号</td><td rowspan="3">标段/检测单元</td><td rowspan="3">桩号</td><td rowspan="3">检测日期</td><td colspan="4">坡角/(°)</td><td rowspan="3">坡度
/%</td><td colspan="6">不平整度/mm</td><td rowspan="3">平整度不合格数量</td></tr>
<tr><td rowspan="2">测值 1</td><td rowspan="2">测值 2</td><td rowspan="2">测值 3</td><td rowspan="2">平均值</td><td>测值 1</td><td>测值 2</td><td>测值 3</td><td>测值 4</td><td>测值 5</td><td rowspan="2">平均值</td></tr>
<tr><td>测值 6</td><td>测值 7</td><td>测值 8</td><td>测值 9</td><td>测值 10</td></tr>
<tr><td rowspan="2">1</td><td rowspan="2"></td><td rowspan="2"></td><td rowspan="2"></td><td rowspan="2"></td><td rowspan="2"></td><td rowspan="2"></td><td rowspan="2"></td><td rowspan="2"></td><td></td><td></td><td></td><td></td><td></td><td rowspan="2"></td><td rowspan="2"></td></tr>
<tr><td></td><td></td><td></td><td></td><td></td></tr>
<tr><td rowspan="2">2</td><td rowspan="2"></td><td rowspan="2"></td><td rowspan="2"></td><td rowspan="2"></td><td rowspan="2"></td><td rowspan="2"></td><td rowspan="2"></td><td rowspan="2"></td><td></td><td></td><td></td><td></td><td></td><td rowspan="2"></td><td rowspan="2"></td></tr>
<tr><td></td><td></td><td></td><td></td><td></td></tr>
<tr><td rowspan="2">3</td><td rowspan="2"></td><td rowspan="2"></td><td rowspan="2"></td><td rowspan="2"></td><td rowspan="2"></td><td rowspan="2"></td><td rowspan="2"></td><td rowspan="2"></td><td></td><td></td><td></td><td></td><td></td><td rowspan="2"></td><td rowspan="2"></td></tr>
<tr><td></td><td></td><td></td><td></td><td></td></tr>
<tr><td rowspan="2">4</td><td rowspan="2"></td><td rowspan="2"></td><td rowspan="2"></td><td rowspan="2"></td><td rowspan="2"></td><td rowspan="2"></td><td rowspan="2"></td><td rowspan="2"></td><td></td><td></td><td></td><td></td><td></td><td rowspan="2"></td><td rowspan="2"></td></tr>
<tr><td></td><td></td><td></td><td></td><td></td></tr>
<tr><td rowspan="2">5</td><td rowspan="2"></td><td rowspan="2"></td><td rowspan="2"></td><td rowspan="2"></td><td rowspan="2"></td><td rowspan="2"></td><td rowspan="2"></td><td rowspan="2"></td><td></td><td></td><td></td><td></td><td></td><td rowspan="2"></td><td rowspan="2"></td></tr>
<tr><td></td><td></td><td></td><td></td><td></td></tr>
<tr><td>备注</td><td colspan="15"></td></tr>
</table>

校核：　　　　　　　　　　检测：

9.7.4　检测要求

检测项目及方法应由监理（建设）、施工等各方根据堤防验收标准联合商定；检测报告检测结果应包含各检测单元检测值、设计值、平均值、标准差、变异系数、合格率等数据。

9-2

黏性土压实度检测（环刀法）

任务9.8　土方填筑压实度检测

9.8.1　检测项目

土的原位密度、含水率。

9.8.2　检测方法

环刀法适用于细粒土；灌砂法、灌水法适用于细粒土、砂类土和砾类土。

9.8.3　检测原理

将填筑的部分土方通过环刀及挖坑方式移除其原位，称量其质量 m_1，同时用环刀的固定体积或一定质量的砂或水（砂和水密度已知）测算出该质量土方体积 V；然后取部分土方试样 m_2 通过烘干法或酒精燃烧法测其含水率 ω；最后已知土料最大干密度 $\rho_{d,\max}$ 通过公式计算求得其压实度 λ_c。

9.8.4　检测要求

（1）频次要求：细粒土1次/（100～200m^3）、砾质土1次/（200～500m^3），且每个单元不少于1次。

（2）细粒土一般采用固定体积200cm^{3}环刀进行试验，非细粒土原位密度试验试坑尺寸根据土样最大粒径增大而增加［最大粒径/直径/深度（mm/mm/mm）：20/150/200、40/200/250、60/250/300、200/880/1000］。

（3）含水率试验取样量要求，细粒土15～30g，砂类土50～100g，砂砾石2～5kg。

（4）环刀法检测土方取样部位应为填筑层深度2/3处。

9.8.5　数据处理

密度 $\rho = m_1/V$，$\rho_d = \rho/(1+0.01\omega)$，$\lambda_c = \rho_d/\rho_{d,\max}$。

压实度（环刀法）检验检测记录见表9.7。

表9.7　　压实度（环刀法）检验检测记录

（第　页，共　页）　检测编号：

工程名称		检测日期	
检测依据	《土工试验方法标准》（GB/T 50123—2019）		
主要仪器设备			
检测单元/部位		最大干密度/(g/cm^3)	
序号	1	2	3
桩号			
高程/m			

续表

取样深度/cm							
环刀编号							
环刀质量/g							
环刀＋湿土质量/g							
环刀容积/cm^3							
湿密度/(g/cm^3)							
湿密度平均值/(g/cm^3)							
含水率	盒号						
	盒质量/g						
	盒＋湿土质量/g						
	盒＋干土质量/g						
	含水率 ω/%						
	含水率平均值/%						
干密度/(g/cm^3)							
压实度/%							
备注							

校核：　　　　　　　　　　　　　　　　　　　　检测：

任务9.9　单桩竖向抗压静载试验检测

9.9.1　检测项目

桩的承载力、每级荷载下桩顶沉降值。

9.9.2　检测方法

工程桩验收检测宜采用慢速维持荷载法，当有成熟的地区经验时，也可采用快速维持荷载法。

9.9.3　检测原理

桩基（由设置于岩土中的桩和桩顶连接的承台共同组成的基础或由柱与桩直接连接的单桩基础）通过基桩（桩基础中的单桩）将桩顶或桩顶承台将其荷载传递给桩侧及桩底岩土上；桩基设计时其主要控制指标为承载力及沉降，通过单桩竖向抗压静载试验检测单桩在设计承载力荷载范围内测其沉降情况来确定其承载力及其对应沉降是否满足规范、设计要求。

9.9.4　检测要求

（1）加载量不应小于设计要求的单桩承载力特征值的2.0倍。

（2）测力装置千斤顶的合力中心应与受检桩的横截面形心重合。

（3）加载反力装置提供的反力不得小于最大加载值的1.2倍。

（4）沉降测量误差不得大于0.1%FS，分度值/分辨率应优于或等于0.01mm。

（5）测量沉降至少在其两个方向对称安装4个位移测试仪，桩直径或边长小于等于500mm的可减少为2个位移测试仪。

（6）沉降测定平面宜设置在桩顶以下200mm的位置，测点固定在桩身上；试桩、锚桩和基准桩之间应有一定的中心距离。

（7）加载时应分级进行，分级荷载宜为最大加载值的1/10，卸载时宜取加载时分级荷载的2倍。

（8）慢速维持荷载法试验沉降测度时间为每级加载后第5min、15min、30min、45min、60min、90min、120min…卸载时沉降测度时间为每级卸载后第15min、30min、60min；慢速维持荷载法沉降测度时间每级不应少于1h。

（9）终止加载条件有：本级荷载下沉降大于前一级的5倍且桩顶总沉降量超40mm，本级荷载下沉降大于前一级的2倍，且24h尚未达到相对稳定标准（连续2h内出现每一小时沉降不超0.1mm），荷载已达到设计要求的最大荷载且对应沉降小于设计沉降，使用工程桩作锚桩时其上拔量已达到允许值，桩顶总沉降量超限。

9.9.5　数据处理

（1）绘制荷载-沉降曲线、沉降-时间对数曲线及其他辅助曲线。

（2）根据曲线情况确定单桩竖向抗压极限承载力。

（3）参加计算的桩检测结果数据极差不超过平均值30%时，取其平均值作为检测结果，否则应分析原因，结合工程具体情况综合确定极限承载力，不能明确极差过大原因的宜增加试桩检测数量；试桩小于3根或桩基承台下的桩数不大于3根，应去其低值作为检测结果。

（4）单桩竖向抗压承载力特征值应按单桩竖向抗压极限承载力的50%取值。单桩竖向抗压静载试验记录见表9.8。

表9.8　单桩竖向抗压静载试验记录

（第　页，共　页）　　　　检测编号：

工程名称									桩号	
加载级	油压/MPa	荷载/kN	测读时间/min	位移计（百分表）读数				本级沉降/mm	累计沉降/mm	备注
				1号	2号	3号	4号			
一（2倍分级荷载）										

续表

<table>
<tr><td colspan="2">工程名称</td><td colspan="7"></td><td>桩号</td><td></td></tr>
<tr><td rowspan="2">加载级</td><td rowspan="2">油压
/MPa</td><td rowspan="2">荷载
/kN</td><td rowspan="2">测读时间
/min</td><td colspan="4">位移计（百分表）读数</td><td rowspan="2">本级沉降
/mm</td><td rowspan="2">累计沉降
/mm</td><td rowspan="2">备注</td></tr>
<tr><td>1号</td><td>2号</td><td>3号</td><td>4号</td></tr>
<tr><td rowspan="7">二</td><td rowspan="7"></td><td rowspan="7"></td><td></td><td></td><td></td><td></td><td></td><td rowspan="7"></td><td rowspan="7"></td><td rowspan="7"></td></tr>
<tr><td></td><td></td><td></td><td></td><td></td></tr>
<tr><td></td><td></td><td></td><td></td><td></td></tr>
<tr><td></td><td></td><td></td><td></td><td></td></tr>
<tr><td></td><td></td><td></td><td></td><td></td></tr>
<tr><td></td><td></td><td></td><td></td><td></td></tr>
<tr><td></td><td></td><td></td><td></td><td></td></tr>
<tr><td rowspan="7">三</td><td rowspan="7"></td><td rowspan="7"></td><td></td><td></td><td></td><td></td><td></td><td rowspan="7"></td><td rowspan="7"></td><td rowspan="7"></td></tr>
<tr><td></td><td></td><td></td><td></td><td></td></tr>
<tr><td></td><td></td><td></td><td></td><td></td></tr>
<tr><td></td><td></td><td></td><td></td><td></td></tr>
<tr><td></td><td></td><td></td><td></td><td></td></tr>
<tr><td></td><td></td><td></td><td></td><td></td></tr>
<tr><td></td><td></td><td></td><td></td><td></td></tr>
<tr><td rowspan="7">…</td><td rowspan="7"></td><td rowspan="7"></td><td></td><td></td><td></td><td></td><td></td><td rowspan="7"></td><td rowspan="7"></td><td rowspan="7"></td></tr>
<tr><td></td><td></td><td></td><td></td><td></td></tr>
<tr><td></td><td></td><td></td><td></td><td></td></tr>
<tr><td></td><td></td><td></td><td></td><td></td></tr>
<tr><td></td><td></td><td></td><td></td><td></td></tr>
<tr><td></td><td></td><td></td><td></td><td></td></tr>
<tr><td></td><td></td><td></td><td></td><td></td></tr>
<tr><td colspan="11">试验时间：</td></tr>
</table>

校核：　　　　　　　　　　　　　　　　检测：

任务9.10　地基及混凝土压水试验检测

9.10.1　检测项目

透水率。

9.10.2　检测方法

单点法压水试验（五点法压水试验一般用于岩石勘测工程）。

9.10.3　检测原理

用高压方式把水压入钻孔，根据地基及混凝土吸水量计算了解其裂隙发育情况和透水性的原位试验。

9.10.4　检测要点

（1）压水试验的压力不应大于灌浆施工时该孔段所使用的最大灌浆压力的 80%，且不大于 1.0MPa。

（2）压入流量的稳定标准，在稳定压力下为每 2～5min 测读一次压入流量，连续 4 次读数中最大值与最小值之差小于最终值的 10%或 1L/min 时，本阶段试验即可结束，取最终值作为计算值。

（3）压水试验压力为压水时试验段水压改变的平均值。

（4）对地下水位的观测和确定，可利用先导孔测定地下水位，稳定标准为每 5min 测读一次孔内水位，当连续两次测得水位下降速度均小于 5cm/min 时，以最后的观测值作为本单元工程的地下水位值。

9.10.5　数据处理

数据处理公式为

$$q=\frac{Q}{PL} \tag{9.16}$$

式中　q——试段透水率，Lu；

Q——压入流量，L/min；

P——作用于试段内的全压力，MPa；

L——试段长度，m。

单点法压水试验记录见表 9.9。

表 9.9　单点法压水试验记录

（第　页，共　页）　检测编号：

工程名称		试验孔位置/桩号	
委托单位		孔口高程/m	
建设单位		试段编号	
监理单位		深度区间/m	
设计单位		上、下游水位线高程/m	
施工单位		压力表指示压力/MPa	
岩体/混凝土类别		压力表中心至压力起算零线的水柱压力/MPa	
设计要求		试验段全压力/MPa	
试验日期		试段长度/m	
试验依据			
检测设备			

续表

孔号	序号	水表始读数/L	水表终读数/L	压入水量/L	时间/min	流量/(L/min)	压入流量 Q/(L/min)	备注
根据	$q=Q/(PL)$							
计算	$Q=$			(压入流量，L/min)				
	$P=$			(作用于试段内的全压力，MPa)				
	$L=$			(试段长度，m)				
	$q=$			(试段透水率，Lu)				
说明								

校核：　　　　　　　　　　　　　　　　　　检测：

任务9.11 水 工 闸 门 检 测

9.11.1 检测项目

构件厚度、硬度、防腐涂层厚度、平面度、焊缝、结构尺寸与变形、闸门与埋件安装质量、启闭机运行试验等。

9.11.2 主要检测方法

钢板厚度采用超声波法检测硬度采用里氏硬度计回弹法检测；几何尺寸采用直接或间接量测法检测；安装与运行质量主要通过试运行测试同时检测试运行状态下相关仪器数据指标；焊缝检测主要采用目测法检测外观质量、超声波探伤或磁粉探伤检测其近表面及内部损伤等方法。

9.11.3 检测流程

检测流程如图9.7所示。

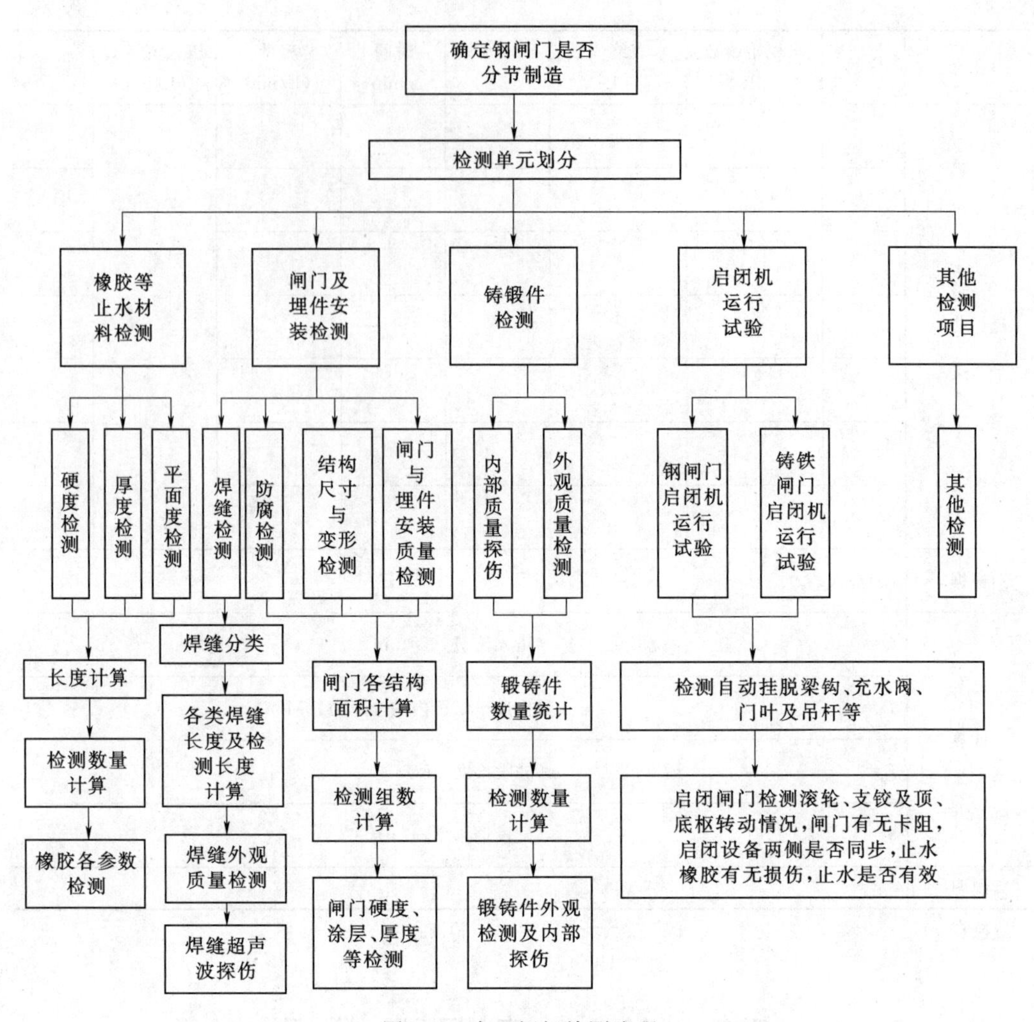

图 9.7　水工闸门检测流程

附录 （水利工程）建筑材料检测试验成果样表

样表 1　　　　　　**水 泥 试 验 记 录 表**

水泥物理力学性能检验检测记录表

（第　页，共　页）　　　　报告编号：

工程名称		样品编号	
委托单位		代表数量	
建设单位		水泥品种	
监理单位		水泥等级	
施工单位		取样地点	
生产厂家		取样时间	
生产批号		收样日期	
代表部位		报告日期	
试验标准	《水泥标准稠度用水量、凝结时间、安定性检验方法》（GB/T 1346—2011）、《水泥密度测定方法》（GB/T 208—2014）、《水泥比表面积测定方法 勃氏法》（GB/T 8074—2008）、《水泥胶砂强度检验方法（ISO 法）》（GB/T 17671—1999）		
评判标准	《通用硅酸盐水泥》（GB 175—2007）		
主要仪器设备			

检测项目		单位	技术要求	检验结果			
密度		g/cm^3	—				
比表面积		m^2/kg	≥300				
凝结时间	初凝	min	≥45				
	终凝		≤600				
标准稠度		%	—				
安定性		—	煮沸后试饼未发现裂缝，没有弯曲				
				单次测值			平均值
抗折强度	3d	MPa	≥3.5				
	28d		≥6.5				
抗压强度	3d	MPa	≥17.0				
	28d		≥42.5				
结论							

检验：　　　　　　　记录：　　　　　　　审核：

样表 2 **粉煤灰试验记录表**

粉煤灰检验记录表

（共 页，第 页） 报告编号：

<table>
<tr><td rowspan="2">工程名称</td><td rowspan="2"></td><td>样品编号</td><td></td></tr>
<tr><td>代表部位</td><td></td></tr>
<tr><td>委托单位</td><td></td><td>取样地点</td><td></td></tr>
<tr><td>建设单位</td><td></td><td>取样时间</td><td></td></tr>
<tr><td>监理单位</td><td></td><td>用途</td><td></td></tr>
<tr><td>施工单位</td><td></td><td>分类</td><td></td></tr>
<tr><td>生产厂家</td><td></td><td>等级</td><td></td></tr>
<tr><td>生产批号</td><td></td><td>送样日期</td><td></td></tr>
<tr><td>生产批量</td><td></td><td>报告日期</td><td></td></tr>
<tr><td>试验标准</td><td colspan="3">《用于水泥和混凝土中的粉煤灰》（GB/T 1596—2017）、《水泥细度检验方法 筛析法》（GB/T 1345—2005）、《水泥密度测定方法》（GB/T 208—2014）、《水泥标准稠度用水量、凝结时间、安定性检验方法》（GB/T 1346—2011）</td></tr>
<tr><td>评判标准</td><td colspan="3">《用于水泥和混凝土中的粉煤灰》（GB/T 1596—2017）</td></tr>
<tr><td>主要仪器设备</td><td colspan="3"></td></tr>
<tr><td rowspan="2">检验项目</td><td rowspan="2">单位</td><td>技术要求</td><td rowspan="2">检验数据</td></tr>
<tr><td>Ⅱ级</td></tr>
<tr><td>细度</td><td>%</td><td>≤30.0</td><td></td></tr>
<tr><td>含水量</td><td>%</td><td>≤1.0</td><td></td></tr>
<tr><td>密度</td><td>g/m^3</td><td>≤2.6</td><td></td></tr>
<tr><td>需水量比</td><td>%</td><td>≤105</td><td></td></tr>
<tr><td>安定性</td><td>mm</td><td>≤5.0</td><td></td></tr>
<tr><td>强度活性指数</td><td>%</td><td>≥70.0</td><td></td></tr>
<tr><td>结论</td><td colspan="3"></td></tr>
</table>

检验： 记录： 审核：

样表 3

细骨料试验报告

细骨料检测报告

（共　页，第　页）

报告编号：

<table>
<tr><td>工程名称</td><td colspan="2"></td><td>试样编号</td><td colspan="2"></td><td>代表方量</td><td colspan="3"></td></tr>
<tr><td>委托单位</td><td colspan="2"></td><td>产地</td><td colspan="2"></td><td>取样时间</td><td colspan="3"></td></tr>
<tr><td>建设单位</td><td colspan="2"></td><td>品种</td><td colspan="2"></td><td>取样地点</td><td colspan="3"></td></tr>
<tr><td>监理单位</td><td colspan="2"></td><td>规格</td><td colspan="2"></td><td>送样时间</td><td colspan="3"></td></tr>
<tr><td>施工单位</td><td colspan="2"></td><td>使用部位</td><td colspan="2"></td><td>报告时间</td><td colspan="3"></td></tr>
<tr><td>试验标准</td><td colspan="9">《水工混凝土试验规程》（SL/T 352—2020）</td></tr>
<tr><td>评判标准</td><td colspan="9">《水工混凝土施工规范》（SL 677—2014）</td></tr>
<tr><td>主要仪器设备</td><td colspan="9"></td></tr>
<tr><td rowspan="8">试验结果</td><td colspan="2">筛孔尺寸/mm</td><td>5</td><td>2.5</td><td>1.25</td><td>0.63</td><td>0.315</td><td>0.16</td><td>筛底</td></tr>
<tr><td rowspan="2">累计筛余百分率/%</td><td>1</td><td></td><td></td><td></td><td></td><td></td><td></td><td></td></tr>
<tr><td>2</td><td></td><td></td><td></td><td></td><td></td><td></td><td></td></tr>
<tr><td colspan="2">细度模数</td><td colspan="7"></td></tr>
<tr><td colspan="2">标准要求</td><td colspan="7"></td></tr>
<tr><td>检测项目</td><td>单位</td><td>标准要求</td><td>实测值</td><td>检测项目</td><td>单位</td><td>标准要求</td><td colspan="2">实测值</td></tr>
<tr><td>表观密度</td><td>kg/m³</td><td></td><td></td><td>堆积密度</td><td>kg/m³</td><td>/</td><td colspan="2"></td></tr>
<tr><td>石粉含量</td><td>%</td><td></td><td></td><td>微粒含量</td><td>%</td><td>/</td><td colspan="2"></td></tr>
<tr><td>检测结果</td><td colspan="9"></td></tr>
<tr><td>说明</td><td colspan="9"></td></tr>
</table>

检验：　　　　　　记录：　　　　　　审核：

样表 4

粗骨料检测试验报告

粗骨料检测试验报告

（共　页，第　页）　　　　报告编号：

工程名称		试样编号		代表方量						
委托单位		产地		取样时间						
建设单位		品种		取样地点						
监理单位		规格		送样时间						
施工单位		使用部位		报告时间						
试验标准	《水工混凝土试验规程》（SL/T 352—2020）									
评判标准	《水工混凝土施工规范》（SL 677—2014）									
主要仪器设备										
试验结果	筛分析	筛孔公称直径/mm								
		分计筛余/%								
		累计筛余/%								
	检测项目	单位	标准要求	实测值	检测项目	单位	标准要求	实测值		
	饱和面干表观密度	kg/m^3			含泥量	%				
	饱和面吸水率	%			压碎指标	%				
检测结果										
说明										

检验：　　　　记录：　　　　审核：

样表 5

外加剂试验报告

外加剂试验报告

（共　页，第　页）

报告编号：

工程名称		样品编号		推荐掺量	
委托单位		样品名称		代表部位	
建设单位		生产批号		取样时间	
监理单位		生产批量		取样地点	
施工单位		外加剂品种		收样时间	
生产厂家		外加剂形态		报告时间	
试验标准	《混凝土外加剂》（GB 8076—2008）				
评判标准	《混凝土外加剂》（GB 8076—2008）				
主要仪器设备					

检测项目		标准值	实测值	检测项目		标准值	实测值	检测项目		标准值	实测值
减水率/%				抗压强度比/%				1h经时变化量	坍落度/mm		
泌水率比/%									含气量/%		
含气量/%								相对耐久性（200次）/%			
凝结时间差/min	初凝										
	终凝			收缩率比/%							

检测结论	
备注	

检验：　　　　　　　　记录：　　　　　　　　审核：

样表 6 **混凝土试块抗压强度试验报告**

混凝土立方体抗压强度试验报告

（共 页，第 页） 报告编号：

<table>
<tr><td>工程名称</td><td colspan="5"></td></tr>
<tr><td>委托单位</td><td colspan="2"></td><td>设计强度等级</td><td colspan="2"></td></tr>
<tr><td>建设单位</td><td colspan="2"></td><td>试件尺寸/mm</td><td colspan="2"></td></tr>
<tr><td>监理单位</td><td colspan="2"></td><td>成型方法</td><td colspan="2"></td></tr>
<tr><td>施工单位</td><td colspan="2"></td><td>养护方法</td><td colspan="2"></td></tr>
<tr><td>生产厂家</td><td colspan="2"></td><td rowspan="2">取样地点</td><td colspan="2" rowspan="2"></td></tr>
<tr><td>代表部位</td><td colspan="2"></td></tr>
<tr><td>代表方量/m^2</td><td colspan="2"></td><td>收样日期</td><td colspan="2"></td></tr>
<tr><td>样品编号</td><td colspan="2"></td><td>报告日期</td><td colspan="2"></td></tr>
<tr><td>试验依据</td><td colspan="5"></td></tr>
<tr><td>评判依据</td><td colspan="5"></td></tr>
<tr><td>主要仪器设备</td><td colspan="5"></td></tr>
<tr><td rowspan="5">试验结果</td><td rowspan="2">成型日期</td><td rowspan="2">抗压强度
检测日期</td><td rowspan="2">龄期/d</td><td colspan="2">抗压强度</td></tr>
<tr><td>单个测值</td><td>结果</td></tr>
<tr><td rowspan="3"></td><td rowspan="3"></td><td rowspan="3"></td><td></td><td rowspan="3"></td></tr>
<tr><td></td></tr>
<tr><td></td></tr>
<tr><td>检测结论</td><td colspan="5"></td></tr>
<tr><td>说明</td><td colspan="5">混凝土拌合物骨料最大粒径超过试模最小边 1/3 时，大骨料用湿筛法筛出</td></tr>
</table>

检验： 记录： 审核：

样表 7

钢 材 试 验 报 告

钢筋力学性能试验报告（第　页，共　页）　　　　报告编号：

<table>
<tr><td>工程名称</td><td colspan="2"></td><td colspan="2">样品编号</td><td colspan="3"></td><td colspan="2">生产厂家</td><td colspan="3"></td></tr>
<tr><td>委托单位</td><td colspan="2"></td><td colspan="2">样品名称</td><td colspan="3"></td><td colspan="2">代表部位</td><td colspan="3"></td></tr>
<tr><td>建设单位</td><td colspan="2"></td><td colspan="2">牌　号</td><td colspan="3"></td><td colspan="2">取样地点</td><td colspan="3"></td></tr>
<tr><td>监理单位</td><td colspan="2"></td><td colspan="2">试验条件</td><td colspan="3"></td><td colspan="2">收样日期</td><td colspan="3"></td></tr>
<tr><td>施工单位</td><td colspan="2"></td><td colspan="2">人工时效工艺条件</td><td colspan="3"></td><td colspan="2">报告日期</td><td colspan="3"></td></tr>
<tr><td>检验依据</td><td colspan="12">《钢筋混凝土用钢　第 2 部分：热轧带肋钢筋》（GB/T 1499.2—2018）、《钢筋混凝土用钢材试验方法》（GB/T 28900—2012）</td></tr>
<tr><td>评判依据</td><td colspan="12">《钢筋混凝土用钢　第 2 部分：热轧带肋钢筋》（GB/T 1499.2—2018）</td></tr>
<tr><td>主要仪器设备</td><td colspan="12"></td></tr>
<tr><td rowspan="2">炉（批）号</td><td rowspan="2">批量/t</td><td rowspan="2">公称直径
d/mm</td><td colspan="6">拉伸试验</td><td colspan="3">（反向）弯曲试验</td><td rowspan="2">重量偏差
/%</td></tr>
<tr><td>屈服强度
R_{eL}^{0}/MPa</td><td>极限强度
R_{m}^{0}/MPa</td><td>断后伸长率
A/%</td><td>R_{m}^{0}
$/R_{eL}^{0}$</td><td>R_{eL}^{0}
$/R_{eL}$</td><td>最大力总伸长率
A_{gt}/%</td><td>弯曲压头直径
/mm</td><td>弯曲角度
/(°)</td><td>结果</td></tr>
<tr><td rowspan="2"></td><td rowspan="2"></td><td rowspan="2"></td><td></td><td></td><td></td><td></td><td></td><td></td><td rowspan="2"></td><td rowspan="2"></td><td></td><td rowspan="2"></td></tr>
<tr><td></td><td></td><td></td><td></td><td></td><td></td><td></td></tr>
<tr><td>标准要求</td><td></td><td></td><td></td><td></td><td></td><td></td><td></td><td></td><td></td><td></td><td></td><td></td></tr>
<tr><td>检测结论</td><td colspan="12"></td></tr>
<tr><td>备　注</td><td colspan="12">1. 盘卷上制取的试样矫直方式为：人工。
2. 拉伸试验中 R_{m}^{0}、R_{eL}^{0} 分别为钢筋实测抗拉强度、钢筋实测下屈服强度。
3. 牌号带 E 钢筋的 A_{gt} 测量标距 b_0 为 100mm，反向弯曲试验代替弯曲试验，弯曲角度为正向弯曲角度和反向弯曲角度</td></tr>
</table>

检验：　　　　　　记录：　　　　　　审核：

样表 8 **砂浆抗压强度检验报告**

水泥砂浆抗压强度检验报告

（共　页，第　页）　　　　报告编号：

<table>
<tr><td>工程名称</td><td colspan="5"></td></tr>
<tr><td>委托单位</td><td colspan="3"></td><td>设计强度等级</td><td></td></tr>
<tr><td>建设单位</td><td colspan="3"></td><td>设计尺寸/mm</td><td></td></tr>
<tr><td>监理单位</td><td colspan="3"></td><td>成型方法</td><td></td></tr>
<tr><td>施工单位</td><td colspan="3"></td><td>养护方法</td><td></td></tr>
<tr><td>生产厂家</td><td colspan="3"></td><td rowspan="2">取样地点</td><td rowspan="2"></td></tr>
<tr><td>代表部位</td><td colspan="3"></td></tr>
<tr><td>代表方量</td><td colspan="3"></td><td>取样日期</td><td></td></tr>
<tr><td>样品编号</td><td colspan="3"></td><td>报告日期</td><td></td></tr>
<tr><td>试验依据</td><td colspan="5"></td></tr>
<tr><td>评判依据</td><td colspan="5"></td></tr>
<tr><td>主要仪器设备</td><td colspan="5"></td></tr>
<tr><td rowspan="5">试验结果</td><td rowspan="2">成型日期</td><td rowspan="2">抗压强度
检测结果</td><td rowspan="2">龄期/d</td><td colspan="2">抗压强度/MPa</td></tr>
<tr><td>单个测值</td><td>结果</td></tr>
<tr><td rowspan="3"></td><td rowspan="3"></td><td rowspan="3"></td><td></td><td rowspan="3"></td></tr>
<tr><td></td></tr>
<tr><td></td></tr>
<tr><td>检测结论</td><td colspan="5"></td></tr>
<tr><td>说　　明</td><td colspan="5"></td></tr>
</table>

检验：　　　　记录：　　　　审核：

样表 9 **混凝土拌合物检验报告 1**

混凝土拌合物性能 （第 页，共 页） 报告编号：

样品编号		试验日期		拌和方法	
拌和时间		加水时刻（h：min）		温湿度	
试验依据					
主要仪器设备					

记录原材料信息

材料	水泥	掺合料	砂	石	外加剂	其他
密度/(g/ m^3)						
含水率/%						
含固量/%						
饱和面干吸水率/%						

每立方米混凝土材料用量

拌和用量	水 W /kg	水泥 C/kg	掺合料 p/kg	砂 S/kg	石 G/kg		外加剂/kg	其他
设计								
实际								

混凝土拌和记录

混凝土拌和量/L		水 W /kg	水泥 C /kg	掺合料 p/kg	砂 S /kg	石 G /kg	外加剂/kg	其他
	设计用量							
	含水修正值							
	适配用量							
	调整用量							
	确定用量							

混凝土拌合物性质

棍度		黏聚性		含砂		析水		其他	
坍落度	保湿停置顶时间	min		min		min		min	
	拌合物温度/℃								
	坍落度/mm								
备注									

检验： 记录： 审核：

样表 10　　混凝土拌合物试验报告 2

混凝土拌合物性能试验报告

（共　页，第　页）　　　　报告编号：

委托编号		检测编号		样品编号	
样品名称		强度等级		委托日期	
样品状态		设计坍落度		检测日期	
试验依据		搅拌方式		试验条件	
仪器设备					

配合比/(kg/m^3)

材料	水泥	矿粉	粉煤灰	砂	石	外加剂	水	水胶比	容重
规格型号									
$1m^3$ 用量									

坍落度及 1h 经时损失/mm

初始坍落度值/mm	修约值/mm	1h 后坍落度值/mm	修约值/mm	1h 经时损失/mm

表观密度/（kg/m^3）

试验	（筒＋板）的质量/kg	（筒＋板＋水）的质量/kg	试样筒体积/L		试样筒质量/kg	（筒＋试样）质量/kg	表观密度/(kg/m^3)	
			单值	平均值			单值	平均值
1								
2								

压力泌水率/%

试验	V_{10}/mL	V_{140}/mL	压力泌水率 B_V	平均值
1				
2				

含气量

试验	骨料含气量					混凝土未校正含气量/%		混凝土含气量/%
	筒体积/L	砂/kg	石/kg	含气量读数/%	平均值/%	含气量读数	平均值	
1								
2								
备注								

检验：　　　　记录：　　　　审核：

样表 11

混凝土抗冻性试验报告

混凝土抗冻性试验报告

（共　页，第　页）

报告编号：

工程名称		样品编号		代表部位	
委托单位		设计抗冻等级		代表方量	
建设单位		设计龄期		养护方法	
监理单位		试块规格		取样地点	
施工单位		成型日期		收样日期	
生产厂家		试验日期		报告日期	
试验标准					
评判标准					
主要仪器设备					

	试验编号	外观描述	循环次数 n	质量损失率 $W_n/\%$	相对动弹性模量 $P_n/\%$	循环次数 n	质量损失率 $W_n/\%$	相对动弹性模量 $P_n/\%$	循环次数 n	质量损失率 $W_n/\%$	相对动弹性模量 $P_n/\%$	循环次数 n	质量损失率 $W_n/\%$	相对动弹性模量 $P_n/\%$
试验结果	1													
	2													
	3													
标准要求	—	—	—	<5	>60	—	<5	>60	—	<5	>60	—	<5	>60
检测结论														
备注														

检验：　　　　　　　　记录：　　　　　　　　审核：

样表 12

混凝土抗渗性试验报告

混凝土抗渗性试验报告

（共　页，第　页）

报告编号：

委托编号		检测编号		样品编号	
样品名称		强度等级		委托日期	
样品状态		抗渗等级		成型日期	
试件尺寸		搅拌方式		检测日期	
试验依据		养护方式		龄期/d	
仪器设备					

试验压力/MPa	加压时间	持续时长/h	渗水情况（不渗水√，渗水×）					
	起止时间		1	2	3	4	5	6

6 个试件有 2 个出现渗水的压力：　　　MPa；抗渗等级达到：

备注	

检验：　　　　　　记录：　　　　　　审核：

样表 13 **结构混凝土抗压强度计算表**

工程名称：________________ 检测编号：________________

构件名称：________________ 编　　号：__________ （第　页，共　页）

计算项目		测区									
		1	2	3	4	5	6	7	8	9	10
回弹值	测区代表值										
	角度修正值										
	角度修正后										
	浇筑面修正值										
	浇筑面修正后										
声速值	测区代表值/(km/s)										
	修正系数 β										
	修正系数 λ										
	修正后的值/(km/s)										
强度修正系数 η											
测区强度换算值/MPa											

测区数 n	强度换算值的平均值 $m_{f_{cu}^{c}}$/MPa	强度换算值的标准差 $s_{f_{cu}^{c}}$/MPa	强度推定值 $f_{cu,i}$/MPa
10			

使用的测区强度换算表		备注	

校核：　　　　计算：　　　　计算日期：　　年　　月　　日

样表 14

见证取样送检委托书 1

××质监统编施××—××

工程名称：××排涝工程　　　　　　　　　　　　　　××年 ××月 ××日

产品（含混凝土、砂浆试块及焊接件）名称：钢筋焊接（电渣压力焊）			试验项目：
规格型号			备注：
出厂批（炉、编）号			
进场批量（吨、个、件）			
有无出厂质量证明书			
出厂质量等级			
出厂日期			
生产厂名			
供应商名			
样品编号			
代表部位（层次、轴线）			
样品重量			
样品单件数			
取样人签名			
见证人签名			
收样人签名			
施工单位：××建设工程有限公司		检测单位：××建设工程质量检测有限公司	
取样说明： 监理（建设）项目部（章） 年　月　日			

注 1. 本委托书一式三份，监理（建设）、施工、检测各一份。
2. 施工单位应将本委托书及其检测试验报告一并归档。
3. 见证人签名处应加盖见证人单位章。

样表 15 **见证取样送检委托书 2**

工程名称：××建设工程××年××月××日

<table>
<tr><td colspan="4">产品（含混凝土、砂浆试块及焊接件）名称：水泥</td><td>试验项目：常规</td></tr>
<tr><td>规格型号</td><td></td><td></td><td></td><td></td></tr>
<tr><td>出厂批（炉、编）号</td><td></td><td></td><td></td><td></td></tr>
<tr><td>进场批量（吨、个、件）</td><td></td><td></td><td></td><td></td></tr>
<tr><td>有无出厂质量证明书</td><td></td><td></td><td></td><td></td></tr>
<tr><td>出厂质量等级</td><td></td><td></td><td></td><td></td></tr>
<tr><td>出厂日期</td><td></td><td></td><td></td><td></td></tr>
<tr><td>生产厂名</td><td></td><td></td><td></td><td></td></tr>
<tr><td>供应商名</td><td></td><td></td><td></td><td></td></tr>
<tr><td>样品编号</td><td></td><td></td><td></td><td></td></tr>
<tr><td>代表部位（层次、轴线）</td><td></td><td></td><td></td><td></td></tr>
<tr><td>样品重量</td><td></td><td></td><td></td><td></td></tr>
<tr><td>样品单件数</td><td></td><td></td><td></td><td></td></tr>
<tr><td>取样人签名</td><td></td><td></td><td></td><td></td></tr>
<tr><td>见证人签名</td><td></td><td></td><td></td><td></td></tr>
<tr><td>收样人签名</td><td></td><td></td><td></td><td></td></tr>
<tr><td colspan="2">施工单位：××建设有限公司</td><td colspan="3">检测单位：××工程质量检测中心有限公司</td></tr>
</table>

取样说明：

现场取样，在本次进场批量中随机选择 20 个以上不同的部分进行取样。

监理（建设）项目部（章）

年　月　日

注 1. 本委托书一式三份，监理（建设）、施工、检测各一份。

2. 施工单位应将本委托书及其检测试验报告一并归档。

3. 见证人签名处应加盖见证人单位章。

样表 16　　　　**见证取样送检委托书 3**

工程名称：××建设工程　　××年××月××日

<table>
<tr><td colspan="3">产品（含混凝土、砂浆试块及焊接件）名称：砂、石</td><td colspan="2">试验项目：常规</td></tr>
<tr><td>规格型号</td><td></td><td></td><td></td><td></td></tr>
<tr><td>出厂批（炉、编）号</td><td></td><td></td><td></td><td></td></tr>
<tr><td>进场批量（吨、个、件）</td><td></td><td></td><td></td><td></td></tr>
<tr><td>有无出厂质量证明书</td><td></td><td></td><td></td><td></td></tr>
<tr><td>出厂质量等级</td><td></td><td></td><td></td><td></td></tr>
<tr><td>出厂日期</td><td></td><td></td><td></td><td></td></tr>
<tr><td>生产厂名</td><td></td><td></td><td></td><td></td></tr>
<tr><td>供应商名</td><td></td><td></td><td></td><td></td></tr>
<tr><td>样品编号</td><td></td><td></td><td></td><td></td></tr>
<tr><td>代表部位（层次、轴线）</td><td></td><td></td><td></td><td></td></tr>
<tr><td>样品重量</td><td></td><td></td><td></td><td></td></tr>
<tr><td>样品单件数</td><td></td><td></td><td></td><td></td></tr>
<tr><td>取样人签名</td><td></td><td></td><td></td><td></td></tr>
<tr><td>见证人签名</td><td></td><td></td><td></td><td></td></tr>
<tr><td>收样人签名</td><td></td><td></td><td></td><td></td></tr>
<tr><td colspan="2">施工单位：××建设有限公司</td><td colspan="3">检测单位：××工程质量检测中心有限公司</td></tr>
</table>

取样说明：

现场取样，在本次进场批量中从不同部位和深度抽取大致相等的砂 8 份，石子 16 份，分别组成一组样品。

监理（建设）项目部（章）

年　　月　　日

注　1. 本委托书一式三份，监理（建设）、施工、检测各一份。

2. 施工单位应将本委托书及其检测试验报告一并归档。

3. 见证人签名处应加盖见证人单位章。

参 考 文 献

［1］ 苏达根. 土木工程材料［M］. 4版. 北京：高等教育出版社，2020.
［2］ 高琼英. 建筑材料［M］. 4版. 武汉：武汉理工大学出版社，2012.
［3］ 游普元. 建筑材料与检测［M］. 北京：科学教育出版社，2016.
［4］ 曹世晖，汪文萍. 建筑工程材料与检测［M］. 3版. 长沙：中南大学出版社，2016.
［5］ 文柏海，刘清波，等. 水利水电工程质量检测与控制［M］. 长沙：湖南科学技术出版社，2007.
［6］ 中国水利工程协会，丁凯，曹征齐. 质量检测工作基础知识［M］. 郑州：黄河水利出版社，2009.